Cum să n

fetele în

Steve Biddulph a devenit unul dintre cei mai iubiți psihologi din lume acum peste 20 de ani datorită primei ediții a revoluționarei cărți *Cum să ne creștem băieții*. În anii '70 a lucrat la Clinica Wellington Street, a cărei activitate de pionierat a popularizat terapia de familie în Australia, și în anii '80 s-a specializat, precum Churchill Fellow, în tratamentul nonmedicamentos al schizofreniei și în terapia de grup și de familie în Statele Unite.

Steve a fost ales „tatăl australian al anului" în 2000 pentru munca sa de încurajare a rolului taților și a fost decorat cu Order of Australia în 2015 pentru munca în domeniul sănătății mintale a adolescenților.

Împreună cu soția sa, Shaaron, a condus și a finanțat SIEVX Memorial Project, care a creat un memorial permanent în Canberra pentru cei 353 de copii, femei și bărbați refugiați care s-au înecat pe vasul SIEVX în circumstanțe suspecte în anul 2001. Memorialul a implicat peste 300 de școli și biserici și peste 1.000 de studenți la arte. Puteți vedea imagini ale memorialului pe www.sievxmemorial.com sau dacă ajungeți pe malul lacului Canberra. Peste 140.000 de persoane au participat la conferințele sale live în șaptesprezece țări.

Cărțile sale, printre care *The New Manhood*, *Cum să ne creștem fetele* și *10 lucruri de care au nevoie fetele*, se găsesc în patru milioane de case din întreaga lume.

Steve locuiește în Tasmania, Australia. Acum este pensionar, dar continuă să scrie și să predea.

STEVE BIDDULPH

Cum să ne creștem fetele în secolul 21

Traducere din engleză de
Veronica Sidon și Nicoleta Drăghiceanu

H parenting

Conținutul acestei cărți are scopul de a îndemna la discuții și la conștientizarea problemelor dezbătute. Nici un sfat nu trebuie luat ca atare fără să îl supuneți propriei judecăți sau, în cazul unei situații critice, fără să apelați la un specialist.

Redactor: Iustina Croitoru
Coperta: Ioana Nedelcu
Tehnoredactor: Manuela Măxineanu
Corector: Marilena Vasile
DTP: Radu Dobreci, Veronica Dinu

Tipărit la Artprint

Steve Biddulph
Raising Girls in the 21st Century
Originally published in the English language
by HarperCollins Publishers Ltd. under the title *Raising Girls*

ISBN 978-973-50-7380-0
Descrierea CIP este disponibilă
la Biblioteca Națională a României.

EDITURA HUMANITAS
Piața Presei Libere 1, 013701 București, România
tel. 021.408.83.50, fax 021.408.83.51
www.humanitas.ro

Comenzi online: www.libhumanitas.ro
Comenzi prin e-mail: vanzari@libhumanitas.ro
Comenzi telefonice: 0723.684.194

CUPRINS

Ilustrații de Kimio Kubo.

Fotografiile folosite aparțin autorului, cu următoarele excepții: p. 35 © Barry Durdant-Hollamby; p. 36 © Anastasiia Markus/Shutterstock; p. 46 © Pavels Rumme/Shutterstock; p. 48 © Stocklite/Shutterstock; p. 50 © Monkey Business Images/Shutterstock; p. 90 © Wrangler/Shutterstock; p. 110 Kim McCabe; p. 118 © Harriet Atkins; p. 120 © Brooke Curran; p. 124 © Wolfgang Kumm/DPA/PA Images; p. 131 © Gorillaimages/Shutterstock; p. 133 © Monica King; p. 155 © Luxorphoto/Shutterstock; p. 157 © Wrangler/Shutterstock; p. 159 © Alexey Lysenko/Shutterstock; p. 162 © Audrey Snider- Bell/Shutterstock; p. 164 © Louise Mitchell; p. 174 © Claudia Veja/Shutterstock; p. 178 © Ian Allenden/Alamy Stock Photo; p. 188 © Asife/Shutterstock; p. 195 © Gemena.com/Shutterstock; p. 203 © Janet Atkins, Georgia Townley; p. 217 © Oliveromg/Shutterstock; p. 221 © Catalin Petolea/Shutterstock; p. 227 © Shutterstock; p. 246 © Pressmaster/Shutterstock; p. 252 © Monkey Business Images/Shutterstock; p. 260 © Michaeljung/Shutterstock; p. 270 © Dotshock/Shutterstock; p. 285 © Louise Mitchell; p. 288 © Michaeljung/ Shutterstock.

Fragmentul de la pp. 169–171 face parte din Kim McCabe's, *From Daughter to Woman*, Robinson 2018. Folosit cu permisiunea autoarei.

Secțiunea de la pp. 236–239 a fost preluată și adaptată cu permisiunea proprietarilor de pe website-ul Lifeline Australia: www.lifeline.org.au/get-help/topics/self-harm

MANUAL DE INSTRUCȚIUNI PENTRU FIICA DUMNEAVOASTRĂ

Va reuși, sau va eșua? Depinde de dumneavoastră!

Cum e să fii fată în ziua de azi? Ei bine, așa cum probabil că ați observat, nu este ca atunci când eram noi copii. Este cu totul altfel și în sens pozitiv, și în sens negativ. Partea bună este că multe fete au ajuns să-și atingă adevăratul potențial. S-au dat lupte crâncene pentru drepturile fetelor; acum ele pot visa la o viață de care nici mamele lor nu s-ar fi putut bucura, darămite bunicile lor sau femeile de pe vremuri. Astăzi, aproximativ trei din cinci fete vor avea parte de o viață bună.[1] Vor merge tot înainte pe drumul lor, având parte doar de provocări minore de care avem nevoie cu toții ca să creștem, și vor ajunge la o maturitate fericită. Dacă citiți această carte, atunci sunteți genul de părinte motivat și deschis la idei noi, iar fiica dumneavoastră va avea probabil un început minunat în viață.

Dar fiica dumneavoastră va avea prieteni ale căror vieți nu vor merge ca pe roate. La vârsta adolescenței o fată din cinci va întâmpina probleme fie legate de sănătatea mintală, fie – ceva mai rar – legate de comportament, cum ar fi abuzul de substanțe, încălcarea legii sau comportamentul sexual riscant, care o vor pune în pericol. Și pentru că cei aflați la mijlocul adolescenței sunt totodată în momentul de vârf al activității hormonale, iar sistemul lor nervos e copleșit de experiențele sociale, cognitive, lingvistice, emoționale, senzoriale etc., aceasta este vârsta când problemele amintite se pot manifesta plenar. Dacă o fată o va lua razna la un moment dat, o veți ști până la 14 ani.

Din fericire pentru această „una din cinci fete“, membrii familiei ei se va mobiliza. Vor cere ajutor și vor face schimbări. Profesorii, medicul de familie sau un consilier ar putea ajuta.

Și fata aceea va „ajunge bine". Va ieși de pe panta pe care alunecă vertiginos la vale și va deveni mai puternică și mai sigură pe ea. Kaycee, care apare la începutul acestei cărți și este eroina conferințelor mele cu tema „Cum să ne creștem fetele", este un exemplu. Toată familia ei a făcut schimbări, și viața ei a nu a luat o întorsătură urâtă, dimpotrivă.

Deci, până la urmă, patru din cinci fete vor ajunge bine. Dar, dacă facem numărătoarea, ne mai rămâne o fată. Una din cinci – ceea ce reprezintă un număr mare! – nu va ajunge bine. Are probleme la începutul adolescenței, iar aceste probleme nu dispar pe timp ce trece. Viața le va fi afectată chiar și la tinerețe și, probabil, și după aceea. Profesioniștii din domeniul sănătății mintale sunt în stare de alarmă de câțiva ani, deoarece vorbim despre un număr foarte mare de fete ale căror vieți sunt răvășite. Această stare de lucruri este nouă și reprezintă o mare problemă. Ceva a mers prost.

Cu toții am cunoscut fete care au avut de suferit în acest sens. Afecțiuni altădată rare, precum tulburările alimentare, auto-vătămarea corporală sau anxietatea scăpată de sub control, sunt acum prezente în fiecare sală de clasă din lumea occidentală. Școlile au astăzi echipe de psihologi. S-au construit *wellbeing centres* și s-au dezvoltat programe de *wellness*, dar toate acestea sunt un eufemism, în spatele căruia stă îndemnul „nu te sinucide!". În unele școli pe care le-am vizitat, dacă o fată dispare în timpul zilei, un consilier este trimis rapid la gară, ca să verifice dacă nu stă lângă șinele de cale ferată în stare de suferință acută. Acești copii sunt prețioși și este îngrozitor să vezi durerea prin care trec și pericolul în care se află.

Dar de ce se întâmplă una ca asta? Ani la rând m-am străduit să-i fac pe părinți să înțeleagă ce trăiesc fetele cu care stăteam de vorbă. Iată descrierea cea mai reușită: este ca și cum ai sta singur și fără apărare într-un pustiu fără margini. Suflă un vânt rece. Se întunecă, iar animalele de pradă îți dau târcoale. Să fii fată nu a presupus niciodată o experiență a însingurării atât de acută.

Chiar dacă au familii iubitoare și devotate, multe fete din ziua de azi se simt abandonate emoțional, deoarece părinții și profesorii lor pur și simplu nu mai au suficient timp sau liniște pentru a cultiva cu adevărat o relație sufletească cu ele. Așa că sunt lăsate la bunul plac al grupului de amici, al internetului și al mașinăriei corporatiste care le vrea lipsite de încredere în ele însești, ca să cumpere mai multe lucruri. Noi, adulții, nu le-am oferit ceea ce au nevoie – ba chiar familia și școala n-au făcut altceva decât să-și unească presiunile și așteptările care apasă asupra lor și care nu fac decât să înrăutățească lucrurile.

După 40 de ani de experiență în terapia de familie, am devenit convins că o mare parte a problemei este modul nostru de viață. Încetul cu încetul, am ajuns să fim din cale-afară de ocupați, supraîncărcați și copleșiți de griji, să punem preț pe niște valori nebunești și să ne petrecem timpul într-un mod bizar. Fiicele noastre au nevoie de mai mult, iar noi nu suntem în stare să oferim mai mult – o legătură sufletească profundă și stratificată cu adulții din preajmă, mentorat și șanse de a-și aduce contribuția la mersul lucrurilor. În schimb, s-au dus spre online pentru a se afirma, a primi încurajări și mângâiere, dar internetul nu este un mediu care să ofere empatie, afecțiune. Astfel, fetele nu primesc asigurări că și-au găsit, în sfârșit, locul, ci sunt sunt bombardate de către rețelele de socializare, care le supun unor presiuni și mai mari, obligându-le să se autodepășească zilnic, să arate bine, să fie uimitoare, să atingă perfecțiunea. Oamenii nu au fost făcuți să trăiască pe repede-înainte. O simțim ca adulți, dar copiii noștri – de la cea mai mică fetiță la cea mai sofisticată (dar sufletește atât de fragilă) adolescentă – sunt striviți.

Trebuie să ne schimbăm modul de viață pentru a ne salva fetele. E obligatoriu să le oferim mai multă afecțiune și mai mult timp, dacă vrem să le ajutăm să fie puternice. Acest proces începe când sunt bebeluși și continuă până când ajung la maturitate. Este alcătuit din lucruri mici, pe care să le faceți în fiecare zi, iar această carte vă va ajuta să să înțelegeți cum anume.

Odată ce ați hotărât să vă ocrotiți viața personală și să trăiți într-un ritm mai lent și mai fericit, atunci viața fiicei dumneavoastră va fi mult mai firească, mai lină și mai fericită. Copilăria îi va fi veselă, iar anii adolescenței vor însemna mai multe aventuri și mai puțină anxietate. Vă vom învăța totul despre aceste etape și cum să le faceți să fie fericite și bogate în experiențe în paginile care urmează. Adevărata magie se găsește însă înlăuntrul fiicei dumneavoastră. Trebuie doar s-o descătușați.

Pe măsură ce ne eliberăm fiicele din mașinăria infernală care a devenit viața noastră, ne eliberăm și pe noi înșine. Copiii ne schimbă în bine. Deci fiica dumneavoastră – și prietenii ei – pot învăța să zboare.

Cu toată dragostea,
Steve Biddulph

FACEȚI CUNOȘTINȚĂ CU KAYCEE ȘI GENEVIEVE

Aș vrea să vă fac cunoștință cu două fete. Se numesc Kaycee și Genevieve. Au 17 ani și sunt în clasa a XII-a. Sunt niște puștoaice nemaipomenite, prietenoase și deștepte. V-ar plăcea să stați de vorbă cu ele.

Fetele se cunosc de la creșă. Au fost cele mai bune prietene în școala generală și toți credeau că așa vor rămâne pentru totdeauna. Dar, în momentul în care Kaycee și Genevieve au intrat la gimnaziu, între ele a avut loc o ruptură. Motivul e greu de precizat, bănuiesc că nici ele n-ar ști să-l spună, însă azi, dacă trec una pe lângă cealaltă pe holurile școlii, au acel sentiment ciudat pe care îl ai față de cineva care ți-a fost prieten odinioară, dar de care te-ai îndepărtat între timp.

Viețile lui Kaycee și Genevieve au luat întorsături diferite. Vă voi spune poveștile lor, pentru că ele vorbesc de la sine despre primejdiile și speranțele din copilăria și adolescența fetelor din ziua de azi.

POVESTEA LUI KAYCEE

Să facem cunoștință mai întâi cu Kaycee. La prima vedere, Kaycee pare a fi foarte matură pentru vârsta ei. E machiată foarte atent, poartă toaletele cele mai la modă, vorbește repede și clar. Această încredere în sine poate fi autentică în cazul unui adolescent, dar, dacă te pricepi la tineri destul de bine, ajungi să te întrebi dacă nu cumva Kaycee „s-a maturizat prea repede". Și mai e un amănunt pe care îl puteți remarca legat

de felul cum se poartă: pare plictisită de lume. Atunci când vorbește e mai degrabă cinică și dură. Pentru o adolescentă de 17 ani, nu lasă impresia că s-ar simți prea bine.

Atunci când Kaycee avea 14 ani, s-a întâmplat ceva important. Nu a fost ceva despre care merită să se scrie în ziar, ci o experiență care i-a afectat cursul vieții.

Pe la jumătatea clasei a IX-a, Kaycee a fost invitată la ziua de naștere a unui coleg. Părinții sărbătoritului au lăsat să se înțeleagă că invitații vor fi supravegheați, când, de fapt, lucrurile au stat cu totul altfel în seara aceea. Așa că petrecerea a decurs exact cum vă imaginați că ar decurge o petrecere de 40 sau 50 de copii lăsați peste noapte într-o casă, cu alcool la discreție și fără vreun adult prin preajmă: muzica la maximum, haos, lucruri scăpate de sub control. Lui Kaycee i s-a părut foarte interesant; mai ales pentru că acolo se afla și un băiat de 17 ani, din clasa a XI-a, Ciaran, pe care îl știa de la școală.

Kaycee și prietenele ei se uitaseră deseori după Ciaran, pentru că arăta bine și era *cool*, dar în seara aceea ceva era diferit – se uita și el *după ea*. Ba mai mult, în mod surprinzător, lucrurile au evoluat. Băiatul a stat cu ea, au vorbit, au băut ceva. Au vorbit și în grădină, unde s-au îmbrățișat puțin. Fetei nu-i venea să creadă ce noroc are (de-abia se abținea să nu-și ia telefonul și să-nceapă să dea sms-uri!). După o vreme, Ciaran s-a ridicat în picioare, a luat-o de mână și a condus-o la etaj, într-unul dintre numeroasele dormitoare din casa aceea mare, luxoasă și lipsită de adulți. Au făcut sex.

Totul s-a petrecut mult mai repede și mai lipsit de tandrețe decât ceea ce-și imaginase Kaycee despre prima ei experiență sexuală. Încețoșat de alcool, creierul fetei nu funcționa prea bine; totuși era conștientă de trecerea de la sentimentul de încântare că este în centrul atenției lui Ciaran la senzația de disconfort și sentimentul că e forțată, invadată, că nu e tratată ca un om. După ce s-a terminat, ceea ce s-a întâmplat destul de curând, Ciaran a reușit totuși să o sărute înainte de a-și netezi hainele și a pleca din cameră. După ce și-a revenit, Kaycee s-a întors la petrecere, unde s-a simțit nesigură și neîncrezătoare. Apoi l-a văzut pe Ciaran în mijlocul unui grup de prieteni care o priveau rânjind. Într-o clipă și-a dat seama că băiatul le povestise despre „cucerirea" lui. I-au dat lacrimile, a fugit din casă și s-a dus în grădină, unde a izbucnit în hohote. Deși una dintre prietenele ei a încercat să o liniștească, Kaycee nu i-a spus ce se întâmplase.

În seara aceea s-a întors acasă cuprinsă de un fel de furie de gheață. Acum îl ura pe Ciaran și a urât o vreme băieții în general. Kaycee era o fată curajoasă, fusese independentă toată viața. Părinții ei, veșnic ocupați, puneau preț pe autonomia fiicei lor. Nu a spus nimănui ce se întâmplase. (Trei ani mai târziu, când, în sfârșit, părinții fetei au aflat, în timpul unui consiliu de familie, despre incident, s-au întristat și au fost șocați). Dar, precum alte milioane de fete dinaintea ei care au avut o primă experiență sexuală regretabilă sau care nu le-a plăcut, Kaycee și-a ascuns rănile și și-a văzut mai departe de viață. Nu mai era însă fata de altădată.

Să o fi îndepărtat această experiență de băieți? Nici vorbă. Întâmplarea a făcut-o mai degrabă invulnerabilă, Kaycee nemailăsându-se folosită. A început să se culce cu băieți din proprie inițiativă și în condițiile impuse de ea. Ea îi alegea, ea lua hotărârile. Până la vârsta de 17 ani, când a stat pentru prima oară de vorbă cu un psiholog, Kaycee făcuse sex cu șapte băieți. E posibil să fi fost opt, dar era vorba de o noapte când se îmbătase, așa că nu era sigură.

Acum, în clasa a XII-a, Kaycee a devenit cumva mai echilibrată, are un prieten stabil. Dar nu îl apreciază prea mult și mărturisește că are de gând „să-i dea papucii cât de curând".

Știm din cercetările făcute (și din amintirile noastre, ale tuturor, legate de propria adolescență) că experiența lui Kaycee nu e ieșită din comun. Unii ar putea susține că n-ar trebui să mai fim așa crispați când vine vorba de sexul între adolescenți, lăsându-i pe aceștia să facă greșeli și să învețe din ele. (Acest lucru reprezintă, de asemenea, un argument convingător pentru acei părinți care preferă să nu se implice sau care sunt prea ocupați ca să-și mai supravegheze copiii îndeaproape.) Dar să nu ne abatem de la povestea noastră...

În acest moment, viața lui Kaycee nu merge prea bine. Părinții ei au cerut ajutor, în cele din urmă, nu din cauza vieții ei sexuale, pe care o cunoșteau doar vag și pe care, de fapt, nici nu doreau să o cunoască, ci din pricina problemei fetei cu băutura, care dădea semne că scapă de sub control (ea nu avea, desigur, vârsta legală), și a rezultatelor slabe la școala privată la care era înscrisă și unde taxele erau enorme. Era mijlocul anului școlar, iar profesorii erau preocupați de notele proaste ale fetei și de nenumăratele ei absențe. Familia fusese sfătuită să „consulte un specialist". Când părinții au dus-o la un terapeut, Kaycee era furioasă că fusese adusă acolo. Dar, după o jumătate de oră, datorită înțelegerii cu care a fost ascultată, fata și-a dezvăluit sentimentele.

Faptul că părinții au căutat ajutor de specialitate – nu doar pentru Kaycee, ci și pentru ei înșiși – a fost un pas îndrăzneț care s-a dovedit a fi, de fapt, crucial. Spre sfârșitul cărții ne vom întoarce la Kaycee și la părinții ei, pentru a vă spune cum s-a terminat povestea.

O SCHIMBARE MAJORĂ ȘI BRUSCĂ

În viața fetelor s-a produs o schimbare majoră în ultimii zece ani. Aceasta le afectează la toate vârstele, din copilărie și până în adolescență. În timp ce dorințele și visurile fetelor pe cale să devină femei sunt aceleași ca pe vremea noastră, lumea le impune schimbări la o cu totul altă scară. În special, anumite lucruri încep de la o vârstă mai fragedă.

Acest aspect esențial în dezvoltarea fetelor, menționat pentru prima oară de către Maggie Hamilton în cartea sa *Ce se întâm-*

plă cu fetele noastre?, trebuie neapărat reținut. Pentru a ne putea înțelege fiicele, trebuie să ne dăm seama că ele au o copilărie diferită de cea pe care am avut-o noi. Pe scurt, ele sunt la 14 ani așa cum eram noi la 18. La 10 ani, așa cum eram noi la 14. Schimbările de comportament sunt cauzate de presiunile de a fi altfel decât sunt pe care le face anturajul asupra lor și de incapacitatea noastră de a le proteja, pentru că și noi suntem răspunzători într-o anumită măsură. Noi – și asta înseamnă toată lumea, părinți, rude, prieteni și societate – nu mai suntem alături de fete în copilăria și adolescența lor așa cum eram odinioară. Nu ne-am dedicat timpul fetelor noastre, nu am avut grijă de ele și nici nu le-am învățat anumite lucruri.

În ultimii zece ani, lacoma lume corporatistă și-a dat seama că fetele, și în special fetițele chiar înainte de a intra în adolescență, reprezintă o țintă ușoară. Companiile au văzut că se înregistrează profituri enorme de pe urma exploatării fricilor lor (de fapt, de pe urma provocării acestor frici) legate de orice, de la piele la greutate corporală, la relații de prietenie, haine și chiar trecerea la vârsta adultă. În sălile de ședință ori în agențiile de publicitate, în magazine și mass-media, a început războiul împotriva fetelor. Cu succes. Oriunde s-ar uita, orice fată vede mesaje care o fac să se teamă că nu e îndeajuns de bună, și devine astfel prizoniera ideilor înguste despre cum ar trebui să arate, să gândească și să se poarte. Asaltul susținut asupra adolescentelor este fără precedent, mergând de la reclame pentru produse de slăbit ori alcool, la constrângerile modei și până la invazia pornografiei.

Rezultatul este că multe fete au pierdut patru ani de copilărie armonioasă și de dezvoltare. Ele sunt forțate să iasă din copilărie, deși nu au încheiat-o și nici nu s-au bucurat de ea pe deplin. Ca urmare, fetele intră într-o stare de suferință și confuzie. Încearcă să se poarte ca niște adulți, dar nu reușesc. Umplu secțiile de boli nervoase ale spitalelor, pe cele de poliție și camerele de gardă, clinicile de dezalcoolizare și dezintoxicare într-un număr fără precedent![1]

Dacă suntem conștienți de ceea ce se întâmplă, putem preveni acest fenomen. O putem face prin dragostea pe care le-o dăruim, prin atmosfera pe care le-o creăm, fiind alături de ele și protejându-le de mesajele stupide și exploatatoare ce vin din lumea înconjurătoare. Eu am o vorbă care m-a ajutat deseori: „Nu putem opri păsările aducătoare de necazuri să zboare prin viețile noastre, dar nici nu trebuie să le lăsăm să-și facă cuib în părul nostru!“ Putem trăi în lumea aceasta, dar nu trebuie să înghițim tot ceea ce ne oferă ea. Ne putem alege experiențele, pentru noi și fiicele noastre, care să ne facă mai puternici, mai fericiți, mai activi. Așa cum au făcut Genevieve și părinții ei...

POVESTEA LUI GENEVIEVE

Asemenea lui Kaycee, Genevieve are 17 ani și este în clasa a XII-a. La prima vedere, Genevieve pare puțin neliniștită și timidă, dar se relaxează curând după ce ajunge să te cunoască. Conversația ei e plină de idei, preocupări și povestioare amuzante, precum și de păreri interesante. Se poate schimba într-o clipă din copilul entuziast în adultul preocupat, transformare tipică pentru o fată pe cale să devină femeie. Nu are aparența dură a lui Kaycee, dar, probabil, nici nu are nevoie de așa ceva. Povestea ei e cu totul alta.

În prezent, Genevieve nu are prieten. I-ar plăcea foarte mult, dar e circumspectă; știe că dragostea la vârsta asta nu e întotdeauna ușoară. I se pare, de asemenea, că e frustrant de greu să porți o conversație cu băieți de vârsta ta și își dorește să cunoască băieți mai maturi, mai comunicativi, atunci când va merge la facultate.

Amicii ei de la școală sunt un grup cald și prietenos, nu sunt copii cu pretenții, ci mai retrași, obișnuiți. Au grijă unii de alții și dacă apare un nou-venit sau dacă cineva rămâne în afara grupului, e probabil să-l asimileze și să-l facă să simtă bine primit. Prin urmare, grupul e destul de mare, nu prea închegat, alcătuit din copii cam tocilari și care nu sunt *cool*, dar care nici nu-și fac griji în privința asta.

Când avea 15 ani, Genevieve a ieșit cu un băiat, ceea ce pentru ea a reprezentat o experiență intensă. Justin era de aceeași vârstă și s-au cunoscut la începutul anului școlar. Au ieșit împreună cât de des au putut, au făcut lungi plimbări, s-au ținut de mână, au avut conversații sentimentale. Totuși, el era mai experimentat din punct de vedere sexual și, după câteva luni, a început să facă presiuni asupra lui Genevieve, atunci când erau singuri, să meargă „mai departe". Justin făcuse sex cu câteva fete, iar acum voia același lucru și de la Genevieve.

Genevieve e apropiată de mama sa și s-a obișnuit să vorbească cu ea cam despre tot ce i se întâmplă. De altfel, mama ei a și glumit la un moment dat că pentru fiecare oră petrecută cu Justin, Genevieve mai petrecea o oră vorbind cu ea despre ce se întâmplase, despre ce-a spus el și ce putea însemna asta, ce a răspuns ea și așa mai departe! În timp ce alte fete discută amănuntele legate de relațiile lor cu prietenii, Genevieve se obișnuise să-i mărturisească mamei cele mai intime gânduri, așa că noua problemă a devenit, în mod firesc, subiect de conversație. Prin urmare, mama a trebuit să facă față acestei noi presiuni exercitate asupra fiicei ei, având posibilitatea să o ajute.

Din fericire, mama lui Genevieve nu a intrat în panică și nici nu a încercat să preia controlul asupra situației, spunându-i fetei ce să facă. Mai târziu mi-a relatat că, dacă ar fi fost necesar, ar fi impus niște limite referitoare la modul și locul în care se puteau întâlni cei doi, de vreme ce nici unul din ei nu avea încă vârsta legală ori mentală pentru a începe o relație sexuală. Cu alte cuvinte, nu i-ar permite fiicei sale, la doar 15 ani, să nu fie stăpână pe sine într-o situație în care n-ar fi în siguranță din punct de vedere emoțional și fizic. În același timp, mama lui Genevieve a sprijinit, cu precauție, dorința fetei de a avea un prieten. O ducea cu mașina în oraș când voia să meargă la film cu Justin sau să se întâlnească cu prietenii, sau îl aducea în vizită, la ei acasă.

Această mamă extrem de rezonabilă a răspuns întrebărilor fiicei sale în mod discret, dar precaut. În loc să „pună piciorul în prag“ de la bun început, a ajutat-o pur și simplu pe Genevieve să afle singură ceea ce vrea. Ce simțea că-și dorește? Ce îi spunea corpul? Ce evoluție a lucrurilor ar fi făcut-o să se simtă bine pe termen lung?

A făcut acest lucru într-un mod discret și relaxat, ceea ce i-a dat lui Genevieve cu adevărat timp de reflecție. Mama fetei avea talentul acela de a asculta cu atenție, fără a face presiuni, așa încât Genevieve a știut că beneficiază de întreaga sa atenție, iar gândurile și sentimentele ei au ieșit la suprafață cât se poate de firesc.

Pe Genevieve nu o înșela intuiția. Îi plăcea Justin, îi plăcea să fie cu el, dar nu se simțea în largul ei și era destul de stresată când băiatul îi făcea avansuri fizice. Totul era prea intens. A sperat ca relația lor să se consolideze și să se dezvolte, dar voia ca asta să se întâmple în timp. Mama ei a ascultat, a dat din cap și și-a întrebat fiica: „Se pare că nu ești pregătită cu adevărat să te culci cu el, n-ai vrea ca relația voastră să se îndrepte acum în direcția asta, nu?“ Genevieve a răspuns că nu, dar era îngrijorată de ceea ce avea să se întâmple dacă ar fi respins repetat avansurile pe care i le făcea Justin. Au discutat despre cum i-ar putea face cunoscute lui Justin sentimentele și dorințele ei.

În săptămânile ce-au urmat, Genevieve și Justin au avut într-adevăr un fel de controversă în legătură cu acest lucru. El i-a dat practic un ultimatum, ca răspuns la hotărârea luată de ea, și au trecut efectiv printr-o probă de voință. Justin cunoștea o grămadă de fete care, deși nu erau așa de interesante și speciale precum Genevieve, erau dispuse să se culce cu el și, până la urmă, acesta „și-a luat zborul“. Genevieve știuse că se putea întâmpla așa ceva, ceea ce nu a scutit-o de suferință. Era o fată cu inima deschisă, aproape total lipsită de duritate sau de vreo carapace și i-a trebuit mult timp să se vindece. Dar s-a vindecat și, șase luni mai târziu, când Justin i-a dat telefon pentru a încerca să se împace cu ea, fata a fost amabilă, dar l-a refuzat scurt. Trecuse peste toată povestea.

ADEVĂRATA STARE A LUCRURILOR

Când eram tânăr îmi plăcea foarte mult să călătoresc și să trăiesc în locuri îndepărtate, de la sătucurile din Papua Noua Guinee și până la mahalalele Calcuttei, din Bengalul de Vest. La întoarcerea acasă mă izbea acest lucru neobișnuit: oamenii care trăiesc în condiții dure sunt mai fericiți. Viața în locurile amintite e grea, dar localnicii reușesc încă să râdă și să se poarte unii cu alții cu căldură. (Când mă întorceam la prosperitate, toată lumea părea nefericită.) Experiența m-a convins: noi ar trebui să fim fericiți. Nu suntem făcuți să fim deprimați. În nici un caz la vârsta de 15 ani.

Copilăria și adolescența fetelor ar trebui să fie distractive, cu prieteni de toate vârstele, aventurile primelor iubiri, deprinderea de noi aptitudini. Dramele acestei perioade ar trebui să fie legate de învățare și creștere, nu de suferință și traume.

E clar că ceva ce a mers foarte prost. Milioane de părinți se întreabă: de ce sunt fetele noastre atât de stresate? Ce ar trebui să facem pentru ca viețile lor să se schimbe în bine? După cum veți vedea imediat, putem face o mulțime de lucruri.

PARTEA ÎNTÂI

CELE CINCI ETAPE ALE COPILĂRIEI ȘI ADOLESCENȚEI FETELOR

1
CUM SĂ CREEZI FATA DESĂVÂRȘITĂ

Mollie, în vârstă de doi ani, ridică în aer o basculantă de jucărie și e gata să o arunce în capul prietenei sale, Jemima. Chiar și la această vârstă, ea știe că nu e bine să faci asta când te joci cu alți copii, așa că aruncă priviri spre mama ei, care o supraveghează, ca să vadă ce s-ar putea întâmpla în continuare. Mama a văzut tot și se încruntă numaidecât, parcă spunându-i: „Nu cumva să îndrăznești!" Foarte, foarte încet, Mollie lasă basculanta pe covor și se duce să coloreze. Jemima continuă să cânte fericită, fără să aibă habar de ceea ce s-a întâmplat, în timp ce strânge cu străşnicie în mână singurul creion galben.

Elise, 10 ani, citește la computer un mesaj batjocoritor la adresa unei fetițe din clasa ei, care e oricum timidă și nesigură. Mesajul e răutăcios și personal și tocmai a fost postat de una din prietenele ei. Elise își mușcă atât de tare buza de sus, încât îi rămâne un semn roșu. Urăște hărțuirea, dar cum ar putea interveni fără să-și facă dușmani? Coboară la parter să vorbească cu mama ei.

Samantha, 15 ani, face o pauză în timpul examenului de matematică, trage aer în piept și se încruntă. Aproape a terminat și mai are la dispoziție o grămadă de timp. Dacă va merge așa în continuare, va ajunge probabil prima din clasă; îi place matematica și are mereu rezultate bune, dar apoi va fi privită drept „tocilară", ceea ce nu e absolut deloc cool, *mai ales când vine vorba de băieți. Se gândește că s-ar putea opri pur și simplu, lăsând nerezolvate ultimele exerciții. „Nu!" își spune ea, apoi se întreabă cu îngrijorare dacă nu cumva o fi exclamat cu voce tare. Nimeni nu pare să fi auzit ceva. Merge mai departe și termină lucrarea.*

Copilăria și adolescența fetelor sunt foarte amuzante și pentru ele, și pentru părinți, dar au și perioade de mare intensitate. În fiecare etapă a dezvoltării, fetele trebuie să se confrunte cu hotărâri dificile. Uneori sunt derutate și fac greșeli, dar până la urmă învață și evoluează și, datorită tuturor acestor experiențe, devin femei capabile și puternice.

Ca părinți, ne este de folos o hartă cu tărâmul copilăriei pentru a ști la ce să ne așteptăm și ce anume avem de făcut. Harta din această carte e trasată pe baza ultimelor descoperiri în domeniul dezvoltării copilului și în cel al neurologiei, al terapiei de familie și al educației parentale, dar vine și cu informații adunate în urma discuțiilor purtate cu mame, tați și profesori din multe țări. Nu am încredere deplină în experți, decât dacă ceea ce spun ei se potrivește cu ceea ce simt eu și trece proba bunului-simț. Este concluzia la care am ajuns stând de vorbă cu mulți oameni. În cele din urmă, harta devine mai clară. Ai sentimentul că știi unde te afli.

CELE CINCI ETAPE ALE COPILĂRIEI ȘI ADOLESCENȚEI FETELOR

Fiecare fată este unică în felul ei, dar toate au de făcut aceeași călătorie pentru a se dezvolta corespunzător. Etapele pe care le traversează fetele, respectiv băieții și vârsta la care încep aceste etape la unii și la alții sunt complet diferite. În capitolele următoare puteți afla mai multe detalii despre etapa pe care o parcurge fiica dumneavoastră, căutând categoria de vârstă în care se înscrie. Dar mai întâi e bine să aveți o privire de ansamblu ca să știți cum stați...

Etapa 1: siguranța – sunt iubită și protejată? (de la naștere până la 2 ani)

Puii de om sunt cei mai dependenți pui de pe pământ. Se nasc complet lipsiți de apărare și știu instinctiv că adulții din jurul lor trebuie să-i iubească, căci în caz contrar nu vor fi îngrijiți cum se cuvine. Nu e de-ajuns doar să fii hrănit și îmbrăcat; aparatele pot ține în viață un bebeluș, dar acesta nu va dobândi inteligență ori bunătate, ci va deveni o ființă foarte ciudată. Mulțumită părinților care o mângâie cu dragoste, cântându-i și vorbind cu ea, legănând-o, gâdilând-o și iubind-o, o fetiță ajunge să fie plină de energie și să afle că viața e frumoasă.

Așadar, nevoile ei emoționale și fizice sunt satisfăcute. Această satisfacție îi dă fetiței o certitudine: „Sunt iubită și în siguranță“. Și va simți asta întotdeauna.

Etapa 2: explorarea – e lumea un loc amuzant și interesant? (de la 2 la 5 ani)

În această etapă o fată învață să aibă încredere în ea și să fie curioasă în legătură cu lumea înconjurătoare, să-și dezvolte

inteligența și creativitatea. Se bazează pe sentimentul de siguranță dobândit în prima etapă: „Dacă ceilalți vor continua să fie aproape de mine și să mă iubească, o să mă destind și o să-mi văd de jucăriile mele, o să mă joc în grădină, o să fac primii pași prin iarbă și o să mă murdăresc cu pământ, pietre și frunze".

Copilașii care nu simt legătura puternică cu mama nu explorează prea mult, fiind prea speriați că vor fi părăsiți de părinți.

Această vârstă este cea la care fiicei dumneavoastră i se poate arăta cum să picteze, să sape o gropiță, să construiască, să creeze și să se bucure de lucrurile înconjurătoare, de animale și de oameni. Dacă cei care o iubesc iau parte la activitățile ei, fetița va împrumuta din entuziasmul și plăcerea lor. Creierul ei va rămâne astfel *permanent deschis* către învățare. I-ați arătat că viața e o aventură. Lucrurile neobișnuite, noi și provocatoare vor fi o bucurie pentru ea, pentru tot restul vieții.

Etapa 3 – socializarea – mă pot înțelege cu ceilalți? (de la 5 la 10 ani)

Ceilalți copii, adulți, chiar și mama și tatăl, frații și surorile pot fi dificili, dar în majoritatea timpului sunt amuzanți. Fiica dumneavoastră va afla că se poate distra mai bine dacă e darnică, cedează uneori, cooperează și se joacă împreună cu ceilalți copii, și nu singură. Acest lucru nu e posibil până la vârsta de trei sau patru ani, și chiar și atunci e destul de greu. Dar, învățând de la părinți și apoi de la alte persoane, fetița înțelege că *ea nu este centrul universului*, că și ceilalți oameni au sentimente.

Acest complex de aptitudini – valorizarea personală, dar și a celorlalți și tratarea lor cu respect – se învață treptat exact în perioada școlii primare. Și, din nou, se bazează pe etapele timpurii: dacă ești tratat cu blândețe, vei deveni blând; dacă ești tratat cu sensibilitate, vei deveni empatic; dacă ești tratat cu sinceritate, vei deveni o persoană sinceră.

Fetița ajunge la concluzia că majoritatea oamenilor sunt cumsecade. „Îmi place de ei! Hai să ne jucăm!" Fiica dumneavoastră va fi o „persoană sociabilă". Pentru tot restul vieții sale va ști să relaționeze bucuroasă cu oamenii și le va fi de ajutor.

Etapa 4: descoperirea sufletului – pot să descopăr cine sunt în adâncul sufletului și ce mă face cu adevărat fericită? (de la 10 la 14 ani)

Atunci când se apropie pubertatea, o fată începe să simtă mult mai intens că e o persoană de sine stătătoare, o individualitate separată. E departe de a fi femeie, dar nu mai este nici copil. Precum un pom în timpul iernii, ea adună rezerve pentru momentul în care va fi pregătită să înflorească. Aceștia sunt anii în care începe să își consolideze „miezul" eului său profund, adică cine este ea cu adevărat. Este o perioadă în care are nevoie de ajutor pentru a se gândi la ceea ce reprezintă și la lucrurile de care îi pasă cel mai mult, pentru a afla care îi sunt interesele și pasiunile. Deseori, o fată la această vârstă își găsește acea „scânteie" – ceva ce îi place să facă și care îi oferă bucurie, un scop și un mod creativ de a-și aduce și ea contribuția la lumea din jur. Un motiv de a trăi.

Dobândind o identitate prin ceea ce face și crede și consolidându-și lumea interioară, o fată se va elibera de nevoia de aprobare care bântuie multe adolescente și le transformă în persoane conformiste și lipsite de strălucire.

Sufletul unei fete este ca un animal sălbatic: puternic și ager, dar și precaut. Pentru a se dezvălui are nevoie de timp și de calm. Atunci când o fată își descoperă sufletul, ea va fi pregătită să își pună primele mari întrebări ale vieții legate de intimitate, carieră, apartenența la un grup social. O fată care își descoperă sufletul poate fi o ființă sensibilă, dar în același timp puternică, ce nu e ușor de manipulat de către băieți nepăsători sau prieteni falși.

Va fi loială, puternică, va ști să-i protejeze pe cei din jur. Și pe ea însăși.

Etapa 5 – pașii spre maturitate – îmi pot asuma răspunderea propriei vieți? (de la 14 la 18 ani)

La 18 ani, fiica dumneavoastră devine încet-încet femeie, așadar pregătirea pentru acest salt uriaș trebuie luată în serios de la vârsta de 14 ani. Este mai mult o chestiune practică – să-nveți să te descurci cu banii, să conduci o mașină, să-ți împarți timpul, să mănânci, să-ți alegi hainele, să te preocupi de sănătate și siguranță –, dar este și o schimbare în atitudine. Uneori, între vârsta de 14 ani și cea a maturității, o fată are nevoie de un eveniment marcant, un ritual de maturizare, o experiență sau chiar un eveniment nefericit care să o învețe că ea este acum cea care are răspunderea propriei vieți. Să învețe că viața ei este acum, la modul cel mai concret, în mâinile sale. Această revelație este înfricoșătoare, dar în sensul bun al cuvântului. Ajungând oarecum pe picioarele ei și primind acceptul și sprijinul femeilor mai în vârstă, ea poate lăsa în urmă infantilismul sau naivitatea dăunătoare și poate prelua răspunderea propriilor fapte, înțelegându-le consecințele, și face în așa fel încât viața ei să merite trăită. În vreme ce însăși viața îi poate aduce unei fete această înțelegere a lucrurilor, a lăsa ca aceasta să se petreacă la voia întâmplării e periculos și nesigur, fiindcă îi poate pricinui suferințe serioase. În același timp, unele persoane nu se maturizează niciodată, iar viețile lor se irosesc de atâta autosuficiență; se lasă duse de nefericire, dau vina pe toată lumea și nu își asumă niciodată responsabilități.

Fetele trebuie călăuzite pe îndelete și în mod proactiv spre o viață sănătoasă de femeie matură. Atunci când lucrul ăsta se face cum trebuie, rezultatele sunt impresionante. Fata va prelua răspunderea propriei existențe și își va croi drumul prin lume într-un mod unic.

FIECARE ETAPĂ CU ÎNTREBĂRILE EI

Sper că cele cinci etape vi s-au părut clare și ușor de înțeles. Nu uitați că fiecare fată e diferită, așa că etapele pot varia destul de mult în funcție de vârsta la care apar. Totodată, etapele se suprapun deoarece natura e eficientă, începând o nouă lecție pe când cea anterioară ia sfârșit. Sper să vă puteți obișnui cu asta!

Punctul-cheie constă în faptul că, pe măsură ce fiica dumneavoastră se apropie de sfârșitul fiecărei etape, ea ajunge la o hotărâre pe care o va lua cu privire la viața ei și care fie o va ajuta, fie îi va face rău. De exemplu, imaginați-vă copilăria și adolescența unei fete, în care toate etapele merg prost. Această fată va ajunge la următoarele cinci concluzii:

1. Viața e nesigură și nimeni nu mă iubește.
2. Ideile și lucrurile noi mă sperie.
3. Nu poți avea încredere în oameni și e imposibil să te înțelegi cu ei.
4. Nu valorez nimic, sunt un nimeni.
5. E mult prea greu să te maturizezi. Nu vreau să fiu adult. Nu am nici o putere și nici nu pot hotărî ce mi se întâmplă. Lucrurile se întâmplă pur și simplu.

Acestea sunt niște concluzii destul de grave, dar probabil destul de cunoscute celor care lucrează cu fete. Fiecare părinte își poate observa fiica, prietenii ei sau alte fete din același oraș trăind experiența fiecărei etape. Unele fete vor reuși să le traverseze cu bine, altele nu. Hotărârile pe care acestea le iau în fiecare din etapele pomenite sunt profunde și le pot schimba viața.

Din fericire (în cazul în care v-ați speriat puțin), aceste decizii sunt luate pas cu pas, combinând multe experiențe, așa că nu trebuie să ne lăsăm pradă obsesiei de a duce lucrurile la bun sfârșit. Etapele pot dura ani întregi și ni se vor oferi multe șanse să facem acest lucru.

Ca părinte, *ceea ce contează este să nu vă dați bătuți*. Vă va scoate la liman dragostea statornică pentru fiica dumneavoastră.

Iar dacă fiica dumneavoastră a depășit deja unele etape și aveți impresia că mesajul nu a ajuns la ea, nu disperați, deseori hotărârile respective se vor schimba.

Bineînțeles, dacă fiica dumneavoastră tocmai a venit pe lume, ea fiind motivul pentru care citiți această carte, atunci sunteți cu adevărat norocoși. Însă, dacă vă implicați emoțional și sunteți îndeajuns de motivați, veți putea îndrepta lucrurile la orice vârstă.

FETELE CRESC DIFERIT ȘI MAI REPEDE

Fetele se dezvoltă mai repede decât băieții, mai ales în ceea ce privește abilitățile creierului. Estrogenul creat de corp când sunt încă în uter accelerează de fapt dezvoltarea creierului, astfel încât la naștere ele sunt, din acest punct de vedere, cu multe săptămâni mai înaintate decât băieții.[1]

Diferența e și mai evidentă în primii cinci sau șase ani de viață. Fetele pot rosti fraze întregi și își pot controla degetele, pot desena corect și chiar scrie cu șase până la douăsprezece luni mai devreme decât băieții și pot merge la școală cu aproximativ un an mai repede decât ei. Dacă trebuie să meargă la grădiniță, ele nu suferă atât de mult de anxietatea produsă de despărțire, deși acest lucru diferă mult de la copil la copil.

Fetele ajung la pubertate cu doi ani înaintea băieților, transformându-se în domnișoare peste noapte, în timp ce băieții par să rămână pe loc. În cele din urmă, fetele ajung la maturitate mai repede – dezvoltarea creierului lor se face cu câțiva ani înaintea băieților, al căror creier își încheie dezvoltarea după ce împlinesc douăzeci de ani. E ca și cum natura le-ar spune fetelor: faceți-vă mari înainte de vreme, pentru că va trebui să fiți mereu în alertă!

GÂNDIȚI-VĂ LA VIAȚA DUMNEAVOASTRĂ

Dacă sunteți mamă, avantajul de a crește o fată este enorm, pentru că și dumneavoastră ați fost odinioară ca ea. Dacă sunteți tată, situația este diferită, însă fetele de obicei nu se așteaptă ca tații să le fie mame, așa încât asta nu e o problemă, căci tatăl are de jucat un rol cel puțin la fel de important.

Dacă sunteți mamă și citiți aceste rânduri, amintiți-vă de propria copilărie. (Merită să vă amintiți și dacă sunteți tată, deși etapele copilăriei dumneavoastră se poate să fi fost puțin diferite...)

- Când erați mică v-ați simțit protejată și în siguranță? Părinții dumneavoastră aveau o viață echilibrată, v-au iubit și s-au bucurat de dumneavoastră?
- Ați fost încurajată să vă jucați, să explorați și să vă bucurați de lumea înconjurătoare? Părinții au avut timpul și dorința de a vă capta interesul și a vă arăta ce interesantă e viața pe când învățați să mergeți?
- V-au învățat părinții când mergeați la școală cum să socializați? Erau ei înșiși sociabili? În interacțiunea lor socială, în afară de propriile nevoi, erau în stare să respecte și dorințele celorlalți?
- Ați simțit, la începutul adolescenței, că vă sunt încurajate înclinațiile mai deosebite, sau vi s-a părut că lumea era prea ocupată pentru a le observa?
- Mai târziu, în perioada adolescenței, ați avut sentimentul că puteți ajunge să vă sondați sufletul și legătura cu natura și universul, fiind sprijinită în acest sens?
- Și, în cele din urmă, în ultima parte a adolescenței, trecerea spre vârsta maturității a fost delimitată cu claritate? Ați simțit că sunteți stăpână pe viața dumneavoastră, că puteți înfrunta consecințele propriilor alegeri, că sunteți puternică și că aveți un țel?

> Multe întrebări, dar vă veți da repede seama unde ați făcut bine și unde ați dat greș. Poate vă vor ajuta să înțelegeți cum să alegeți calea dreaptă pentru fiica voastră, și cât de important este acest lucru.

LA CE FOLOSESC ETAPELE

Aceste etape vă pot folosi atunci când vă întrebați care este, de fapt, vârsta fiicei dumneavoastră. Care este cea mai probabilă și importantă întrebare a vieții ei, din perspectiva etapelor enumerate mai sus? (Să vă bazați întotdeauna pe experiența dumneavoastră, în loc să lăsați cărțile și diversele teorii să vă determine acțiunile.) Dacă instinctul vă spune că în viața fiicei dumneavoastră se desfășoară într-adevăr o anumită etapă, atunci puteți combina informațiile noi cu experiența pe care o aveți, pentru a putea fi de ajutor. În capitolele următoare vă vom învăța cum să faceți acest lucru.

Un alt rol pe care îl are clasificarea pe etape este acela de „remediere"; puteți identifica cu claritate etapele anterioare pe care fiica dumneavoastră se poate să le fi ratat din pricina diverselor împrejurări nefavorabile. Natura omenească poate recupera etapele ratate prin repunerea vieții pe făgașul normal. De exemplu, copiii adoptați care vin din medii îngrozitoare își pot recăpăta treptat siguranța alături de noii lor părinți. Fetele temătoare, protejate peste măsură, pot fi provocate și convinse să manifeste mai mult curaj. Fetele nesociabile pot fi învățate să socializeze mai bine ș.a.m.d. Trebuie să aveți în vedere că fiica dumneavoastră poate avea, în ani, o anumită vârstă care e mai mare decât vârsta psihică, mai ales dacă a ratat anumite etape din pricina circumstanțelor de la începutul acestei „călătorii".

DEPENDENTĂ PE BUNĂ DREPTATE

Gemma, în vârstă de 10 ani, este foarte atașată de mama ei și are nevoie întruna să fie mângâiată și să se afle în preajma ei.

La început, mamei i se pare sâcâitor, dar apoi își amintește că și ea a fost foarte stresată și a suferit de depresie atunci când Gemma era bebeluș. Își dă seama că Gemma, deși se află în Etapa 3, se întoarce în Etapa 1 pentru a răspunde la întrebarea: „Sunt iubită și protejată?" Mama hotărăște s-o îmbrățișeze pe Gemma ori de câte ori are nevoie, descoperind că acest lucru schimbă lucrurile radical. În câteva luni, fata se destinde și devine mai încrezătoare în sine și mai independentă.

DACĂ NE STRESĂM, REGRESĂM!

Iată un sfat util: atunci când o familie trece printr-o perioadă de stres, copiii vor fi afectați, deoarece vor regresa o etapă. Un copil de cinci ani, care în mod obișnuit e sigur pe el, va începe deodată să-și sugă degetul sau să umble înfășurat într-o păturică. În timpul unei petreceri în aer liber, un copil de 14 ani va prefera să rămână lângă părinți decât să stea cu alți copii. O tânără de 21 de ani va refuza să ia o hotărâre de una singură, dorind ca alții să-i spună ce să facă.

Fiecare dintre noi rămâne în urmă cu o etapă sau două dacă e supus stresului – gândiți-vă la acele momente când pur și simplu nu aveți chef să vă mai ridicați din pat sau să mai aveți de-a face cu oamenii. Din când în când, asta e cât se poate de normal. Lăsați-o, în general, pe fiica dumneavoastră să își refacă forțele și să își revină în felul acesta – nimeni nu poate face față în permanență realității. E cazul să vă faceți griji doar în situația în care fata nu pare să depășească momentul nici după câteva zile. Ar putea să aibă nevoie de un imbold sau de mai mult ajutor pentru a afla ce nu funcționează.

Asigurați-vă că depistați adevăratul motiv al stresului fiicei dumneavoastră, în condițiile în care nu există o explicație evidentă. Poate că are ceva să vă spună, dar i se pare greu să comunice.

Fiți indulgenți cu dumneavoastră înșivă, astfel încât să poată și ea învăța că fiecare dintre noi are nevoie de sprijin și timp. Diminuând nivelul de stres al întregii familii prin concedii, zile libere în timpul săptămânii și, în general, prin degajarea orarului zilnic, veți preveni sentimentul de împovărare pe care l-ar putea avea fiica dumneavoastră. Deseori un copil stresat este semnul că întreaga familie ar trebui să mai încetinească ritmul.

PE SCURT

- Toate fetele traversează cinci etape pentru a deveni femei.
- Aceste etape le învață cele cinci lecții importante necesare în procesul de maturizare: să se simtă în siguranță, să învețe să exploreze, să interacționeze cu alți oameni, să descopere cine e cu adevărat și să-și ia viața în mâini. Pentru toate cele de mai sus este nevoie de sprijinul adulților, care trebuie să știe cum să acționeze.
- Părinții care au clară în minte „harta" copilăriei și adolescenței unei fete își pot organiza viața în așa fel încât să-i poată oferi ceea ce are nevoie.
- Fiica dumneavoastră este cea care trece prin aceste încercări, însă dumneavoastră sunteți îndrumătorii, protectorii și aliații ei pe tot parcursul călătoriei. Asumarea acestor roluri este probabil cel mai bun lucru pe care îl veți face vreodată.

2
SĂ ÎNCEPEM CU ÎNCEPUTUL
(DE LA NAȘTERE LA 2 ANI)

Este dimineața devreme, și micuța Lucy, de doar cinci săptămâni, stă trează în pătuțul ei, chiar lângă patul părinților. Mama și tata încă mai dorm, ba chiar tatăl sforăie ușor. Lucy urmărește jocul de umbre pe care lumina soarelui îl face pe perete. Din când în când, dă din mâini cu încântare. Fetița gângurește rotindu-și capul pe măsură ce cuprinde cu privirea minunățiile lumii.

După o vreme, lui Lucy i se face foame. Începe să scâncească, iar mama ei, cu urechile adaptate pentru a auzi sunetele scoase de puiul său, ca toate mamiferele după milioane de ani de evoluție, se trezește, deși sforăitul soțului nu a deranjat-o deloc întreaga noapte. Pe jumătate adormită, ia fetița în brațe și o aduce în pat, iar apoi își scoate sânul plin de lapte și îi dă să sugă. Pentru Lucy nu a existat nici un motiv de supărare, așa că începe să mănânce cu voioșie, complet trează, privindu-și mama în ochi. La vârsta ei, ochii pot focaliza la o distanță de aproximativ 30 cm, adică distanța dintre bebeluș și chipul mamei în timpul alăptării, orice lucru aflat mai departe de atât fiind încă încețoșat. Sugarul trebuie să vadă doar că mama este fericită și mulțumită. Apoi, la rândul lui, se poate destinde și el.

Ziua va începe în curând. Lucy și mama sau tatăl ei vor avea diverse activități, vor merge la cumpărături și poate se vor întâlni cu prieteni ori vor face scurte vizite. Pe parcursul zilei, va fi alăptată și i se vor schimba scutecele de mai multe ori. Dar, în tot acest timp, Lucy va sta mai mult culcată în landou sau va dormi. Mâncatul și dormitul, fără un efort din

partea ei, reprezintă principalele evenimente ale primei vârste a copilului. Și pe tot parcursul acestei etape, creierul lui Lucy se va dezvolta întruna: în primul an de viață își va dubla sau chiar tripla volumul. Și nu va mai fi vreun moment în care să se dezvolte atât de repede și de mult ca în aceste luni de la începutul vieții. Ceea ce ajută creierul să crească sunt dovezile de dragoste, zâmbetele, cântecele sau jocurile și toate celelalte mii de gesturi pe care părinții le fac în mod natural cu bebelușii lor.

LECȚIA DE COMUNICARE

În timp ce mama își vede de treburi prin casă sau lucrează la computer, când se va simți singură, Lucy va scoate felurite sunete pentru a-i atrage atenția. Iar mama îi va răspunde. Deși Lucy nu va învăța să vorbească înainte de a împlini un an, atât ea, cât și mama ei se înțeleg de minune. Cam așa s-ar traduce, în linii mari, conversația dintre cele două:

Bebelușul: „Ești acolo, mămico dragă?“
Mama: „Aici sunt!“

Bebelușul: „Mai sunt eu cea mai importantă ființă din viața ta?“
Mama: „Bineînțeles.“
Bebelușul: „Voiam doar să fiu sigură.“
Mama: „E-n regulă.“

Cercetătorii au filmat această interacțiune dintre o mamă și un bebeluș folosind camere speciale ce pot reda până la 1.000 de cadre pe secundă și i-au dat o denumire științifică[1]: „Secvențele de atenție reciprocă“, adică acele mici ritualuri în timpul cărora mama și bebelușul se întâlnesc și care au loc de zeci de ori pe zi. Aceste „miniconversații“ nu îi oferă copilului doar încrederea în dragostea mamei sale, ci îl și ajută, pe măsură ce crește, să empatizeze mai ușor cu ceilalți oameni. Sincronizarea e o chestiune de mare finețe, mama și copilul părând să valseze într-o armonie totală. Cercetătorii au observat că lucrurile sunt în regulă dacă mama apare pe monitor, însă dacă există o întârziere de doar o secundă, bebelușul intră în panică total. Mama și fiica sunt la unison. Această interacțiune ca un dans însoțit de sunete și încuviințări din cap, zâmbete și cântece îi va modela fetiței deprinderea de comunicare mai târziu, în viață.

Deseori, atunci când se va speria de ceva, când îi va fi foarte foame sau când ceva nu-i va plăcea, plânsetele lui Lucy vor fi mai intense. Mama va răspunde acestei emoții bruște prin „Oooh, ce s-a întâmplat?“ sau „Vaai, ce-i cu tine?“, subțiindu-și vocea, așa cum obișnuiesc adulții să facă în preajma bebelușilor. Această tonalitate e mai ușor percepută de urechile unui sugar. (Chiar dacă, până nu demult, nu se știa acest lucru, audiologii au descoperit cum să măsoare sunetul respectiv.) Apoi mama va deveni și mai blândă. Probabil o va lua în brațe și o va legăna pe Lucy pentru a-i induce o stare de calm. Din nenumăratele reprize de liniștire, creierul lui Lucy va afla cum să treacă de la stres la calm, un model pe care îl va urma în anii ce vor veni.

Timpul petrecut de Lucy împreună cu părinții este caracterizat de „receptivitate“. Mai simplu spus, părinții se vor

familiariza cu dorințele fiicei lor. Vor descifra semnalele primite de la ea și vor răspunde, dar nu cuprinși de panică, ci cu blândețe și încântare. Pe de o parte, așa funcționează iubirea (și hormonul iubirii, cunoscut sub numele de oxitocină), dar, pe de altă parte, părinții reacționează astfel pentru că și-au propus să nu aibă un program prea încărcat și nici să nu fie stresați în primele luni de viață ale bebelușului. (Ei nu și-au renovat baia și nici nu au acceptat propunerile de promovare profesională în această perioadă, știind că venirea pe lume a unui copil este în sine un eveniment solicitant.) Cu excepția cazului în care mama lui Lucy nu e amorțită de consumul de droguri sau nu suferă de depresie, cel mai probabil prezența lui Lucy i se va părea încântătoare, deși asta înseamnă și un program încărcat. A fi părinte poate nu e întotdeauna un lucru firesc, dar, dacă mama acordă timp acestui nou rol și este sprijinită de cei din jur, va învăța repede și va intra într-o rutină presărată de satisfacții.

Sprijinul oferit de bunici, prieteni, mătuși e foarte important. Proaspeții părinți nu se pot descurca prea bine de unii singuri pe parcursul acestei etape, având și ei nevoie de puțină grijă părintească.

Iubirea e ca un fluviu care deopotrivă ne inundă și izvorăște din noi. Apropierea de familie și prieteni e foarte folositoare atunci când apare un nou-născut.

DEPRINDEREA DE A INTERACȚIONA CU CEILALȚI SE ÎNVAȚĂ DE LA O VÂRSTĂ FRAGEDĂ

Atunci când devenim adulți știm că deprinderile pe care ni le-am însușit contează enorm în viață. Ne gândim la ele în special atunci când lipsesc – când întâlnim un șef sau un coleg, o persoană pe stradă sau într-un magazin care habar n-are de nimic și care este nepăsătoare. A fi conștient de sentimentele celorlalți, de momentul potrivit pentru o conversație, a ști când să asculți și când să vorbești sunt deprinderi complexe și evoluate. Cei mai mulți dintre noi au avut momente penibile în compania altora, când poate conversația n-a avut nici cap, nici coadă. Din fericire, e un lucru trecător; de obicei se întâmplă când ne străduim prea mult sau când vrem să epatăm. Când am pierdut contactul cu realitatea. Unii oameni pe care îi întâlnim sunt foarte implicați și sensibili și ne simțim extraordinar în compania lor, simțim că suntem remarcați și apreciați. Interacțiunea armonioasă este o condiție de bază a fericirii noastre, dat fiind că suntem animale sociale.

De aceea ne formăm deprinderi chiar înainte de a ști să vorbim. Interesant este că a doua jumătate a primului an de viață e partea care pare să conteze cel mai mult. Aceasta este perioada când bebelușul e cel mai pretențios în legătură cu cei care îi sunt în preajmă. De mii de ani mamele știu că de un nou-născut se pot îngriji și alții, pe când un bebeluș de șase luni știe exact cine sunt mama și tatăl lui și, de cele mai multe ori, nu va avea încredere în nimeni altcineva.

Neurologia a confirmat acest lucru. În a doua jumătate a primului an de viață se dezvoltă acele zone din creierul bebelușului care sunt caracteristice formării deprinderilor. Fetițele sunt mai dotate și conștientizează mai bine legăturile dintre oameni, un punct forte înnăscut, dar care are încă nevoie să fie cultivat și consolidat. Legăturile nu se fac conștient sau deliberat, ceea ce ar putea deveni un obstacol în procesul de comunicare, ci din instinct. Te cheamă copilul, îi răspunzi. E simplu, firesc și relaxant pentru toată lumea.

DEZVOLTAREA CORTEXULUI PREFRONTAL (CPF)

Lucy își petrece primele șase luni de viață mai mult dormind, pe măsură ce se obișnuiește cu lumea din care face acum parte. În a doua jumătate a primului an de existență ritmul vieții sale devine mai alert. Sub fruntea ei micuță există o porțiune de creier care, dacă am putea să o vedem, arată ca o conopidă, încrețită și cu suprafața brăzdată. Această porțiune, cunoscută sub denumirea de CPF, tocmai începe să se dezvolte. CPF-ul este cea mai complexă zonă a creierului și controlează chestiuni vitale. Cortexul prefrontal este centrul empatiei, al sociabilității și al legăturilor interumane. Este ceea ce ne definește ca oameni.

Dacă CPF-ul s-ar fi dezvoltat mai repede, atunci capul lui Lucy ar fi fost prea mare și fetița nu ar fi putut să se nască în siguranță. Iar softul din această zonă a creierului trebuie, de asemenea, programat de părinții fetiței și de cei care au grijă de ea, pentru că toți aceștia reprezintă universul ei familial și cultural, înlesnind conviețuirea până când copilul se va face mare.

Pe lângă funcțiile sale sociale, cortexul prefrontal mai controlează alte două importante deprinderi:

1. Concentrarea
2. Controlarea emoțiilor.

Bebelușii nu își pot calma emoțiile dintr-un motiv important: sunt programați să intre în panică. Înainte de apariția civilizației (în urmă cu peste 250.000 de ani), copiii erau duși de mamele lor peste tot, pentru că acesta era cel mai bun mod de a-i proteja și de a-i îngriji. Și de cele mai multe ori, pentru adulții care se deplasau pe jos în cea mai mare parte a timpului, era practic o necesitate. (Chiar și în zilele noastre, în țările așa-zis subdezvoltate, bebelușii sunt rareori lăsați din brațe. Aceștia plâng foarte rar.) În lunga perioadă preistorică, un pui de om ar fi putut deveni cu ușurință un prânz pentru animalele de pradă care mișunau pretutindeni. Așa că, dacă un bebeluș era lăsat singur sau, și mai rău, se trezea în fața ochilor cu un bot păros și bălos – care în nici un caz nu-i aparținea tatălui său – o-ncurca sigur. Copilașii care plângeau mai tare aveau mai multe șanse să fie salvați mai repede. Așa că frica și țipetele de panică aveau o funcție de supraviețuire și s-au imprimat în structura noastră genetică.

E suficient doar acest sistem de alarmă al bebelușilor ca să ne transmită nouă, părinților, un mesaj foarte important. Așa cum de la naștere copiii trebuie ținuți la căldură, neputând să-și regleze propria temperatură, tot așa trebuie să avem grijă să îi liniștim, pentru că ei nu își pot controla emoțiile. Așadar, de zeci de ori pe zi sugarul e agitat, scâncește sau plânge, iar mama sau tatăl, unul din bunici ori vreun frate îl ia în brațe, îl liniștește și îl ajută să se calmeze. „Gata, gata, puiule. Liniștește-te." Treptat, calmarea devine ceva firesc pentru el, el învață cum să se liniștească singur, dar acest lucru vine după ani de zile de constantă alinare din partea celorlalți. Totul se construiește încetul cu încetul, alcătuind temelia sănătății lui mintale pentru tot restul vieții.

LINIȘTEA CA UN DAR

Fetița dumneavoastră o să știe întreaga viață ce înseamnă calmul și liniștea după felul în care îi veți aduce mereu alinare în primele luni de existență și chiar mai târziu. (Chiar și în viața intrauterină, adrenalina mamei trece în corpul fătului, așadar o sarcină fără stres va da roade mai târziu, când veți aduce pe lume un bebeluș mai fericit, cu un somn mai bun.) Acest lucru înseamnă să planificați, pe cât posibil, atât înainte, cât și după naștere, cum să vă petreceți timpul cât mai mult și fără stres cu micuțul dumneavoastră până în al doilea an de viață.

Exact opus felului în care ne trăim viața: graba, alergătura și afacerile sunt emblema vieții moderne. Însă copiii noștri sunt la fel ca aceia de-acum mii de ani, iar nebunia modernă nu le priește. Dacă aveți cum, îndepărtați-vă o perioadă de stresul lumii cotidiene în care poate v-ați complăcut întreaga viață.

CE ESTE CALMUL?

Calmul nu e o trăsătură de caracter, e pur si simplu o deprindere. Trebuie să conștientizați cât de important este calmul și faptul că prezența dumneavoastră va fi mai valoroasă dacă încetiniți ritmul și stabiliți legături reale cu oamenii din jur, trăind cu adevărat momentul prezent. Exersați acest lucru până când va deveni treptat o parte din dumneavoastră.

Asta va aduce beneficii tuturor celor apropiați – se vor simți liniștiți și mulțumiți în prezența dumneavoastră. Este exact lucrul de care au nevoie copiii de la părinții lor. Și vă va aduce beneficii și dumneavoastră – mai puțini hormoni de stres, veți trăi mai mult și vă veți simți mai bine. Merită să cultivați starea de calm.

Calmul e însoțit de anumite gesturi: respirație profundă, relaxarea umerilor și a mușchilor, sentimentul de stabilitate pe picioare, concentrarea la ceea ce aveți de făcut într-un mod simplu și echilibrat, fără a aluneca către gânduri panicarde.

Inspirați și expirați de trei sau patru ori pentru a vă încetini ritmul inimii și calma mintea. Cei calmi fac toate aceste lucruri în mod automat; atunci când apare o situație de urgență ei se relaxează în mod intenționat mai mult decât alții pentru a contracara tendința de a se panica și a face greșeli.

Capacitatea de a-ți controla nivelul de excitare nervoasă este o calitate inestimabilă pentru tot restul vieții. Tot ceea ce trebuie să faceți este să vă întrebați dacă sunteți sau nu calmi. Dacă răspunsul este negativ, respirați de câteva ori cu bună știință, recăpătați-vă stabilitatea și observați cum, pe măsură ce nivelul de adrenalină scade, apar primele efecte ale relaxării. Repetați acest exercițiu preț de câteva zile și, curând, chemarea firească spre calm vă va atrage din ce în ce mai mult către acel spațiu echilibrat și liniștit. Totul devine mai bun – gustul mâncării, mirosul florilor, felul în care se simte apa atunci când faceți duș, senzația de căldură pe piele. Veți constata că timpul încetinește și îl veți putea folosi pentru a vă gândi înainte de a spune ceva. Iar acest lucru are cu adevărat beneficii!

PLÂNSUL ȘI SOMNUL

A te simți bine în lumea în care te-ai născut este prima lecție pe care i-o predați fetiței dumneavoastră: „Ești iubita și scumpa noastră, suntem alături de tine, și totul este bine". Dacă e lăsat să plângă, un bebeluș speriat și singur nu va învăța să se calmeze de la sine – aceasta este cea mai frecventă prejudecată. În cele din urmă, copilul se va liniști, dar asta doar pentru că aici intervine un alt model de supraviețuire: „Nu va veni nimeni!" Plânsul prelungit al copilului „în sălbăticie" poate atrage primejdiile, așa că, dacă țipătul nu dă roade în câteva minute, copilul tace și „se deprimă". Dacă părintele nu reacționează – din cauza unei depresii postnatale netratate, pentru că se află sub influența consumului de alcool ori de droguri sau pentru că pur și simplu nu îi pasă – și dacă acest lucru se întâmplă destul de des, atunci bebelușul va hotărî că eforturile lui „nu îi sensibilizează pe ceilalți". Acest model va deveni o parte din felul în care copilul va reacționa în momentele dificile ale vieții și se numește „neputință dobândită"[2].

Nu vă doriți așa ceva pentru copilul dumneavoastră, pentru că, în situații dificile, el nu-și va regăsi speranța și stăpânirea de sine. „Depresia" este deseori greșit înțeleasă – ea reprezintă pur și simplu, încă din timpuri străvechi, capacitatea organismului uman de a-și opri funcțiile, când oamenii erau nevoiți să stea afară pe vreme rea și să îndure ierni interminabile, reci și întunecate. Hrana fiind insuficientă și greu de procurat în asemenea perioade, pentru a supraviețui, oamenii erau nevoiți să se miște și să mănânce cât mai puțin.

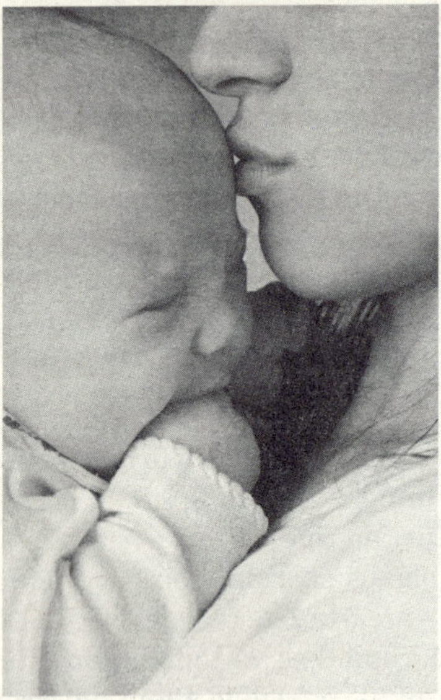

Dar depresia poate depăși cu ușurință limitele normale. A-ți învăța copilul să fie deprimat ignorându-l nu-l va ajuta. Poate că se va liniști, dar va fi, de fapt, foarte nefericit.

Există o cale de mijloc: ora de culcare a sugarilor, care îi poate ajuta mult pe părinți să nu sucombe. Uneori, când bebelușul este în pătuț, va încerca să atragă atenția adulților după ce a fost dus la culcare. Nu trebuie să vă îngrijorați dacă mai scâncește, e doar felul lui de a termina cu joaca și a adormi (mai ales când părinții sunt frânți de oboseală și au nevoie să se odihnească), dar dacă scâncetul devine plâns de-a binelea, atunci nu-i bine. Copilul trebuie liniștit și împăcat. Ca legătura afectivă dintre părinte și copil să nu fie în pericol, el trebuie să știe că sunteți acolo. (În bibliografie, veți găsi câteva propuneri de lectură din care veți învăța cum să dormiți mai mult atât dumneavoastră, cât și copilul, fără folosirea unor metode dure.)

STIMULAREA COPILULUI E UN ALT LUCRU IMPORTANT!

După toată această discuție despre calm, este important să ne aducem aminte și de recomandarea opusă: nu ne dorim ca bebelușii să fie întotdeauna calmi. Sugarii și copiii până la doi ani au nevoie de emoții mai intense pentru a-și diversifica gama de sentimente, inclusiv acelea de bucurie. Din cele mai vechi timpuri, părinții și frații mai mari au simțit în mod natural nevoia de a-i gâdila, tachina, stârni și stimula pe bebeluși. Fetița dumneavoastră va chicoti și va „prinde viață" atunci când o stimulați cum știți mai bine – cântându-i, jucându-vă de-a v-ați ascunselea și ascunzându-vă fața în spatele palmelor sau al unei reviste, pentru ca apoi să o descoperiți din nou, luând-o prin surprindere. Gâdilăturile, îmbrățișările și dansul cu bebelușul în brațe îl vor ajuta să își coordoneze trupul și să îl simtă, însă nu faceți toate acestea ca pe o datorie, faceți-o ca pe o distracție. Puneți niște muzică și simțiți-vă bine!

Chiar și joaca mai smucită a taților cu copilașii e de ajutor. Tații sunt bine-cunoscuți pentru predispoziția lor de a stimula copiii aruncându-i în aer și răsucindu-i, alergându-i și luptându-se cu ei. Aceste mișcări îi pot provoca oarecare stres fiicei dumneavoastră (lucru pe care îl puteți observa urmărind expresia de neplăcere de pe chipul ei și încetinind puțin ritmul hârjonelilor), dar dacă joaca se desfășoară cum trebuie, ea va trece peste frică și va începe să râdă. Cercetările au arătat că fetițele care se joacă cu tăticii lor când sunt mici sunt mult mai rezistente la stres decât acelea care au fost crescute cu mult prea multă protecție și blândețe![3]

(Un avertisment mai ales pentru tați este să fie atenți cu gâtul copiilor – și cu corpul, în general – când aceștia sunt încă mici. Un bebeluș nu își poate duce greutatea capului pe gâtul fragil timp de mai multe luni, acesta putându-se încorda cu riscul de a se răni sau a face o entorsă. Susțineți-le capul și gâtul cu fermitate, de fiecare dată când faceți mișcări împreună cu ei.)

Mai mult decât atât: dați-le un exemplu despre ce înseamnă distracție. Fiica dumneavoastră învață cel mai mult privindu-vă. Dacă sunteți veseli, exuberanți, dacă faceți comicării în momentele potrivite (nu când sunteți la volan, de exemplu), atunci va crește și capacitatea copilului de a fi vesel. Dacă sunteți prietenoși cu oamenii pe care îi întâlniți, dacă vă place să vă îmbrăcați frumos, să fredonați melodii la duș, dacă sunteți amabili cu ceilalți la cumpărături sau pe stradă, vorbiți frumos despre oameni, vă supără nedreptățile, atunci

fiica dumneavoastră va împrumuta și ea aceeași atitudine de la o vârstă surprinzător de fragedă.

Merită să încercați – mai ales mamele, care sunt modelul de urmat în viață pentru fiicele lor. Petreceți o zi pentru a vă urmări cu atenție: cum trăiți? Vă încruntați, sunteți stresată, morocănoasă și prea grăbită? Dacă răspunsul la aceste întrebări este „da“, atunci s-ar putea să doriți să vă schimbați atitudinea atunci când vi se naște o fetiță.

HORMONII DRAGOSTEI

În ziua de azi, mulți dintre noi nu se simt pregătiți pentru a fi părinți. În urmă cu o sută de ani, cele mai multe familii aveau câte șapte sau opt copii, iar căminul lor era un loc gălăgios, în care se trăia la grămadă, dar care deseori era fericit. Fiecare din noi a crescut cu bebeluși și copilași în jur și știe cum să se poarte cu ei. În ziua de azi însă, situația e foarte diferită. Un studiu a arătat că o treime dintre tinerii părinți de astăzi nu au ținut niciodată în brațe un bebeluș înainte de a avea propriul copil!

Din fericire, hormonii noștri substituie această lipsă de experiență. Corpurile proaspetelor mămici sunt inundate de un hormon numit prolactină. Dacă aveți noroc și vă puteți alăpta copilul, nivelul de prolactină crește semnificativ în sânge, făcându-vă mai visătoare și încetinindu-vă ritmul. Vă ajută să vă concentrați și să vă dedicați copilului. Mai sunt și alți hormoni de ajutor: când vă îmbrățișați copilul sau când sunteți îmbrățișate de partenerul de viață ori de un prieten, se secretă oxitocina (hormonul dragostei), care vă face să vă simțiți mulțumită și echilibrată.

Oxitocina e un hormon nemaipomenit: se secretă în sânge mai mult decât de obicei în momentul unui orgasm, atunci când salutăm un prieten sau când luăm masa cu cineva. La naștere, dacă mediul în care ne aflăm e destins, iar noi ne simțim în siguranță, acest hormon ne inundă. Aveți nevoie de toată oxitocina din lume! Atunci când ceilalți vorbesc despre legături interumane, în ei lucrează oxitocina. Oamenii care nu au avut parte de suficientă dragoste, deci nici de suficientă oxitocină, caută deseori satisfacția în alte moduri – prin celebritate, consum de droguri, sex obsesiv, făcând cumpărături sau abuz de mâncăruri nesănătoase. Sau scriind cărți!

Gabor Mate, devenit celebru pentru că lucrează cu dependenții de droguri în Est Side Vancouver, spune că heroina și senzația de bine pe care o ai când drogul începe să pătrundă în sânge reprezintă un înlocuitor, o imitație a sentimentului pe care îl ai atunci când ești iubit – dar cu rezultate total diferite.

Totul este o încercare de a face rost de acea oxitocină pe care nu am primit-o când eram în brațele mamei. A oferi bebelușului multă afecțiune este un act eliberator. Îl face puternic și independent, o persoană sociabilă care va dărui și va primi dragoste pentru tot restul vieții.

CUM NE JUCĂM CU UN BEBELUȘ

Încă din primele săptămâni, joaca cu fetița dumneavoastră se poate situa în centrul tuturor activităților pe care le desfășurați. Această dispoziție jucăușă o încântă, dar face și ca sarcinile cotidiene să pară mai ușoare, fiindcă totul e distractiv.

De exemplu, sugarii trebuie îmbăiați. Unii părinți fac asta rapid și energic, dar majoritatea mamelor și taților nu pot rezista impulsului de a face din acest moment unul plăcut atât pentru bebeluș, cât și pentru ei înșiși. Se asigură că în încăpere este cald, nu se supără dacă mai sar și stropi, agită apa în jurul micuței, cântându-i sau vorbindu-i sau – cea mai plăcută activitate dintre toate – turnând cu paharul apă pe spatele fetiței, lucru pe care aceasta îl adoră. Mulți dintre noi își mai amintesc toate aceste lucruri din copilărie, plăcerea pe care o aveam simțind apa călduță și săpunul pe piele și pe cineva înfășurându-ne apoi cu blândețe într-un prosop moale.

La vârsta de șase luni, atunci când va putea să stea neajutată în șezut, fiica dumneavoastră se va juca singură cu apa, va stoarce buretele și va face baloane de săpun. Baia regulată poate fi un fel de țară a minunilor pentru simțurile ei.

Chiar și îmbrăcatul sau schimbatul scutecelor merge mai bine dacă se face într-un mod jucăuș. Fiica dumneavoastră va protesta mai puțin fiindcă va asocia aceste activități cu un moment vesel. Ea va percepe toate stările dumneavoastră: dacă sunteți stresați, va protesta, pentru că va fi îngrijorată. Dacă sunteți veseli, va fi și ea la fel.

Când vă jucați cu un copil faceți ceva nemaipomenit. Specialiștii în dezvoltarea copilului sunt siguri acum că jocul exploatează întregul potențial al creierului.[4] Joaca lasă creativitatea liberă pe tot parcursul vieții. Cele mai mari descoperiri au fost făcute de minți jucăușe, diferite și creatoare.

O fetiță crescută cu simț pentru amuzament nu va fi timidă sau plictisitoare, va gândi în afara clișeelor și își va păstra această calitate indiferent de cariera pe care o va urma. Ea se va înțelege bine cu ceilalți, pentru că jocul este cheia colaborării rodnice. Dispoziția ludică ne dă încredere și seninătate, ne face să dorim să încercăm lucruri noi, înlătură stresul și întărește sistemul imunitar. Ne face mai activi, ceea ce ne face poftă de mișcare, îmbunătățindu-ne sănătatea.

Dacă în mod natural nu sunteți o persoană jucăușă, încercați măcar. Jocul e la fel de contagios ca și râsul unui copil. Veți descoperi curând că plăcerea și capacitatea naturală de a se amuza a fiicei dumneavoastră vă vor captiva și vă veți prinde în joc, alături de ea.

COPILUL ÎȘI VA GĂSI LOCUL IMEDIAT ÎN VIAȚA NOASTRĂ (LOL!)

Ați stat vreodată de vorbă cu un cuplu tânăr care nu are copii, dar care plănuiește să aibă? De cele mai multe ori, în primă fază, când se lasă conduse de planuri îndrăznețe, cuplurile – mai ales cuplurile pentru care succesul e important – vor fi mânate de o mulțime de țeluri și aspirații înalte, pregătindu-se să devină părinți: „Noi nu vom face niciodată cutare lucru..." și „Copilul nostru niciodată nu va...". În modul lor de exprimare folosesc o grămadă de „o să" și „nu o să", pentru că, înainte de a avea copii, viața răspunde, de fapt, uneori intențiilor pe care le avem. Și de aceea mai aveți încă iluzia că puteți controla lucrurile – idee la care cei care chiar au copii au renunțat de mult!

Într-o conversație cu viitori părinți este important să nu le înăbușiți speranțele (să nu-i descurajăm niciodată pe cei tineri!). O părere des împărtășită de cei care vor deveni în curând părinți este aceea că „bebelușul se va adapta imediat stilului nostru de viață", „dacă se adaptează încă de la început, așa va fi mereu". Părinții cu experiență aud aceste planuri și fac tot posibilul să nu izbucnească în râs.

Am avut niște prieteni care vorbeau la fel. Amândoi lucrau în sistemul sanitar și hotărâseră să mai aștepte până să-și întemeieze o familie, iar apoi, când a venit momentul să aibă copii, a mai durat o vreme până când aceștia au apărut pe lume. În cele din urmă li s-a născut primul copil, și o vreme n-am mai primit nici o veste de la ei.

Atunci făceam parte dintr-o echipă de intervenție posttraumatică, ajutând cadrele medicale din serviciul de urgență în cazul evenimentelor traumatizante. Activitatea aceasta se desfășura la ore foarte târzii. Într-o noapte, în timp ce conduceam spre casă prin orașul Hobart, pe la ora două, am văzut un fel de siluetă ciudată cu cocoașă, care se bălăbănea pe faleză, în apropiere de Salamanca. Avea pe umăr o umflătură mare pe care o strângea, mergând cu pași inegali, însă cu hotărâre de-a lungul străzii pustii. Eu am o imaginație bogată, așa că m-am gândit imediat: „O creatură care trăiește sub ponton! Se târăște noaptea afară din ascunzătoare, ca să se hrănească cu resturi de pizza, la adăpost de privirile oamenilor".

Dar, pe măsură ce mă apropiam, mi-am recunoscut prietenul! Cocoașa de pe umărul său era un bebeluș. Tatăl își plimba copilașul pe străzi, la două noaptea. M-a văzut și m-a salutat zâmbind – am tras pe dreapta să văd dacă se simțea bine. A râs, parcă ghicindu-mi gândurile: „Beblușul s-a adaptat perfect stilului nostru de viață!" Îl plimba pe străzi ca să-l adoarmă, fiind singura metodă care funcționa.

Credeți-mă, bebelușii nu se adaptează vieții dumneavoastră. Ei vă reordonează viața în stilul lor! Dacă vă faceți treaba de părinte măcar pe jumătate, viața vi se va schimba. Bebelușii reușesc să facă asta într-un singur fel – nu știu dacă să vă șoptesc despre ce este vorba sau să strig în gura mare, dar iată: nu veți mai putea reveni la viața dumneavoastră dinainte decât după cel puțin 20 de ani. Dacă ați trăit 20 sau 30 de ani privind totul prin prisma intereselor și sentimentelor pur personale, meseria de părinte vi se va părea o adevărată provocare. Dar vă va prinde bine. Sper ca experiența de părinte și copilul dumneavoastră să vă răsplătească cu suficientă dragoste încât să nu vă deranjeze noul statut, dar este important să știți de la bun început în ce vă băgați.

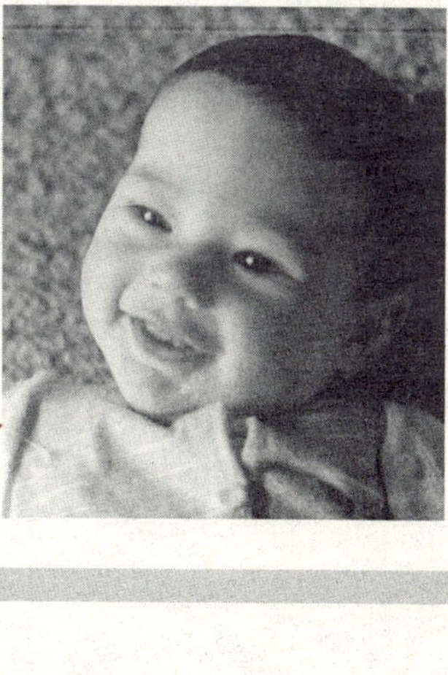

(În familia noastră lucrurile s-au petrecut chiar așa. Cum am povestit și mai devreme, am planificat cu grijă ca fiecare naștere să aibă loc acasă, cu moașe și doctori care ne-ar fi stat la dispoziție, dar de fiecare dată a fost nevoie de o cezariană de urgență. Recuperezi însă ce se mai poate – eu am fost în ambele cazuri alături de soția mea, încercând să nu leșin, și mi-am ținut copiii în brațe din secunda în care au apărut pe lume dintre cearșafurile verzi ale blocului operator. La câteva ore după nașterea fiului meu a trebuit să înfrunt o asistentă înfricoșătoare care voia să îi bage un tub de plastic de 60 de cm în stomac pentru a preleva o probă „pentru orice eventualitate". Copilașii noștri au dormit cu mine pe jos, în camera de spital, ca să fie lângă mama lor de îndată ce ea își va fi revenit după operație. Nu spun să renunțați neapărat la idealurile pe care le aveți, ci să renunțați la ideea de viață perfectă, planificată în detaliu, învățând să fiți flexibili!)

Merită să fii părinte, deși, în același timp, este și foarte greu. Luați-vă adio de la atitudinea aceasta prea preocupată de sine. Nici măcar n-aveți nevoie de ea. Nu vă prinde.

LĂSAȚI PEDAGOGIA ȘI AMUZAȚI-VĂ

În ultimii ani a existat o adevărată avalanșă de produse și programe – DVD-uri, cartonașe educative, cărți și cursuri costisitoare – care au profitat de teama părinților că nu vor avea un copil îndeajuns de inteligent. În ciuda tuturor eforturilor și cheltuielilor, a tendinței de a obliga copiii să citească la doi ani sau să cânte la violoncel la patru, nu există absolut nici o dovadă că această abordare ar aduce vreun beneficiu. De fapt, aceste eforturi pedagogice pot costa legătura dintre părinți și copii, care devine mai tensionată pe măsură ce aceștia devin mai stresați. Sunt tentat să spun că orice produs ori loc pe care scrie „Să învățăm de mici" ar trebui evitat cu orice preț. N-o spun, dar sunt foarte tentat să o fac!

Bineînțeles că atât bebelușilor, cât și copiilor până la doi ani le place să fie stimulați, dar ceea ce contează este cum o facem. Studii referitoare la asimilarea vocabularului (învățarea și folosirea cuvintelor) au descoperit ceva foarte interesant: copiii nu au un vocabular mai bogat dacă sunt bombardați cu tot felul de cuvinte și idei. Cercetătorii au descoperit că aceia care au un vocabular bogat sunt copiii ai căror părinți îi ascultă cel mai mult. Ceea ce fixează cuvintele în memoria unui copil nu este ascultarea lor, ci folosirea lor cu plăcere.

Copiii își amintesc cuvintele atunci când descoperă ce putere au acestea de a capta interesul celorlalți și a-i implica. „Tati, dă-mi ursulețul" (tatăl își gâdilă fetița cu ursulețul de pluș, făcând-o să râdă). „Nu, tati, dă-mi ursulețul ÎNCET."

Așadar, nu trebuie să punem presiune asupra legăturilor între părinte și copil. Cel mai bun lucru pe care îl puteți face cu fetița dumneavoastră este să vă bucurați de ea. Pălăvrăgiți cu ea fără să vă gândiți prea mult – asta vine

de la sine dacă nu vă împotriviți. Cântatul, gânguritul împreună cu bebelușul sau pur și simplu giumbușlucurile (exact activitățile care îi fac pe copii să ciulească urechile, să zâmbească ori să râdă) o ajută pe fetiță să își însușească limbajul ca pe o unealtă interesantă, care îi pune pe oameni în mișcare. O mamă din mediul rural, care nu a beneficiat de educație, sau o mamă adolescentă, care știe să se distreze, are deseori la capitolul acesta rezultate mai bune decât cineva cu o diplomă de licență – pentru că știe cum să se destindă și să se bucure.

Ce se întâmplă însă dacă nu vă simțiți în largul dumneavoastră în preajma bebelușilor? Dacă în copilărie ați avut o relație rece și distantă cu niște părinți reci și distanți? A fi jucăuș nu stă în firea oricui, dar puteți cultiva această atitudine, dacă nu vă temeți că veți fi ridicol (pentru că despre asta e vorba, de fapt), fiindcă asta o face pe fetița dumneavoastră să râdă mai mult. Ca mamifere, am evoluat timp de milioane de ani și, precum oricărui pisoiaș, cățeluș sau ursuleț, unui bebeluș îi place la nebunie să facă ceea ce îi asigură dezvoltarea optimă – să se joace.

Nu se irosește nici o clipă din copilărie. Copiii învață în permanență de la noi. Aceste luni de început le pot părea încețoșate și neproductive părinților obișnuiți să urmărească un scop precis, dar, de fapt, este perioada cea mai productivă pe care o veți trăi vreodată.

PE SCURT

- Micuța Lucy învață că lumea e un loc bun, pentru că poate avea încredere în părinții ei.
- Bebelușii caută sprijinul nostru pentru a putea scăpa de teama lor naturală. Trebuie să ne organizăm viețile în așa fel încât să ne păstrăm calmul și să le fim alături din punct de vedere emoțional, mai ales în primele șase luni.

- În a doua jumătate a primului an de viață fiica dumneavoastră pune bazele deprinderilor de socializare – ritmul interacțiunilor și calmul.
- Bebelușii mai au nevoie să fie stimulați, antrenați la joacă, să li se trezească interesul pentru amuzament. Din fericire, nu e un lucru așa de greu.
- Produsele și programele de stimulare a bebelușilor înseamnă de obicei bani aruncați pe fereastră, ele putând chiar să nască si mai multă tensiune în relația părinte–copil. Lăsați pedagogia și bucurați-vă pur și simplu de experiența trăită.
- Bebelușii nu se adaptează stilului dumneavoastră de viață, ci invers. Pregătiți-vă ca toată viața să vă fie dată peste cap. Dacă acceptați acest lucru, veți avea parte de distracție și bucurii.

3
COPIII ÎNVAȚĂ SĂ EXPLOREZE
(DE LA 2 LA 5 ANI)

Într-o bună zi, fetița dumneavoastră începe să meargă și, dintr-odată, nimic nu mai e la fel. Totul e în pericol: pisica, peștișorul și chiar vaza de pe măsuță, vaza la care țineți atât de mult. (Deși chiar și copilașii care merg de-a bușilea ar fi putut ajunge la ele.)

Fetița de la doi până la cinci ani are un singur gând: să exploreze. E vârsta când „fetele vor doar să se distreze“, vorba cântecului. Ea face acest lucru cu hotărâre și perseverență. Se enervează peste poate dacă e oprită. Bineînțeles, uneori este necesar să fie oprită, dar frumos, prin distragerea atenției sau spunându-i „nu e voie“ pe un ton puțin ridicat și încruntându-ne. Însă, în general, e indicat să fie lăsată să exploreze, pentru că, oferindu-i cât mai mult spațiu, va deveni mai fericită și mai inteligentă.

Tocmai pentru că e fată, etapa aceasta de dezvoltare este deosebit de importantă, și trebuie să îi faceți față cu mare grijă. E momentul când trebuie să o ajutați să-și dezvolte cât mai multe abilități și să o încurajați să aibă cât mai multă încredere în ea. Fetele cu vârsta cuprinsă între unu și cinci ani pot fi îndrumate spre natură, artă sau sport. Atunci începe totul.

COPILĂRIA FETELOR – UN UNIVERS FĂRĂ LIMITE

Uneori punem în mod inconștient bariere în calea fetițelor. Recent, a fost realizat un studiu remarcabil despre modul în care vorbim cu copiii care tocmai au învățat să meargă. S-a descoperit că, fără să-și dea seama, părinții se referă la altă zonă de interes sau vorbesc de lucruri diferite în funcție de sexul copilului lor.[1]

Dacă e băiat, ei spun: „Ia te uită! Sunt TREI iepuri pe câmp".

Dacă e fată, auzim: „Ia te uită! Ce iepurași DRĂGUȚI!"

Dacă e băiat: „Ai construit un turn CU ZECE ETAJE".

Dacă e fată: „Ce turn FRUMOS ai construit!"

Ați observat diferența? Băieți = numere, fete = sentimente. E un lucru care se întâmplă inconștient, dar are implicații majore. Și ce altceva mai influențăm? Nimeni nu știe cu adevărat.

Contează? De mult timp se știe că, deși fetele se pricep la matematică la fel de bine ca băieții, acestora din urmă le place mai mult și o aprofundează la școală, folosind-o chiar mai departe, în carieră, atunci când este necesar (de obicei, profesiile în care e nevoie de cunoștințe matematice sunt unele dintre cele mai bine plătite). De cele mai multe ori, fetelor le este teamă de matematică. (Și, să recunoaștem, le este teamă de profesorii fioroși de matematică, dintre care cei mai mulți sunt bărbați, sau cel puțin așa era în copilăria noastră.)

Știu că nici un părinte nu încearcă să-și dezavantajeze fiica în acest sens, dar, fără să vrem, începem să-i îndreptăm pe băieți spre lucruri practice, iar pe fete spre trăiri afective.

Vă sugerez să schimbăm puțin modul în care ne adresăm copiilor noștri. Fetele sunt, prin natura lor, mai emotive; putem încuraja acest lucru, dar am putea, de asemenea, să presărăm discuțiile pe care le avem cu ele cu diverse exerciții de aritmetică. „Câți iepuri sunt acolo?" Băieții noștri sunt înclinați spre cunoașterea elementelor spațiului, așa că „Vezi, iepurii sunt neliniștiți, și-au ciulit urechile, pentru că ne-au simțit" îi poate face mai receptivi la sentimente. Nu vreau să vă faceți din asta o idee fixă, dar sunt sigur că citind aceste rânduri veți deveni mai atenți la ceea ce le spuneți.

Vorbiți cu fetița dumneavoastră despre cifre, numărați și lăudați-o când îmbină cu succes cuburile Lego. Să nu plecați niciodată de la ideea că „fetele nu pot...", pentru că de fapt ele pot și vor putea, dacă noi înșine credem că pot și dacă sunt încurajate de la o vârsta fragedă. După ce s-a retras din activitate, pentru Sally Ride, prima femeie astronaut din Statele Unite ale Americii, promovarea științelor exacte în rândul fetelor a devenit principala preocupare. Astfel, li se oferă mai multe șanse, iar numărul talentelor din domeniul cercetării, de care avem mare nevoie, se dublează.

PASIUNEA PENTRU STUDIU

Întrucât pentru un copil vesel a se juca și a asimila înseamnă același lucru, el va învăța mult mai multe lucruri în primii cinci ani de viață decât va învăța la școală în anii ce vor urma. E trist când părinții sunt prea preocupați de serviciu și nu își fac destul timp pentru a se juca cu fiul sau fiica lor. Și e chiar tragic că dorința de a cunoaște a dispărut deja atunci când, în cele din urmă, acești copii ajung să meargă la școală.

Copiii învață să iubească viața și le place să învețe de la adulții din preajma lor. Pe lângă curiozitatea lor înnăscută, ei vor urmări propria noastră curiozitate și se vor molipsi de entuziasmul nostru. Observați o mamă sau un tată cu experiență în timp ce călătorește cu cei mici într-un autobuz și veți vedea cum le arată tot felul de lucruri cu entuziasm. Dacă sunteți încântați, fetița dumneavoastră va împrumuta mai departe aceeași stare de spirit.

Gândiți-vă puțin la cum vă uitați la o insectă, la un gândac sau la cum priviți natura în general. Dacă spuneți „Ce furnici groaznice! Plecați!“, sigur că și fiicei dumneavoastră îi va fi frică de ele. Dar dacă ați spune „Ooo...Uită-te puțin la ele“, ea vă va imita starea de spirit. Asta nu înseamnă că ea ar trebui să se joace cu păianjeni sau vipere, dar ați putea să-i stârniți interesul, și ea va rămâne fascinată tot restul vieții.

La fel puteți proceda și când vine vorba de aparate diverse, de cum funcționează un motor sau un calculator, de ateliere, de unelte și la ce folosesc acestea, de artizanat, muzică, artă și sculptură, de gătit, dans sau de dragostea pentru pădure și mare; toate acestea se învață de la adulții din preajmă.

SENTIMENTUL DE SIGURANȚĂ ÎNCURAJEAZĂ EXPLORAREA

Chiar dacă fetița dumneavoastră nu mai este bebeluș, asta nu înseamnă că a trecut de etapa în care se întreabă dacă e iubită sau în siguranță. De fapt, chiar de iubire și siguranță are nevoie și acum. Copilașii care se simt protejați sunt cei care explorează cel mai mult. Primele experimente în domeniul dezvoltării copilului, realizate de specialiști precum John Bowlby și Mary Ainsworth, extraordinară exploratoare și savantă, au demonstrat că acei copii care se simt în siguranță din punct de vedere emoțional (își iubesc părinții și știu că aceștia vor fi lângă ei) sunt mai aventuroși și dornici să învețe mai mult.[2] Copilașii care nu au încredere că părinții le sunt alături sunt mai puțin dispuși să se distreze cu o jucărie nouă sau să-și facă un tovarăș de joacă. (Să nu vă îngrijorați dacă fiica dumneavoastră încă vrea să îi fiți aproape, deoarece e vorba și de temperament aici, unii copii fiind mai precauți decât alții.)

Dacă ei știu că veți fi întotdeauna lângă ei, se vor simți în siguranță.

Astfel, sentimentul că sunt protejați va fi perceput ca de la sine înțeles, iar copiii își vor elibera energia emoțională făcând lucruri captivante. Dacă le este frică de la început, le va fi mult mai greu să fie atrași de activitățile inedite.

ESTE FOARTE IEFTIN SĂ-I AJUTĂM PE COPII SĂ FIE CREATIVI

Dacă le punem la dispoziție mijloace simple și ușor de procurat, copiii pot învăța foarte repede. Nu mă refer la gadgeturi sau jucării scumpe, cu baterii și lumini care îți iau ochii. Cu cât sunt mai rezistente și mai simple, cu atât mai bine.

Având la îndemână hârtie reciclată, o gamă variată de creioane, carioci și culori, încurajați activitățile creative. În aceste jocuri pot fi folosite cutiile de carton, cofrajele pentru ouă, felicitările vechi și calendarele, fără să vă coste vreun ban. În fiecare zi puteți să vă faceți rezerve din materialele amintite, pentru a le folosi mai târziu sau pentru momentele în care aveți timp de joacă și o puteți lua de la capăt, scoțând la iveală ceva nou.

Sfatul meu este însă să aveți grijă ca materialele să fie curățate și puse în ordine când se termină joaca, implicând-o și pe fiica dumneavoastră. Și e mai stimulativ dacă un joc nou începe fără ca dezordinea din ziua precedentă să reprezinte un obstacol. Activitățile pot fi variate: carioci într-o zi, în următoarea acuarele, apoi lipici și hârtie, și astfel riscul de a se plictisi este aproape inexistent.

AMBIANȚA SIMPLĂ ESTE CEA MAI POTRIVITĂ

Un principiu important, enunțat de psihologul Kim Payne, autorul minunatei cărți *Simplicity Parenting*[3], ne învață că, de fapt, foarte multe jucării, cărți și CD-uri nu încurajează jocul – copilului îi este greu să aleagă –, pe când câteva jucării simple, aflate într-o cutie la care se ajunge ușor, lasă loc imaginației. Dacă în camera copilului dumneavoastră sunt îngrămădite prea multe jucării, fără ca acesta să observe, luați-le pe cele pe care le folosește cel mai puțin și depozitați-le pentru a le folosi mai târziu. Dacă fetița dumneavoastră are mereu în fața ochilor o mulțime de ursuleți, păpuși, jocuri și alte obiecte claie peste grămadă, ea se va simți exact cum vă simțiți și dumneavoastră – extenuată. Și sincer, cine are nevoie de mai mult de doi ursuleți, hai, poate trei?

HAINELE

Fetele ar trebui să aibă multe haine vechi și rezistente pentru a se simți bine și a se murdări în voie când se joacă cu noroi sau când desenează, pictează, când folosesc apă sau lipici, fără grijă că se pătează. De fapt, fetițele nici nu au nevoie de haine diafane sau elegante. Toate bluzițele și rochițele cu volănașe nu au nici un rost, în afară de a le face pe cele care le poartă să se simtă stinghere și încordate. Adevărul e că hainele „la modă“ pentru copii sunt menite să-i facă pe părinți să se simtă bine, iar dacă vi se pare că în tricou și pantaloni scurți copilașul dumneavoastră nu e destul de drăguț, ei bine, ar trebui să citiți mai puține reviste. (Nu există nimic mai trist decât să vezi o fetiță îmbrăcată în haine atât de pedante și „feminine“, încât nu poate face altceva decât să stea și „să fie cuminte“.)

Nu cu mult timp în urmă, o mamă mi-a spus: „Obișnuiam să îi spun fiicei mele în vârstă de un an «Rochia aceasta e minunată» sau «Ce drăguță ești». Dar am început să-i spun «Să punem pe noi pantalonii ăștia (sau cizmele astea), ca să alergăm și să ne jucăm în voie»“.

MATILDA ÎNVAȚĂ SĂ NU SE TEAMĂ

(Această poveste mi-a fost spusă în anii '80 de profesorul meu de psihoterapie, Bob Goulding, de la Western Institute. Bob este bunicul din povestea de mai jos. A fost un om extraordinar.)

Matilda, o fetiță de doi ani, se zbenguia lângă piscina familiei sub atenta supraveghere a mamei și a bunicilor ei. Se juca bucuroasă în piscina pentru copii, dar din când în când se aventura până la cea mare, să o vadă mai de aproape. La un moment dat, a făcut un pas peste margine și a dispărut în apa adâncă. Bunicul ei, care din fericire purta o pereche de pantaloni scurți mai vechi, a sărit imediat în piscină s-o salveze. A prins-o și a tras-o afară. Matilda, încă extrem de surprinsă, s-a strâmbat, fiind evident că va începe să plângă.

Dar, înainte ca acest lucru să se întâmple, bunicul ei a făcut ceva surprinzător. Ținând-o în brațele întinse, râzând și părând foarte încântat, a strigat: „Ia te uită! Matilda înoată ca un pește! Ești grozavă!" Matilda a părut să aibă un moment de ezitare, o clipă l-a privit mirată pe bunicul ei – care nu putea fi ignorat așa ușor – și apoi s-a întâmplat un lucru remarcabil. Brusc, fața i-a fost luminată de un zâmbet, iar cei doi au izbucnit în hohote.

În scurt timp li s-a alăturat și mama și, intrându-și în rol, a dus-o pe Matilda din nou în apă, unde s-au jucat împreună, asigurându-se că fetița nu va rămâne cu o amintire urâtă.

Oare asta a transformat-o pe Matilda într-un om care își asumă riscuri? Nu prea credem, plonjonul neașteptat a speriat-o destul, dar probabil a învățat că viața e plină de neprevăzut și că e mai bine să râzi decât să plângi. În mintea ei începea deja să se înrădăcineze ideea că problemele au soluții și nu trebuie să te dai bătut.

Poate că, dacă piscinele nu ar fi supravegheate, ar fi normal să ne îngrijoreze siguranța copiilor noștri și să le insuflăm teama de apă. (Pentru a-i face pe copii să nu se îndepărteze, aborigenii îi înspăimântau, povestindu-le despre monștri care sălășluiesc în întuneric, dincolo de lumina focurilor. În copilăria mea, în Yorkshire, ni se spuneau mai în glumă, mai în serios, povești despre baubau.) E important ca fiicele noastre să privească viața ca pe o aventură și să aibă încredere în propriile forțe și în propria judecată, deoarece astfel ele pot realiza multe lucruri. Acestea vor fi fetele care vor face scufundări, care se vor oferi să lucreze ca voluntari pentru Medici Fără

Frontiere, care vor învăța să piloteze un avion sau care vor cânta la chitară într-o trupă rock. Mă străduiesc, cel puțin, să vă conving să faceți asta!

Dacă, după incidentul relatat mai sus, părinții Matildei și-ar fi pierdut cumpătul, ar fi început să țipe și să se agite, pe lângă sperietura pe care tocmai o trăsese fetița, Matildei i s-ar mai fi transmis și mesajul că apa e periculoasă și ar fi devenit poate, ca și înotul, o fobie. „Doamne!", și-ar fi spus ea, „până și părinților mei le este frică".

Ce a învățat fetița de la bunicul ei – „Ia uite! E distractiv!" – este o lecție pe care le-o putem da copiilor noștri, chiar și atunci când aceștia sunt foarte mici, și la care putem apela oricând în viitor. Le putem ajuta pe fiicele noastre să se simtă în largul lor în preajma animalelor, să se bucure de natură, alpinism, cărți și biblioteci, să le placă sportul, oamenii, oceanul, cerul înstelat și lista poate continua. Ele vor simți această dragoste pentru lumea înconjurătoare de-a lungul întregii vieți. De fiecare dată când fiica dumneavoastră trăiește o nouă experiență, o puteți întreba cu entuziasm „Nu-i așa că-i grozav?", pentru ca ea să poată recepționa în același timp și un mesaj pozitiv. Procedați cu tact și nu uitați să-i oferiți fiicei dumneavoastră noi tărâmuri de explorat în fiecare zi.

ACTIVITĂȚILE ÎN AER LIBER SUNT FOARTE IMPORTANTE

Ar fi grozav să aveți o grădină cu plante, pământ, apă, și chiar cu câțiva copaci. Puteți începe cu o căsuță (sau chiar o cutie mare de carton) în care, sau în jurul căreia, fiica dumneavoastră să se poată juca. În grădini există, de obicei, insecte, șopârle sau păsări, și n-ar fi rău dacă ați putea aduce și un câine mai în vârstă, inofensiv.

Trebuie să le oferiți fetelor șansa de a-și petrece timpul în natură. Dacă locuiți la bloc sau nu aveți curte, duceți-vă în parc, la țară sau pe litoral de fiecare dată când aveți ocazia. Lăsați-le să atingă suprafețele dure și să privească orizontul, deoarece copiii de peste un an trebuie să-și obișnuiască ochii cu peisajele și să absoarbă lumina soarelui pentru a avea o vedere bună. Picioarele lor vor deveni flexibile și puternice dacă aleargă pe un teren accidentat. Simplul fapt că nu știu ce mister se află în spatele unui tufiș sau al ierbii înalte le va dezvolta imaginația.

Calculatoarele, iPad-urile și DVD-urile își au rostul lor, dar copiilor și adolescenților le pot afecta simțurile și dezvoltarea creierului, pentru că au un ecran plat, iar ochii vor privi mereu la aceeași distanță, neputând focaliza diferit. În plus, copiii nu se vor mișca suficient pentru a-și putea dezvolta echilibrul și centrul de mișcare. Una e să vezi un animal pe ecran, și alta e să-l poți atinge și mângâia.

LA TREI ANI LIBERTATEA CONTEAZĂ

Fetele de trei sau patru ani au tendința și simt nevoia de a se juca, de a nu se lăsa constrânse, de a fi creative și libere. Datorită acestor calități, fetița dumneavoastră va deveni într-o bună zi un mare om de știință, lider, artist, mediator sau o prietenă de nădejde. Ea va dori și va fi capabilă să facă întotdeauna ceea ce își dorește. Însă, dacă e obligată să joace un rol – de exemplu în grupa de preșcolari, unde se urmărește asimilarea cât mai timpurie a anumitor cunoștințe, sau de către un părinte care insistă ca ea să cânte la vioară sau să desfășoare vreo activitate care o va face să dea bine în fața adulților (participarea la concursuri de frumusețe este un astfel de exemplu respingător) –, atunci ea nu se va dezvolta corespunzător, va fi crispată, tensionată și lipsită de creativitate. Există națiuni întregi care au trecut prin asta, ca urmare a școlarizării copiilor cu vârste mai mici de șase ani. Rezultatul pe care l-au obținut este o totală lipsă de creativitate în rândul unei populații lipsite de curaj, conformiste și supuse. La șase sau șapte ani, o fetiță este pregătită să învețe câteva (nu multe) lucruri impuse din afară, deoarece creierul ei trece într-o altă etapă de dezvoltare. Dacă înscrierea la școală se face însă prea devreme, acest lucru îi va afecta intelectul și dezvoltarea talentelor mai târziu.

Prin urmare, gândiți-vă de două ori înainte de a implica fetițele în activități organizate care presupun performanță sau competiție. Acestea nu fac decât să răpească bucuria unor activități pe care ea ar fi putut să le îndrăgească. Sunt de preferat activitățile în care toți copiii se implică laolaltă și din care fiecare învață în ritmul lui.

O ultimă observație – perioada copilăriei cuprinsă între doi și cinci ani e solicitantă și vă poate izola. Să nu credeți că trebuie să fiți un arbitru al educației, prezent pe teren ziua întreagă. Copiii trebuie să își găsească singuri ceva de făcut, să viseze și să își dea frâu liber imaginației. Nu uitați că atunci când fac pauză sau stau liniștiți copiii se dezvoltă. Închideți televizorul și radioul, astfel încât copiii să poată vorbi în gând, lucru pe care îl adoră, și au nevoie să o facă în timp ce se joacă.

Evitați singurătatea. Alăturați-vă grupurilor de joacă, în care copiii se distrează împreună și unde dumneavoastră vă puteți petrece timpul cu alte mame ori tați (acum există și grupuri de joacă pentru tați). Învățați de asemenea să fiți plicticoși câteodată și încurajați-vă copiii să se joace singuri, în timp ce dumneavoastră vă înfundați într-un fotoliu. Aveți nevoie și de odihnă.

ALEGEREA JUCĂRIILOR

Dacă ați auzit vreodată vreo teorie despre creșterea armonioasă a fetelor, care să le garanteze un bun start în viață, probabil a fost vorba de jucăriile diferențiate în funcție de stereotipurile de gen. Rolul jucăriilor în lărgirea sau limitarea opțiunilor de joacă ale fetiței dumneavoastră este extrem de important și ați fi crezut că de-acum companiile producătoare de jucării au înțeles acest lucru. Ne pare rău s-o spunem, dar e exact pe dos. Companiile nu renunță la marketingul agresiv, care creează dependența copiilor și a părinților față de jucării. Mai ales la televizor, acolo unde jucăriile pot arăta mult mai bine decât în realitate.

Iată în continuare un articol scris de Paula Joye, jurnalistă și critic de modă, editor pe internet și o mamă foarte lucidă. Nu aș fi putut nici eu să o zic mai bine...

Model de urmat, sau model la bară?
de Paula Joye

Fiica mea cea mică are cinci ani și și-a petrecut weekendul scriind o listă de dorințe pentru Moș Crăciun. Între un ghiozdan în formă de koala și o lupă de detectiv apare și o păpușă Bratz Masquerade. A văzut jucăria asta într-o reclamă la televizor, în timp ce se uita la *În căutarea lui Nemo*. Păpușa aceasta este îmbrăcată cu haine care ar sta bine pe o dansatoare la bară. Are părul lung până la genunchi, cu meșe colorate, cercei mari și foarte mult dermatograf în jurul ochilor.

Nu știu ce să fac, deoarece noi nu avem nici o păpușă Bratz în casă. Nu îmi dau seama exact ce nu îmi place la ele. Nu le suport fața în formă de inimă și buzele umflate. Nu-mi place machiajul excesiv. Dar cred că ceea ce mă deranjează cel mai tare este garderoba lor. Categoric, păpușile astea urmează cu precizie stilul din Cartierul Roșu. O jucărie pentru fetițele între cinci și zece ani nu ar trebui să fie atât de evident lascivă. Fie că sunt drăguțe, ciudate, elegante, urâte, toate păpușile sunt bune, cu excepția celor care poartă haine care abia le acoperă – acestea ar trebui rezervate pentru bărbații care nu își pot face o prietenă.

După părerea mea, mesajul este prea limitat. Marca Bratz are deja 13 ani vechime, ceea ce înseamnă că fetele care au avut primele modele au ajuns la vârsta la care își aleg singure hainele. În weekend, le-am urmărit pe unele dintre aceste fete cum mergeau la un concert al lui Eminem în Sydney. Erau îmbrăcate de nedescris. Din cauză că hainele abia le acopereau trupurile, mi-e greu să folosesc alte cuvinte pentru a le descrie în afară de „dezbrăcate" și „goale". Aceasta e prima generație de adolescente influențate de o societate hotărâtă să le transforme cât mai rapid în femei, iar opțiunile vestimentare sunt cele care ne vor arăta primele rezultatele unei astfel de educații. Ceea ce m-a izbit mai mult decât pielea dezgolită a fost faptul că păreau identice. Toate erau îmbrăcate exact la fel. Era o mare de pantaloni foarte scurți de blugi și tricouri fosforescente. Adolescenții s-au copiat dintotdeauna unii pe alții – e normal să te îmbraci la fel ca prietenii tăi –, dar pe vremuri exista mult mai multă diversitate, și hainele reprezentau un mod de-a te exprima. Îmi aduc aminte cum la vârsta lor copiam garderoba Madonnei, a lui Wendy James sau a lui Diane Keaton. Experimentam tot timpul. Însă în mulțimea de fete despre care vorbesc nu am văzut nimic de felul acesta. Toate erau la fel. La fel. Sexy. La fel.

Nu putem da vina doar pe Bratz sau pe Barbie – sunt atâtea alte lucruri care le influențează pe adolescente –, dar ceea ce se întâmplă ne face să ne gândim la lipsa de modele bune de urmat, atât pe raftul cu jucării, cât și în cultura pop. Odată ce se despart de Dora exploratoarea și de Angelina balerina, opțiunile se reduc la Bindi Irwin, Hermione din *Harry Potter* și câteva excepții pe Nickelodeon. În rest, le au pe Miley, Taylor, Selena Gomez și Biebs. Unde sunt Pippi Șosețica și Nancy Drew? De ce nu există o Kate Winslet pentru adolescenți?

Ar fi așa de simplu pentru mine să capitulez și să cumpăr o păpușă Bratz. Să văd fața fiicei mele luminându-se când desface cadoul de Crăciun este o plăcere pentru care aș lua păpușa. Dar apoi închid ochii și îmi imaginez cum va îmbrăca păpușa cu cizmele cu toc miniaturale, cu fusta mini și bluzița fără mâneci și... ei bine, eu mi-aș dori mai mult de atât.

Mai multă imaginație din partea fabricantului de jucării, mai multă profunzime pentru caracterul păpușii și, sincer, mai mult material textil pentru banii pe care îi dau.

Paula Joye este editor la www.lifestyled.com.au.

Trebuie să spun ceva important despre păpuși. În metoda de educație propusă de Steiner, în care copiii sunt rareori grăbiți și se acordă multă importanță fazelor și vârstelor, aceștia au păpuși fără față. Aceste jucării sunt doar generice, cu haine simple. În mod surprinzător, copiii le iubesc. Explicația este că fetița care se joacă cu ele își folosește întreaga imaginație pentru a ghici chipul și sentimentele pe care păpușa le-ar putea avea, precum și ce ar putea face.

Nu păpușa programează copilul. Aceste păpuși sunt luate în pat, învelite și folosite la joacă pentru a întruchipa toate visele, poveștile și fricile fetiței. Sunt opusul unei păpuși Bratz. Pentru copiii mici, fetițe sau băieți, cu cât jucăriile sunt mai puțin înregimentate, mai naturale, fără marcă, cu atât este mai bine.

La final, nu putem încheia seria de sfaturi privind jucăriile fără să vorbim despre Lego. Fără îndoială, domnul Lego, dacă a existat vreunul, a fost un geniu. Merită Premiul Nobel. Nu există jucărie de construit care să se ridice la nivelul de popularitate, utilitate și magie pe care îl are Lego. Poate stimula mintea tuturor, de la bebeluși la adolescenții absorbiți de tehnică, fiind iubit atât de fete, cât și de băieți, dacă li se oferă ocazia.

Din păcate, în ultimii ani Lego a fost răpit de departamentele de marketing ale firmelor, care au decis că e nevoie să apară pe piață o versiune pentru fete. Fiți atenți ce au oferit:

cinci prietene cu forme curbilinii, care gătesc, decorează casa, se duc la coafor și la cumpărături! Nu vi se pare că e ceva limitativ în această selecție redusă?

Pe de altă parte, Lego pentru băieți aruncă în joc pompieri, astronauți, cavaleri în armură, clădiri, mașini, case, mobile și ORICE ALTCEVA ÎȚI TRECE PRIN CAP. Băieții se joacă în Universul Lego, în timp ce fetele se joacă în micul lor ghetou numit Orașul Inimii (aici nu sunt pompieri sau polițiști, ele trebuie să apeleze la băieți dacă salonul de frumusețe ia foc!). În mod firesc, atunci când această nouă linie de produse a ieșit pe piață, femeile au protestat, jignite. O scriitoare furioasă a exprimat acest protest într-o singură frază: EXISTĂ DEJA o versiune pentru fete – se numește... Lego.

Nu există nici o îndoială că Lego a făcut cercetări, care au costat milioane de dolari și au durat ani de zile. Directorul lor de cercetări de piață a declarat pentru un ziar danez că au descoperit că fetele au o singură preocupare, care le ia tot timpul: FRUMUSEȚEA. Acest lucru a stat la baza noului Lego pentru fete. Fetele voiau să se regăsească în păpușile care erau deja frumoase sau puteau fi înfrumusețate. Nu contest dorința fetițelor de a se descoperi, dar ceea ce se întâmplă mai departe în acest proces reflectă ceea ce le preocupă pe fete cu precădere. „Cum arăt?“ Acesta este interesul care primează. Dacă doriți ca asta să fie preocuparea fiicei dumneavoastră, atunci Lego pentru fete este jucăria ideală.

Vorbesc serios, cumpărați-i fetiței Lego, dar nu versiunea pentru fete. Adică nu salonul de coafură roz și mov, și nici cafeneaua. Sigur ea le-ar putea construi la alegerea ei, dar ar putea prefera rachete, castele, tunuri, cai, copaci, camioane și ferme. Și ar fi un mare păcat să nu aibă din ce să le facă.

CUM SĂ CREȘTEȚI O FATĂ PUTERNICĂ

FETELE PUTERNICE SE FORMEAZĂ DEVREME

E un noroc să cunoașteți femei cu adevărat puternice. Acestea se luptă pentru ele înseși și pentru alte persoane. Nu se dau bătute în situații stresante. Sunt persoane pe care vrei să le ai de partea ta la greu. Cum au reușit aceste femei să fie puternice? S-au născut așa? De obicei răspunsul este nu; ele sunt așa pentru că au fost nevoite să fie așa.

Pe măsură ce creșteau, unele fete au dat piept cu enorme greutăți, unele dintre ele cu adevărat serioase, cum ar fi boala unui părinte, un deces sau un accident în familie, ori părăsirea țării natale, ca să se refugieze din calea războiului sau a persecuțiilor. Aceste femei descoperă deseori o forță lăuntrică atât grație sprijinului primit din afară, cât și cu ajutorul resurselor interioare.

Cei mai mulți dintre noi fac pași mai mici prin viață devenind puternici puțin câte puțin. De exemplu, mergem la o nouă școală unde nu cunoaștem pe nimeni, facem injecții sau analize la doctor, trebuie să vorbim în fața clasei sau a unei comisii de examinare, ne respectăm angajamentele, chiar dacă suntem bolnavi sau obosiți. Viața ne învață treptat că putem face față diverselor împrejurări.

Există și o altă cale, una care este mai sigură și, probabil, și mai bună. Putem fi educați să fim puternici. Putem să ne ajutăm fiicele să devină precum femeile amintite mai sus. O mare parte a educației are ca scop acest lucru. Neluându-le în seamă și neîncurajându-le nu rezolvăm nimic. Trebuie să le ajutăm, cu drag, să facă față lucrurilor din ce în ce mai dure.

A DUCE LUCRURILE LA BUN SFÂRȘIT

Totul începe cu a o învăța pe fetiță să fie de ajutor, devenind o parte din echipa familiei. Modul în care faceți acest lucru trebuie să fie adecvat vârstei copilului dumneavoastră.

- În cazul fetiței de doi ani, Matilda, mama acesteia îi impune un program înainte de culcare. Fetița face baie, se spală pe dinți, apoi își aranjează lucrușoarele în așteptarea poveștii de noapte bună.
- În ceea ce o privește pe Amy, fetița de vârstă preșcolară, mama ei îi cere să o ajute să strângă masa, să pună farfuriile în mașina de spălat vase, apoi să își facă ordine în jucării și să își pună rufele murdare în coș.
- Mandy, fetița de vârstă școlară, are grijă de câine, îi aduce apă și mâncare, seara îl bagă în casă sau, împreună cu tatăl ei, îl plimbă de câteva ori pe săptămână.
- Adolescenta Erin are un job la bibliotecă trei seri pe săptămână, după orele de școală, ca să strângă banii necesari pentru excursia organizată de clasa ei.
- Myriam, studentă la universitate, gătește pentru familia sa în cele trei seri pe săptămână în care părinții ei lucrează până seara târziu.

Durează ceva timp până când copiii încep să facă lucruri de unii singuri, iar roadele se vor vedea când aceștia vor intra la școală sau vor deveni adolescenți. Atunci vor simți singuri că pot face diverse lucruri și vor ști că sunt indispensabili familiilor lor.

CUM SĂ O FACEȚI PE FIICA DUMNEAVOASTRĂ SĂ COOPEREZE

Atunci când rugăm un copil cu vârsta de unu până la cinci ani să facă ceva anume, acesta ne ascultă de multe ori, dar alteori nu face ce i se spune. Începeți cu o cerere simplă și participați alături de ea, privind-o în ochi. Dacă nu face ce i-ați cerut, atunci insistați pe un ton mai categoric. Uneori merge. Atunci când nu merge, trebuie să facem ceva mai mult.

Unii părinți țipă, sau amenință, ori renunță la a mai cere ceva. Din nici una din aceste metode copilul nu învață prea mult.

Imaginați-vă că fetița dumneavoastră a făcut o năzbâtie – nu a ascultat, a lovit pe cineva, a spart ceva într-un acces de furie, a desenat prin baie cu carioci. Într-o astfel de situație luăm copilul deoparte – un colț, un perete, o nișă – și îi spunem să rămână acolo ca să vorbim. Dacă nu cooperează, îi spunem să stea acolo până când va vrea să vorbească. (În cazul unui copil încăpățânat, e posibil să fie nevoie să îl duceți dumneavoastră la perete sau să îl țineți acolo.) Așteptați până când vă spune că e gata să vorbească cu dumneavoastră.

Zara are trei ani...

Părintele: Acum vrei să vorbești?
Zara: Da (bombăne)...
Părintele: Spune-mi, ce crezi că ai făcut rău?
Zara: Nimic.
Părintele: Ai nevoie de mai mult timp ca să te gândești?
Zara: Am lovit-o pe Elly.
Părintele: Da, așa e. Nu trebuie să lovești oamenii.
Zara: (mormăie proteste)
Părintele: Ce spui?
Zara: Mi-a luat păpușa.
Părintele: Putem vorbi cu ea despre asta mai târziu. Dar acum vorbim despre lovitul oamenilor. Cum o să-ți repari greșeala?
Zara: Vreau apă.
Părintele: Acum ne ocupăm de ceea ce ai facut rău.
Zara: Îmi pare rău.
Părintele: Deci vrei să îți ceri iertare de la Elly?
Zara: Da.
Părintele: Și data viitoare cum ai să te comporți?
Zara: Nu o s-o lovesc pe Elly.
Părintele: Bravo! Ți-ai dat seama singurică ce nu trebuie să faci.

Unii oameni cred că disciplina înseamnă „să câștigi" sau „să-ți bați" copilul. Dar nu acesta este scopul - de fapt, ceea ce vreți e să îi faceți mai puternici. Înseamnă să-i ajutați să gândească cu capul lor, cum să-și stăpânească emoțiile și să judece limpede, chiar și atunci când au sentimente puternice. (În cartea noastră *The Secret of Happy Children*[4] puteți citi mai mult despre această metodă de „a sta și a gândi" - ea se aplică atât la fete, cât și la băieți.)

SĂ O ÎNVĂȚĂM SĂ FACĂ CE TREBUIE

Disciplina nu înseamnă conflict, ci ajutor și învățare. Când ceva nu merge, sau când se ivește ocazia, îi arătați cum să procedeze...

Să zicem că Lily țipă la fratele ei să o lase și pe ea să se joace o tură cu jocul lui.

Lily are doi ani, iar fratele ei, șase. Mama copiilor o ia deoparte pe fetiță pentru a o calma.

Apoi îi spune: „Hai cu mine, să mai încercăm o dată".

Ele se duc la fratele mai mare, care încă se joacă.

Mama se apleacă și o roagă pe Lily să spună: „Te rog, mă lași să mă joc și eu cu jocul tău, Jake?"

Mama spune fraza pentru ca fetița să știe ce are de făcut.

Apoi îi arată lui Lily cum să facă totul singură, politicos, dar hotărât.

Data viitoare, când fetița vine să se plângă, o întrebăm: „Ai vorbit clar, tare și politicos cu fratele tău?"

Desigur, veți vorbi și cu fratele ei despre cum trebuie să împarți ceea ce ai și să-ți încurajezi sora mai mică să se joace. El este mai mare, și pentru el lecția este cum să colaboreze și să se distreze făcând asta.

Lecția lui Lily este: „Cere frumos, nu țipa!"

Există întotdeauna această secvență în procesul îndrumării unui copil cu privire la ce are de făcut:

Faceți-o pentru el.
Faceți-o împreună cu el.
Urmăriți-l în timp ce o face singur.
Lăsați-l să o facă singur.

TOTUL SE REDUCE LA ÎNȚELEGEREA NEVOILOR COPILULUI

Cu toții avem nevoi. Lily are nevoie să observe că țipatul nu dă rezultate și că nu face decât să enerveze pe toată lumea. Ea are nevoie să învețe să folosească cuvintele corect și clar. Pentru un copil de vârstă mică, acest pas este important. Fratele ei, la șase ani, trebuie să învețe să asculte, să explice, să împartă și să înțeleagă că cei mici au mai puțină răbdare. Iar dumneavoastră, ca părinte, aveți nevoie să vă protejați auzul și liniștea – copiii mici țipă foarte tare, dacă nu îi învățați să n-o facă.

În cazul copiilor mici, această lecție se face „pe viu" și pe loc; atunci când devin adolescenți, se face prin discuții pe marginea situației respective. E vorba mai mult de reguli și de consecințe. Adolescenții trebuie să se revanșeze față de persoana pe care au rănit-o sau să sufere pierderea unui privilegiu, să refacă încrederea celorlalți demonstrând că își respectă promisiunile.

O STARE DE SPIRIT POZITIVĂ

Adesea, în copilăria noastră, adulții au impus disciplina printr-o serie de țipete sau critici. Era supărător și neplăcut. Nu așa se învață adevărata disciplină. Trebuie să o obțineți cu răbdare și cu încurajări. Aveți un dublu scop: ca tinerii să devină independenți, ceea ce îi va ajuta și pe ei, și pe dumneavoastră mai târziu, și ca dumneavoastră să le rămâneți prieteni și după ce i-ați învățat respectarea regulilor, pentru că ați făcut asta cu înțelegere și blândețe.

CEEA CE CONTEAZĂ

Scopul disciplinei nu este de a avea copii supuși. Scopul este ca, atunci când nu sunteți lângă ei sau când nu mai sunteți deloc, tinerii să aibă suficientă tărie sufletească, să fie puternici și încrezători. Va veni cu siguranță momentul când fiica dumneavoastră se va afla noaptea la vreo petrecere cu oameni care au băut. Unul dintre ei va vrea să conducă în această stare. Vor fi cu toții beți sau drogați, vor râde, iar prietenii ei îi vor spune: „Hai și tu cu noi!"

Atunci ea va găsi tăria să spună „Nu vreau să merg cu voi, ați băut" sau „Fiți serioși, băieți, eu vreau să mai trăiesc, hai mai bine să ne întoarcem și să chemăm un taxi!".

În meseria noastră am vorbit cu copii paraplegici, sau care au suferit traumatisme craniene, ori au avut prieteni care au murit în accidente de mașină, sau au fost violați după ce au plecat însoțiți de străini în locuri izolate. Inevitabil fiecare dintre aceștia spune „Nu am crezut că o să se întâmple ceva rău" sau „Eram amețită și nu am avut grijă". Disciplina te învață să gândești corect în momente de criză și să îți aperi cauza. Te învață să îți cunoști limitele. Pe scurt, să fii puternic.

Dacă îi poți spune copilului tău „cutare lucru nu îmi place" sau „asta nu e bine", atunci el va fi capabil să folosească aceleași cuvinte într-o bună zi, atunci când va fi nevoit să o facă. Este un talent de care orice tânăr are nevoie.

PE SCURT

- Perioada de la unu la trei ani este etapa explorării. Daţi-i fiicei dumneavoastră spaţii de explorat, lucruri de făcut. Fiţi entuziaşti şi energici când sunteţi împreună, pentru a-i arăta că nu e o problemă dacă se murdăreşte, scotoceşte peste tot şi se joacă.
- Ar fi minunat dacă aţi avea o grădină, pentru că activitatea în mijlocul naturii este foarte importantă.
- Îmbrăcaţi-o în haine rezistente şi confortabile, ca să se simtă în largul ei.
- Puneţi-i la dispoziţie carton, hârtie, culori şi creioane.
- Fiica dumneavoastră ar putea deveni sportivă, savantă, artistă sau ingineră – încurajaţi orice activitate care îi stârneşte interesul.
- Nu ţineti prea multe jucării, simplificaţi-i locul de joacă pentru a-l face mai atrăgător.
- Fetiţa poate avea, prin natura ei, o atitudine maternă sau nu. Păpuşile simple sau ursuleţii sunt de ajuns pentru a-i stimula această latură, ea putând astfel să-şi inventeze propriile jocuri.
- Evitaţi jucăriile care o învaţă că totul se reduce la cum arată şi la haine. Evitaţi orice activitate sau jucărie care li se adresează doar fetelor. Destulă lume face asta.
- Învăţaţi-vă fiica disciplina, cu blândeţe, dar cu fermitate, ca să-şi poată forma o coloană vertebrală şi să se descurce în orice situaţie.

4
ARMONIA ÎN RELAȚIILE CU CEILALȚI
(DE LA 5 LA 10 ANI)

CUM SĂ-ȘI FACĂ PRIETENI

Pentru cei mai mulți dintre noi prietenii sunt importanți, dar pentru fete prietenii sunt precum oxigenul pe care îl respiră. La vârsta de cinci-șase ani, când majoritatea fetelor merg la școală, prietenii sunt sursa principală de tovărășie, mângâiere și bucurie. Și părinții, și fiicele răsuflă ușurate atunci când găsesc un prieten sau doi pe care se pot baza cu adevărat.

Bineînțeles că prietenii pot fi și o sursă de suferință. În nouă cazuri din zece, dacă fiica dumneavoastră vine acasă plângând, motivul va fi legat de ceea ce se întâmplă în cercul ei de prieteni. (Băieții par să nu facă atâta caz din asta. Un băiețel poate, de exemplu, să se bată cu un prieten – de-adevăratelea –, dar peste o oră să devină iar cei mai buni amici. Unele fete, în schimb, mai sunt și la sfârșitul săptămânii apăsate de gândul că cineva s-a încruntat la ele luni, iar ele nu știu de ce!)

Adevărul e că relațiile dintre oameni sunt atât de complexe, încât e nevoie de zeci de ani până să înțelegi cum funcționează. Și eu, și dumneavoastră încă învățăm. Prin urmare, fetița va avea nevoie de ajutor. Și pentru că acasă dumneavoastră sunteți punctul ei de reper, vă veți pomeni ajutând-o să-și dea seama ce „n-a mers", scutind-o de suferință, redându-i încrederea în ea și trimițând-o înapoi la prietenii ei, să încerce încă o dată. Unul dintre cele mai importante lucruri pe care copiii noștri le pot învăța de la noi este cum să aibă relații armonioase cu ceilalți.

Nimic nu influențează mai mult fericirea viitoare și succesul în viață. În acest capitol vă vom ajuta să înțelegeți aptitudinile ce țin de prietenie, pentru a vă putea învăța fiica.

CUM SE DEZVOLTĂ PRIETENIA

Bebelușii sunt fascinați de alți bebeluși, dar aceștia nu se joacă neapărat împreună – mama și tata sunt mult mai distractivi. Totuși, în perioada copilăriei, până la doi ani, copilul care face parte dintr-un grup de joacă va fixa deseori cu intensitate un alt copil și își va arăta afecțiunea față de ținta aleasă (care nu va avea loc de întors!). Copiii de până la trei ani nu prea pot, de fapt, coopera mai mult de câteva minute (și fără arbitru!), dar cel puțin se observă reciproc. Inițierea în prietenie a început.

Până la vârsta de patru sau cinci ani, cele mai multe fete se pot juca împreună. Ceea ce le place cel mai mult sunt jocurile de imaginație – jocurile de genul „să zicem că". Este uimitor cum reușesc să închipuie ele o lume magică cu atât de puține elemente de recuzită. Membrele îndrăgitului grup de muzică folk neozeelandez Topp Twins au povestit recent, într-un interviu, despre copilăria lor de la o fermă de vaci, în anii '50.[1] Nu aveau prea multe jucării – dar fiecare dintre ele avea un băț destul de mare, lustruit de cât se jucaseră cu el, cu o sfoară legată la un capăt, folosită în chip de hățuri, pentru că aceste bețe erau caii lor! Tatăl lor le trimitea pe gemene pe pășunea din spatele casei ca să verifice unul din jgheaburi, sfătuindu-le cu seriozitate să „călărească“ ca să mai câștige timp. Și întotdeauna când se întorceau acasă, își legau armăsarii la balustradă.

Jocul de-a „să zicem că“ nu e doar o metodă de petrecere a timpului liber, reprezintă fundamentul creativității umane, fără de care nu ar exista cărți, filme, muzică sau știință. Nimic nu se întâmplă fără să nu fi fost imaginat mai întâi. Joaca fetiței dumneavoastră de una singură sau cu prietenii este cea mai importantă activitate pentru dezvoltarea creierului pe care ar putea desfășura-o vreodată.

Jocul împreună cu alți copii presupune un întreg nou set de deprinderi. O fetiță care se joacă de una singură e cea care ia mereu hotărârile, pentru că ursuleții ei de pluș n-au nici un cuvânt de spus. Însă, pentru a se juca împreună, copiii trebuie să ducă tratative despre cum să imagineze o lume care să aparțină tuturor – nu poți fi regina piraților dacă nu ai echipaj. Dacă ești o persoană obsedată de control, echipajul se va revolta și va pleca pe mare. Trageți cu urechea la conversația unor fetițe în timp ce se joacă și veți vedea că jumătate din timp și-l petrec negociind cine să primească rolurile cele mai bune.

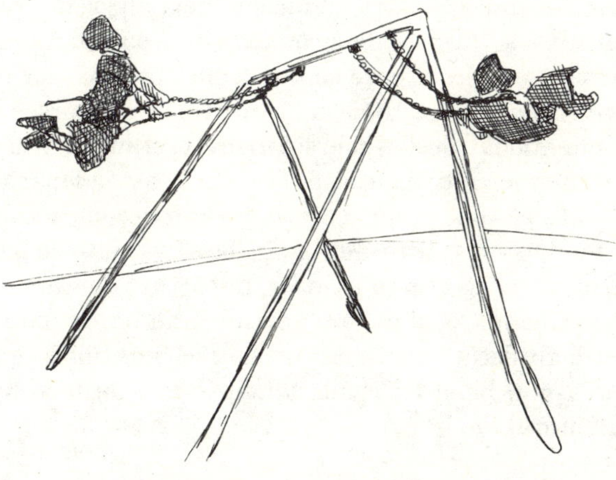

Jocul ne învață să stabilim relații unii cu ceilalți. În volumul său *The Wonder of Girls*[2], Michael Gurian ne povestește o plimbare în parc, alături de fiicele sale. La vremea aceea, fetițele aveau șapte, respectiv patru ani și luaseră cu ele la plimbare și jucăriile de pluș. Era devreme și încă nu veniseră și alți copii, așa că fetele pun stăpânire pe corabia de lemn a piraților, aflată în centrul locului de joacă și încep un joc captivant.

La un moment dat, apare o mamă cu doi băieți. Aceștia sunt cam de-o vârstă cu fetele – cinci, respectiv opt ani. Se reped zgomotos către corabie. Gălăgia pe care o fac și strigătele întrerup jocul liniștit al fetițelor cu animalele lor de pluș, iar acestea se dau deoparte, neștiind ce să facă. Încearcă de câteva ori să reia jocul, dar nu mai reușesc, din cauză că băieții au pus stăpânire pe spațiul de joacă.

Gurian e specialist în băieți și își dă toată silința să-i înțeleagă, dar adevărul e că e destul de furios. Este un moment de feminism autentic (ați observat, desigur, folosirea cuvântului „stăpânire" din paragraful de mai sus). Ar fi cazul să intervină, dar, în timp ce tatăl privește neștiind ce să facă, se întâmplă ceva interesant. Fiica lui mai mare – fata alfa – îi spune ceva băiatului alfa. Aceștia își arată unul altuia ceva. Apoi sora mai mare vorbește cu sora mai mică și aceasta îi dă băiețelului mai mic o jucărie, pe care o pun apoi la proră. În câteva secunde cei patru au început deja un joc interesant de-a „prințesele, uriașii, de-a comoara și... pantoful pierdut al Cenușăresei". Jocul pare că nu se mai termină, iar copiii se distrează de minune. Băieții nu au vrut să acapareze jocul în mod intenționat, deși asta le stă în fire, ci erau pur și simplu plini de energie. Totuși, această atitudine le-a îndepărtat pe fete. Lăsate pe cont propriu (adică fără intervenția vreunui adult), fetele au luat atitudine și, în loc să se lupte cu băieții, i-au inclus și pe aceștia în jocul lor, împărțind nu numai spațiul, dar și ideile. Jocul pe care l-au inventat împreună a fost mai distractiv decât jocurile de până atunci, imaginația fetelor și entuziasmul băieților combinându-se într-un mod fericit pentru viitorul lor.

ATUNCI CÂND LUCRURILE NU MERG BINE

Părinții trebuie să se amestece atunci când nu mai e altă soluție. O discuție cu fetița dumneavoastră când aceasta vine cu lacrimi în ochi zicând „nimeni nu vrea să se joace cu mine" poate duce la clarificări – ei bine, ce anume n-a funcționat? Puteți vorbi cu ea despre faptul că toți copiii trebuie să aibă un cuvânt de spus în cadrul jocului, pe care trebuie să-l „împartă".

Lucrurile pot escalada. Duritatea și cruzimea de care pot da dovadă uneori copiii îi pot șoca atât pe ei înșiși, cât și pe părinți. Acest lucru se datorează faptului că pur și simplu nu au învățat încă să își mascheze emoțiile. Ei pot urî cu înverșunare, însă doar pentru scurt timp, ca apoi să ierte totul. Ar trebui să intervenim doar dacă se ajunge la violență sau dacă suntem solicitați s-o facem. Chiar și atunci când se întâmplă acest lucru, evitați să țineți partea cuiva și dați-le șansa copiilor să se calmeze și să-și vină în fire. De obicei vor da înapoi și jocul va continua.

Până la sfârșitul școlii generale, prieteniile fetelor vor căpăta profunzime, bazându-se pe sentimente reale. De obicei vor avea o prietenă foarte bună sau va exista un trio din care vor face parte și care va fi inseparabil. Motivul pentru consolidarea acestor prietenii în anii premergători adolescenței și mai târziu este acela că prietenii reprezintă un prim pas pe drumul spre câștigarea independenței față de părinți. Pe măsură ce ne apropiem de vârsta maturității, nu devenim neapărat independenți, ci doar depindem din ce în ce mai puțin de oameni din ce în ce mai mulți.

La fete, acest lucru se vede în obiceiul de a își împărtăși secretele. Copiii mai mici de cinci ani spun orice oricui, ceea ce poate fi jenant uneori, dar de la vârsta de cinci ani și până la zece ani ei sunt foarte loiali familiilor lor. În timpul unei ședințe de terapie, o fetiță la vârsta asta va vorbi rareori despre faptul că mama ei bea sau că, de exemplu, tatăl ei are accese de furie. Are atât de mare nevoie de familia ei, încât simte nevoia de a o proteja. Dar, în jurul vârstei de zece ani, fetele încep să se distanțeze de familie și să o vadă într-o lumină mai clară. Până la mijlocul adolescenței, fetele îi vor încredința unei prietene cele mai adânci preocupări și probleme legate de familiile lor. Acest lucru poate constitui o sursă foarte necesară de confort și sprijin atâta vreme cât, în această perioadă, se nasc deseori conflicte sănătoase și necesare cu părinții. Exact așa cum le-am consolat noi în legătură cu prietenele de la școala primară, prietenele lor le vor consola în legătură cu noi mai târziu, la gimnaziu.

O parte din relația de prietenie se bazează pe faptul că fetele își împărtășesc una alteia problemele – până în punctul în care și cele sigure pe ele vor inventa probleme („Dumnezeule, părinții mei se poartă cu mine de parc-aș fi un bebeluș") doar pentru a-și putea arăta empatia față de o prietenă în familia căreia sunt probleme adevărate.

PRIETENI NEAȘTEPTAȚI

Uneori, fetele se împrietenesc pe neașteptate. Michael Thompson, psiholog și specialist în interacțiunea prin joc, descrie un caz clasic[3]. O fetiță de 12 ani, dintre acelea cool și mereu în pas cu moda, ai cărei părinți trec printr-un divorț neplăcut, se împrietenește cu o fetiță silitoare și mai puțin sociabilă, care e stabilă și afectuoasă. Se joacă împreună de-a cabana din pădure, de-a caii și prințesele. Pentru fetița cool e o ușurare grozavă să-și trăiască copilăria alături de o prietenă care are răbdare și căreia nu-i pasă de integrarea într-un anumit anturaj, de băieți sau de haine. Prietenii ei dinainte sunt total uimiți, însă diferențele dintre cele două prietene le îmbogățesc pe fiecare dintre ele și le dau mai multe șanse să fie ceea ce pot fi. Prietenele complementare – care sunt diferite în așa fel încât armonizează punctele forte ale fiecăreia – oferă mult mai mult decât compania fetelor care sunt toate la fel. Chiar și pentru scurtă vreme, aceste relații aduc beneficii și asigură dezvoltarea.

Prietenele din școala primară oferă companie și distracție. La vârsta adolescenței, acestor două trebuințe li se adaugă nevoia fetelor de a avea pe cineva cu care să rezoneze și care să le ofere sprijin emoțional.

CARE SUNT DEPRINDERILE LEGATE DE PRIETENIE?

Trebuie spus din nou că deprinderile legate de prietenie se dezvoltă încă din pruncie. Legătura indestructibilă între mamă și copil pune bazele încrederii în oameni, capacității de a iubi și a relaționa cu ceilalți. Dacă fiica a fost apropiată de dumneavoastră, atunci va ști cum să se apropie și de ceilalți.

Fetițele cu care ea va încerca să se împrietenească vor veni uneori din medii unde nu au existat legături bazate pe încredere între bebeluș și mamă – mame care au manifestat răceală sau indiferență sau care au fost stresate și deprimate –, iar aceste prietene pot crea „probleme“ în relațiile de prietenie. O fetiță lipsită de încredere în sine va arăta această trăsătură prin faptul că va fi nedezlipită de prietena sa, dorind exclusivitate și neîmpărțind cu nimeni noua relație. Sau poate fi

dominatoare și manipulatoare – va trebui să se facă ce spune ea și să se meargă unde spune ea. Poate că va depăși toate acestea dacă noua prietenie se va putea dezvolta într-un mod bazat pe încredere, dar, de obicei, fetițele noastre găsesc această companie mult prea apăsătoare, renunțând la ea. Dacă însă fiica dumneavoastră este cea care are probleme de încredere, e posibil ca ea să aibă nevoie de mai multă apropiere și prietenie din partea dumnevoastră înainte să ajungă să se simtă în siguranță în compania copiilor de vârsta ei. Mamele și tații sunt primii prieteni ai fiicelor lor.

Urmăriți-vă cu atenție comportamentul – sunteți calmi, cu picioarele pe pământ, disponibili pentru fiica dumneavoastră atunci când sunteți împreună cu ea? Unele fete au nevoie de mai multă încurajare decât altele. Unele mame (sau tați) sunt inconstante – peste măsură de implicate într-un moment și complet distrase în următorul. Fetițele lor își vor forma de timpuriu un soi de carapace de protecție, pentru că atitudinea părinților va fi mult prea greu de suportat. Dar nu vă pierdeți speranța, nimeni nu e perfect și, asemenea relațiilor pe care fetița dumneavoastră le are cu ceilalți copii, și relația pe care o aveți cu ea va fi întotdeauna un prilej pentru a învăța să rezolvați problemele apărute.

Există șapte abilități de bază necesare pentru a fi prieten cu cineva:

1. *Capacitatea de a te bucura de compania celorlalți – să te poți relaxa și să privești prezența altora ca pe o ocazie de a te distra. Multe fetițe au fost timide la început, dar, încurajate cu blândețe, au ieșit până la urmă din carapace.*
2. *Capacitatea de a învăța să te transformi și să împarți cu ceilalți – acest lucru înseamnă că renunți la ceea ce vrei pentru plăcerea de a petrece timp cu celălalt. Arătați-i fetiței că joaca împreună cu alți copii este mai amuzantă, dar că trebuie să oferi ceva în schimb pentru ca acest lucru să funcționeze.*
3. *Capacitatea de a empatiza – imaginează-ți cum te-ai simți în locul prietenei tale și bucură-te pentru ea când*

iese câștigătoare sau înscrie puncte la un joc. Aceasta este o însușire mai avansată, care nu e întotdeauna la îndemână.

4. *Capacitatea de a-ți controla agresivitatea – când nu ești de acord cu ceva nu strigi la prietenii tăi și nici nu îi lovești. Nu izbucnești pentru că nu mai ai argumente într-un conflict.*
5. *Capacitatea de a-ți cere scuze când greșești sau când ai jignit un prieten.*
6. *Capacitatea de a desluși emoțiile celorlalți – să îți dai seama când cineva e furios, trist sau speriat și să îți adaptezi comportamentul în consecință. O puteți învăța despre asta pe fiica dumneavoastră folosind desene cu fețe zâmbitoare, încruntate, înlăcrimate sau cu o expresie de nesiguranță, ajutând-o astfel să le recunoască și să folosească apoi ceea ce a învățat în interacțiunea cu prietenii ei.*
7. *Capacitatea de a învăța când să ai sau nu încredere în ceilalți ori când să îi crezi, și de a înțelege că oamenii te pot amăgi din motive doar de ei cunoscute. Fiica dumneavoastră va fi șocată și va suferi atunci când un prieten o va minți sau înșela. Va trebui să o consolați și să îi explicați că anumiți oameni nu au învățat cât e de important să fii de încredere. Nu trebuie să se descurajeze, ci doar să fie un pic mai atentă.*

Toate aceste probleme vor apărea deseori în viața de zi cu zi a fetiței dumneavoastră. Când va veni, rănită sau dezamăgită, să vă ceară sfatul, puteți să îi arătați exact de ce aptitudini e nevoie în cazul respectiv, să o îndemnați să-și urmeze sentimentele, dar apoi discutați cu ea despre ce anume trebuie să pună în practică din ce a învățat. Va fi nevoie de câteva încercări pentru a reuși, așa că urmăriți-o atent timp de câteva zile sau săptămâni. Nici noi, adulții, de multe ori nu putem înțelege corect o situație, așa că luați în considerare faptul că fiica dumneavoastră mai are de învățat o mulțime de lucruri și lăudați-o și susțineți-o pentru fiecare mic pas pe care îl face.

BISERICUȚA ACELEIAȘI VÂRSTE

Atunci când vorbim despre prietenii fetițelor presupunem automat că este vorba de copii de același sex. Probabil școala e de vină pentru asta, precum și dispariția comunității autentice din modul nostru de viață. În ultimii 50 de ani opțiunile de socializare ale fetelor au fost reduse la colegii lor de clasă și familia tradițională, dar acest lucru este destul de nefiresc. În mod ideal, fetele au nevoie și de femei mai tinere, dintr-o generație mai mare ca vârstă, cu experiență, dar totuși destul de tinere ca să poată să stabilească cu ele o legătură bazată pe înțelegere. Au nevoie și de femei mai în vârstă, de 60 sau 70 de ani, care să le fie ca niște bunici, oferindu-le o prezență stabilă, înțeleaptă și liniștitoare. Mai au nevoie și de copii mai mici decât ele care să le admire, să le îmbrățișeze și să le ofere bucuria de a avea grijă de cineva care depinde de ele, pentru a le scuti de prea multă preocupare de sine și prea multă interiorizare. Au nevoie de prieteni băieți sau bărbați care să nu aibă nici o intenție sexuală legată de ele, astfel încât să-și depășească aceste neliniști și să se perceapă pe deplin drept ființe umane.

Șansa stabilirii acestor tipuri de legături se naște în funcție de mediul în care trăiți – pe stradă, în oraș, acasă –, de alegerile pe care dumneavoastră, în calitate de părinți ai fetiței, le faceți în legătura cu viața dumneavoastră socială și cu modalitățile de petrecere a timpului liber. (O viață insipidă, trăită în suburbii, fără nici un fel de apartenență și fără participare la o comunitate îi poate izola și sărăci îngrozitor pe copiii în creștere.) Apartenența la o biserică, un grup sportiv, un proiect comunitar sau un grup de activiști îi dă posibilitatea fetiței să lege prietenii cu oameni care nu sunt preocupați de greutate, modă sau băieți, dar, cu toate astea, sunt, în mod miraculos, activi și fericiți! Fiicele dumneavoastră au nevoie să fie printre oameni care să le ridice moralul și să aibă nevoie de contribuția lor. Acest lucru le oferă un cu totul alt tip de respect de sine.

FII UN EXEMPLU ÎN RELAȚIILE DE PRIETENIE

Așa cum se întâmplă cu majoritatea deprinderilor în viață, cel mai mare ajutor pe care li-l puteți oferi fetelor este să le fiți model. Dacă mama unei fete este activă și vorbește cu oamenii la ocazii sociale, le arată interes și discută cu însuflețire cu aceștia, fiica sa va învăța cum se face acest lucru și cât de plăcut poate fi. E puțin probabil ca o mamă morocănoasă, care nu are timp să vorbească cu ceilalți, să aibă o fiică sociabilă. Totuși, dacă sunteți timidă de la natură, sau dacă fetița dumneavoastră e timidă, nu forțați lucrurile; primul pas este să vă simțiți confortabil cu dumneavoastră însevă. De cele mai multe ori tatăl poate avea abilități sociale diferite de cele ale mamei, iar fetița preia și combină ceea ce observă la părinții ei și la alți membri apropiați ai familiei.

De obicei, relațiile cu alți copii se învață dacă ai frați și surori. Dacă fiica dumneavoastră este singură la părinți, s-ar putea să trebuiască să o învățați să coopereze cu ceilalți și să exersați asta acasă. Ajutându-vă copiii să se înțeleagă între ei acasă, cu răbdare, implicându-vă, punând accentul pe respect, bunătate și colaborare, și rezolvând conflictele cu calm, îi veți ajuta să își transfere toate aceste deprinderi și în afara căminului, ca de pildă la școală. Dacă fiica dumneavoastră este obraznică acasă, atunci va fi obraznică și cu străinii care ar putea fi mai puțin toleranți. Așadar cultivarea respectului este benefică.

Empatia se învață cu ajutorul celor care ți-o arată la rândul lor. Folosiți cuvinte cu încărcătură emoțională, adaptați-vă modul de exprimare la cel al fiicei dumneavoastră și încercați să îi împărtășiți ideile și sentimentele – luați-vă timp pentru a înțelege ce simte. Veți observa că fiica dumneavoastră va începe la o vârstă fragedă să facă același lucru cu păpușile și ursuleții ei, bandajându-i, mângâindu-i și așa mai departe. E un lucru bun, e semn că va fi o prietenă grijulie în viața reală.

De asemenea, capacitatea fiicei dumneavoastră de a-și apăra drepturile este foarte importantă. Dacă dumneavoastră puteți să le țineți piept celorlalți, la cumpărături ori acasă, și să vorbiți deschis atunci când sunteți nemulțumiți, și ea va învăța să facă același lucru. Când are probleme cu prietenii la școală, puteți repeta împreună cu ea ce anume ar putea să spună și cum să-și formuleze obiecțiile, astfel încât să fie directă și clară atunci când le dă un răspuns.

Dacă sunteți o persoană blândă și tăcută, rolul de părinte s-ar putea să vă solicite să dați dovadă de mai multă duritate. Uitați-vă la filmul *Oranges and Sunshine* – eroina acelui film, asistenta socială Margaret Humphreys, este un suflet delicat care se luptă cu guvernul și cu autoritatea bisericească pentru apărarea drepturilor clienților ei, mânată de empatia pe care o are pentru aceștia. Nu trebuie să fiți înalți și cu vocea tunătoare pentru a fi puternici, ci doar fermi – și să nu renunțați cu ușurință.

Când se naște un conflict între dumneavoastră și partener, de exemplu, băgați de seamă dacă vă enervați sau dacă ridicați vocea. Fiica dumneavoastră trebuie să vadă că vă păstrați cumpătul în situații tensionate. Dacă vi-l pierdeți mereu, e posibil ca ea să hotărască să fie altfel. Sau poate ajunge exact ca dumneavoastră!

În cele din urmă, e nemaipomenit să stați de vorbă cu fiica dumneavoastră despre ce înseamnă „un prieten adevărat". Faceți o listă cu tot ce-i trece ei prin cap. Scrieți-o pe o foaie. Apoi o puteți întreba:

- *Crede ea că este o prietenă bună?*
- *Care este cel mai bun prieten pe care l-a avut vreodată? De ce?*
- *Pe măsură ce a crescut, a devenit ea o prietenă mai bună?*
- *Care sunt așteptările ei de la un prieten bun?*

Toate acestea sunt lucruri importante, asupra cărora trebuie să îi atrageți atenția.

Prietenii ne sunt sprijin și ne fac fericiți. Deprinderea de a lega relații apropiate și statornice este unul dintre cele mai importante lucruri pe care i le puteți oferi fiicei dumneavoastră. Timpul pe care îl petreceți cu ea vorbindu-i și ajutând-o este prețios. După ce nu veți mai fi, bunătatea și răbdarea de care ați dat dovadă o vor ajuta să-și dea seama cum trebuie să se poarte.

CUM FUNCȚIONEAZĂ SENTIMENTELE

Sentimentele sau emoțiile (folosim aceste cuvinte alternativ) sunt o busolă în relația noastră cu ceilalți. Trebuie să avem două seturi de deprinderi: mai întâi să ne ascultăm sentimentele, apoi să înțelegem și sentimentele celorlalți, pentru a ști cum să ne purtăm cu ei, să ne apropiem sau să ne ferim de ei.

Dacă înțelegeți limbajul sentimentelor, puteți transmite aceste cunoștințe mai departe fiicei dumneavoastră, ca să îi dați putere și încredere în ea.

Oamenii au sute de sentimente, dar cele mai importante, manifestate în cadru social, sunt simple. Ele sunt doar patru: *frica, tristețea, furia* și *bucuria*. Aceste patru „puncte cardinale" indicate de busolă ne ajută să ne protejăm:

UN SPECIALIST VORBEȘTE DESPRE FETE ȘI PRIETENIE

Johanna este consilier la ciclul primar al unei școli generale.

În calitate de consilier școlar sunt convocată atunci când relațiile dintre fete nu funcționează. În școala primară acest lucru pare să atingă punctul culminant în clasa a IV-a, dar uneori lucrurile se pot înrăutăți încă din clasa a III-a și continua până într-a V-a. Este bine să investești energie în aceste momente, înainte ca totul să ia amploare din nou în clasa a VIII-a sau a IX-a!

Din păcate, izolarea prin excludere, privirile fixe, chicotelile și arătatul cu degetul sunt lucruri care se întâmplă în fiecare zi la școală, pentru că, în general, există una sau două fete care nu se simt prea bine în pielea lor și care adoptă acest tip de comportament supărător. Fetele trebuie să ia atitudine și să nu devină și ele o parte din problemă. E important să nu se mai permită astfel de manifestări, pentru ca atmosfera, altminteri plăcută, să nu se degradeze rapid.

Ce *anume dă rezultate?*

Atât ca metodă de prevenire, cât și ca reacție la anumite situații care ies din sfera normalului, organizăm întâlniri speciale pentru a discuta despre „cum să fim prieteni". Vorbim despre rețeta unei prietenii reușite, despre ceea ce oferim într-o astfel de relație, despre faptul că toți suntem diferiți, dar vrem să fim incluși într-un grup și tratați cu căldură.

Aceste cercuri sunt conduse de profesori care cunosc dinamica relațională a fetelor (și nu reduc totul la un simplu „Ei, așa sunt fetele, ce să le faci!"). Comportamentul răutăcios trebuie să fie discutat direct, așa încât să iasă în evidență, iar aceștia cunosc strategii pentru a opri hărțuielile sau pentru a preveni actele prostești de agresiune.

Adulții trebuie să se implice în relațiile dintre fete. Nu ar trebui să spunem „asta e lumea lor", pentru că nu e normal pentru copiii de aceeași vârstă să-și rezolve singuri problemele și de obicei acest lucru nici măcar nu funcționează.

EMILY: FII UMBRA MEA, SAU ȘTERGE-O!

Emily, 8 ani, nu vrea ca prietena ei, Anna, să se joace cu altcineva în afară de ea. O acuză pe Anna că nu e cu adevărat prietena ei, dacă vrea să se joace cu altcineva. Anna e nerăbdătoare să îi spună lui Emily că îi place fotbalul și că joacă cu un grup mai mare de copii. Îi este teamă că va pierde o prietenie de care, în cea mai mare parte, se bucură.

Ce *anume dă rezultate?*

Întrebarea: Cum ne asigurăm că sunt îndeplinite nevoile fiecăreia?

Dacă li se oferă sprijin în rezolvarea acestei probleme, fetele vin într-adevăr cu răspunsuri și cu un plan bun. În cazul de față, fetele elaborează un plan după care, în zilele de luni și miercuri, Anna va juca fotbal cu alți copii, iar Emily și celelalte fetițe vor înțelege că nu au fost respinse și că Anna prețuiește în continuare prietenia lor. În zilele de marți și joi, Emily și Anna vor petrece timp împreună jucând handbal.

MAYA – PEȚITOAREA NEAPRECIATĂ

Ca să fie populară, Maya, în vârstă de 10 ani, își petrece pauza de prânz alergând între grupuri de băieți și de fete și discutând despre cui îi place de cine și spunând apoi în clasă că o anumită fetiță este iubita unui cutare băiat. Fata cu pricina este îngrozită de acest tip de atenție. Începe să lipsească de la școală. În cele din urmă, mama ei află și discută problema cu dirigintele clasei. Acesta le explică elevilor că în clasa a V-a e cam devreme pentru astfel de relații și că, în general, e bine ca ei să fie pur și simplu prieteni.

Ce *anume dă rezultate?*
Consilierul școlii se întâlnește cu Maya. Conducând discuția, cu tact, află că Maya se simte singură la școală și păstrează cu greutate o relație de prietenie. A crezut că făcând aceste lucruri va fi acceptată de celelalte fete. Împreună se gândesc la alte căi mai bune de a lega și menține prietenii.

FETELE ALFA

În orice școală există un grup de fete alfa care sunt mai sigure pe ele și mai vorbărețe. Celelalte fete, în schimb, sunt mai potolite și preferă să observe lumea înainte să iasă în față cu orice preț. Dacă profesorii nu cunosc această dinamică și nu sunt conectați la ea, atunci fetele alfa vor ajunge să domine, să preia cele mai interesante sarcini în clasă, să primească rolul principal în piesele de teatru organizate de școală și să influențeze hotărârile profesorului, astfel încât lucrurile să se petreacă după cum doresc ele. Le pot face nefericite pe celelalte, având o putere și o influență nedreaptă asupra lor.

Este important ca profesorii să facă să dispară diferențele pe terenul de joacă, asigurându-se că lucrurile sunt echitabile și că nimeni nu e lăsat pe dinafară. Trebuie să distribuie prin rotație rolurile și îndatoririle și să propună activități care să scoată în evidență diverse calități – atenția, calmul, grija, talentul uluitor! Nu toată lumea dorește să fie o fată alfa, dar toți vor ca lucrurile să fie echitabile.

- *când ni se face frică, devenim precauți;*
- *când suntem furioși, ne apărăm;*
- *când suntem triști, devenim introvertiți, și reflectăm, și ne dorim poate să ținem pe cineva în brațe sau să fim ținuți în brațe de cineva cu care ne simțim în siguranță;*
- *când suntem bucuroși, ne relaxăm, sărbătorim și ne revigorăm spiritul.*

Aceste patru sentimente se pot amesteca și combina așa cum amestecăm culorile pentru a obține fiecare nuanță a curcubeului, dar, de obicei, în adâncul sufletului, nu putem avea decât un singur sentiment pe rând, iar dacă ne dăm seama despre ce sentiment e vorba, acest lucru ne e de un real folos, atât nouă cât și celorlalți.

Majoritatea făpturilor au sentimente: albinele se enervează; peștii cunosc frica și se îndepărtează când simt pericolul; elefanții și primatele mari se întristează și plâng. Noi, ființele umane, avem cele mai sofisticate și complexe emoții, dar ele se bazează totuși pe cele patru sentimente de bază amintite mai sus.

Emoțiile reprezintă un important „sistem de navigație", ca un fel de GPS, pe care îl puteți folosi pentru a vă înțelege și ajuta copilul. Întrebați-vă „Oare ce simte?" (Ce îmi spun despre starea lui interioară o anumită expresie, un gest, niște cuvinte?) Întrebați-l ce sentimente are, rugați-l să le numească și lăsați-l să vă spună ce se petrece în lumea lui. Veți afla astfel ce anume a provocat sentimentele respective, și, dacă aveți răbdare și îi câștigați încrederea, veți putea hotărî împreună ce trebuie făcut în continuare. Dar sentimentele trebuie să primeze întotdeauna, iar uneori fiica dumneavoastră nu va vrea decât să se elibereze și atât, iar apoi se va simți bine din nou.

FRICA – ȘI CUM SĂ-ȚI ASCULȚI INTUIȚIA

În urmă cu mai mulți ani, în Statele Unite, după ce luase viața mai multor femei, un criminal în serie a fost, în sfârșit, prins. După capturarea lui, poliția a făcut o descoperire uimitoare, și anume că mai ademenise zeci de fete, dar acestea nu se duseseră cu el. Întrebate de ce, ele au răspuns: „Am avut o presimțire rea" sau chiar „Nu știu, am simțit pur și simplu că ceva nu e în regulă". Aceste fete au ascultat de semnalele corpului lor. Au fost salvate pentru că și-au ascultat frica.

FETELE ȘI SINDROMUL ASPERGER

Oamenilor cu deficiențe de recunoaștere și înțelegere a emoțiilor (de exemplu persoanele cu sindrom Asperger sau cu un oarecare grad de autism) prezența celorlalți li se poate părea complet năucitoare, astfel încât ajung să stea de vorbă cu cineva total absent din conversație sau să fie prietenoși și vorbăreți cu cineva complet străin. În schimb, s-ar putea să nu-și dea seama că o persoană apropiată, cum ar fi propria mamă sau soră, e tristă, chiar dacă acest lucru este mai mult decât evident chiar și pentru un necunoscut.

Fetele care prezintă sindromul Asperger își folosesc creierul într-o mai mare măsură pentru a analiza sentimentele amintite, în comparație cu băieții, care au dificultăți în a-și ascunde deficiența, astfel încât ele ajung să fie mai rar diagnosticate.

Boala Asperger poate avea simptome de la cele mai ușoare până la cele mai grave, așadar încercați să observați cu atenție comportamentul fiicei dumneavoastră, căutând indiciile care denotă că prezența oamenilor o derutează sau o supără, ea neputând să-și dea seama cum ar trebui să reacționeze. Vedeți, de pildă, dacă nu cumva este excesiv de neliniștită în situații care nu justifică această reacție sau are un comportament forțat ori artificial în relația cu oamenii, deși știți că face toate eforturile să se poarte firesc.

Soluția este aceeași ca și în cazul unei fete care nu suferă de autism: să o ajutați să învețe limbajul emoțiilor și să se simtă confortabil în societate, asimilând experiență treptat, cu ajutorul logicii. S-ar putea ca acest lucru să necesite mai mult sprijin din partea dumneavoastră și explicații mai clare decât în cazul altor copii care învață toate acestea în mod natural. Din fericire, copiii care suferă de boala Asperger sunt deseori foarte inteligenți și pot face față situației cu ajutorul creierului lor ce funcționează ca un „computer". Pot afla pe cale rațională ce să facă sau să spună în situații sociale și cum să citească sentimentele celorlalți. De fapt, ei devin uneori mai sensibili și mai conectați decât cei care fac asta în mod automat. Nu vă sfiiți să căutați ajutor de specialitate pentru a o învăța pe fiica dumneavoastră cele mai bune strategii.

UN CUVÂNT SECRET

Începând cu vârsta de cinci ani, fiica dumneavoastră va mai merge uneori în vizită sau se va afla departe de dumneavoastră. Trebuie să o știți în siguranță. Una dintre strategii este să aveți „un cuvânt secret" sau o frază pe care să o poată folosi atunci când vă sună, ceva care să vă dea de înțeles că nu se simte bine sau că ceva îi creează disconfort. Puteți ține minte acest cuvânt și modul lui de folosire împreună cu ea, pentru toate situațiile în care vă este necesar. De exemplu, poate cere să vă dea telefon și să vă spună „Mă strâng pantofii" sau „Azi am văzut un vultur" (dar cel mai bine este să găsiți împreună mesajul „codificat"), ceea ce înseamnă „Te rog, vino imediat să mă iei".

Probabil că nu o să aveți nevoie niciodată de acest cuvânt secret, dar, în cazul în care veți avea, el vă e de mare ajutor. Chiar și o discuție pe această temă îi poate deschide ochii asupra faptului că sunt oameni sau locuri unde nu te simți bine, și că, dacă va ajunge într-o asemenea situație, dumneavoastră o veți putea întotdeauna salva.

De obicei, din fire, fetele sunt miloase și binevoitoare. Oamenii care vor să profite de ele sau să le facă rău ar putea să se folosească exact de această trăsătură spunându-le de exemplu „Îmi caut câinele“ sau „Mi-e rău, poți să mă ajuți?“.

A-ți asculta vocea interioară și a avea încredere în intuiție este o calitate a „femeii puternice“. Povestiți-i fiicei dumneavoastră despre această voce interioară pe care o are și învățați-o să o asculte. Dați-i exemple din propria dumneavoastră experiență.

Întrebați-o dacă-și amintește momente din viața ei când și-a ascultat intuiția și dacă a tras învățăminte.

Păstrați o atitudine echilibrată: n-o faceți pe fetiță să-i fie frică de ceea ce este în afara căminului dumneavoastră, dar rămâneți în alertă, căci, peste tot în lume, copiii ajung în situații mai degrabă nesigure.

Învățați-o cu calm și fermitate, și dați-i exemple din viața de zi cu zi: „Uite, persoana aceea a zâmbit cu gura, dar nu cu ochii". Fetele au simț de observație dezvoltat și pot fi conștiente că oamenii au gânduri ascunse și că, dacă nu se simt bine într-o anume împrejurare, ar trebui să se îndepărteze repede.

FURIA ÎNSEAMNĂ SĂ FII PUTERNIC

Furia face parte din sistemul nostru de apărare. A-ți manifesta furia nu presupune neapărat să strigi, să lovești, să intimidezi; este o modalitate de a nu te lăsa călcat în picioare. Dacă fiica dumneavoastră recunoaște semnalele pe care i le dă corpul ei – că se încălzește, că i se încordează mușchii, că i se încleștează maxilarul sau că e pe cale să se încrunte –, atunci va ști că este pusă să facă ceva ce nu vrea sau că oamenii spun sau fac lucruri doar ca să fie răi, și nu se va lăsa copleșită.

Furia îți servește cel mai bine atunci când îi dai glas. Învățați-vă fiica să spună „Nu-mi place!" cu o voce puternică, să aibă o privire intensă și să-și scoată bărbia înainte: „Lasă-mă în pace!", sau să se îndepărteze în timp ce se uită țintă la persoana care a insultat-o sau a rănit-o. Exersați, de fapt, acest lucru împreună cu ea, antrenați-o pentru a putea să arate și să se exprime dur. Dacă cel care o deranjează este un prieten, ea poate spune „Nu vreau să fac asta" sau, mai cu grijă, „Nu aș vrea să fac asta", dar să se vadă că ceea ce spune este serios, chiar dacă trebuie, probabil, să repete de câteva ori –

„Am spus ceea ce simt". Desigur, dacă și dumneavoastră veți adopta acest comportament atunci când va fi nevoie, fetița vă va imita pur și simplu.

Când fiica noastră a început grupa mare, educatoarea ne-a spus că e singura fetiță care se joacă cu băieții. Am fost mândri de ea, pentru că a dovedit că se adaptează ușor și că îi place aventura. Nu am fost siguri de ce îi plăceau jocurile dure și zbuciumate ale băieților, dar în mai multe ocazii, trecând pe lângă locul de joacă de lângă școală, am auzit-o spunând clar și răspicat: „Nu-mi place!" Se simțea în largul ei în preajma băieților, pentru că știa cum să-i pună la punct!

TRISTEȚEA E UN SENTIMENT REAL

Tristețea, în schimb, e un sentiment care se consumă în sinea fiecăruia. Spre deosebire de frică și de furie, care se manifestă la exterior, tristețea are legătură cu schimbările interioare. Atunci când suntem triști, nevoia noastră primordială este aceea de a fi înțeleși. Alinând-o și ascultând-o, îi oferiți fiicei dumneavoastră posibilitatea de a se detașa de pierderea sau dezamăgirea suferită. Deseori, în calitate de părinți, nu putem suporta să-i vedem pe copiii noștri triști și încercăm să îi scoatem din această stare cu dulciuri sau fiind amuzanți. E mai bine să avem încredere că tristețea va trece, mai devreme sau mai târziu, dacă le rămânem alături.

Deseori, în programul zilnic al unei fete, pot apărea evenimente care să o întristeze: ori a fost dezamăgită de un prieten la școală, ori cineva simpatic se mută din oraș, ori un profesor nu se ține de promisiune, a văzut un animal mort pe marginea drumului, a aflat niște vești îngrozitoare care i-au frânt inima. Nu putem îndrepta toate relele din lume, trebuie însă să privim lucrurile în perspectivă: fiica dumneavoastră va trebui să trăiască la rândul ei această experiență a maturizării, care durează ani de zile și pe care nu o puteți grăbi.

Lumea chiar este un loc trist, iar copiii îi pot face față dacă li se permite să-și manifeste sentimentele, în timp ce noi le rămânem alături, asigurându-i: „Da, așa e, dar nu trebuie să înduri toate astea de unul singur".

BUCURIA

Bucuria trebuie cultivată și sărbătorită. În alte culturi, oamenii profită din toată inima de fiecare moment fericit. Dacă toată familia s-a strâns în bucătărie, dați drumul la muzică și dansați. Luați-vă copilul și rotiți-vă cu el, dacă așa aveți chef. Îmbrățișați-vă des. Răsturnați-vă pe canapea într-o grămadă fericită împreună cu copiii. Faceți ghidușii atunci când vă petreceți timpul în aer liber. Alergați-vă prin parcuri și pe plajă. Alintați-vă copilul sau gâdilați-l nestăpânit atunci când vă vine cheful. Cumpărați înghețată. Cântați în mașină.

Sărbătoriți orice eveniment. Nu cumpărați neapărat multe cadouri, creați însă clipe de neuitat. De Crăciun bucurați-vă de întreaga familie și nu uitați că există într-adevăr pace pe pământ, pentru 95 la sută din populația globului.

Învățați-vă fetița să râdă, să danseze, să fie liberă și să se bucure de toate neîngrădită. Este un antidot la suferința care, vrând-nevrând, este parte din viață și o modalitate de a face loc permanent fericirii în sufletul ei.

„ÎMBLÂNZEȘTE PRIMEJDIA, ÎMPRIETENEȘTE-TE CU DUȘMANUL"

Relația noastră cu bebelușii se întemeiază pe ceea ce numim „atașament". Aceasta este denumirea dată de specialiști legăturii dintre mamă și copil. Unii bebeluși se atașează puternic de mamele lor, alții nu. Aceste reflexe au tendința de a se perpetua și în viața adultă – dacă nu învățăm cum să iubim când suntem bebeluși, s-ar putea să avem dificultăți și la maturitate. Totuși, în peste 60 de ani de cercetare în domeniu, nimeni nu s-a întrebat dacă există diferențe între băieți și fete la acest capitol.

Atunci când, în sfârșit, și-au pus această problemă, specialiștii au constatat un lucru surprinzător[4]: băieții care nu dezvoltaseră un atașament puternic față de mamele lor le evitau și nu aveau încredere în ele. Simțeau așadar nevoia să se protejeze: „Nu-mi este alături, așa că nu-mi voi investi sentimentele în ea". Cu toate acestea, multe fetițe au reacționat altfel. Atunci când mamele lor erau deprimate, distante ori supărate, aceste fetițe, abia trecute de prima copilărie, se apropiau și mai mult de ele, încercând să le aline!

Pe de-o parte, e un gest foarte drăguț și, dacă are puterea de a-i ridica moralul mamei, are chiar o importanță vitală. Însă, pe de altă parte, pe termen lung, prezintă riscuri. Atunci când sunt în primejdie sau intră într-un conflict, majoritatea oamenilor au de ales între „confruntare sau fugă", pompând adrenalină și pregătindu-se să scape de pericol. Cu toate acestea, fetițele care nu sunt puternic atașate de mamă au tendința de a „îmblânzi primejdia" și a „se împrieteni cu dușmanul". Deși și lor le-a fost frică, nu s-au îndepărtat de pericol, ci s-au dus țintă spre el, ceea ce poate avea consecințe serioase. În vreme ce copiii care au fost iubiți sunt atrași de prieteni și parteneri calmi, grijulii și afectuoși, fetele care au tendința de a „îmblânzi primejdia" și a „se împrieteni cu dușmanul" se vor simți mai bine alături de persoane impulsive sau depresive, care le aduc aminte în mod inconștient de mama lor. Ele vor crede cu tărie că sarcina lor este să aleagă pe cineva cu toane sau impulsiv și să încerce să îl schimbe. Nu mai trebuie să precizez ce problematic poate deveni acest lucru.

Tendința de a „îmblânzi primejdia" și a „se împrieteni cu dușmanul" are și avantajul ei. La locul de muncă, femeile în funcții de conducere au mai multe șanse să depășească un posibil conflict, să interpreteze agresivitatea cuiva drept teamă și să asculte cu empatie care sunt toate aspectele unei probleme. Este o calitate nemaipomenită, ce poate aduce pacea în lume și poate face familiile fericite. Avem mare nevoie de femei cu această însușire și de bărbați care să o deprindă la rândul lor, dar ea trebuie să fie materializarea unei alegeri conștiente și nu a unui impuls de moment, deoarece, în relațiile apropiate, un astfel de reflex inconștient nu face decât să rănească.

Dacă aveți o fetiță care este mereu împăciuitoare, recunoașteți-i această trăsătură și acordați-i însemnătatea cuvenită, dar asigurați-vă că este în stare să aibă răbufniri de furie atunci când e nevoie, că se poate apăra și că prietenii nu profită de ea. Dacă observați că fiica dumneavoastră nu are această deprindere, încurajați-o să își pună întrebarea „Ce vreau eu?“ și să fie un pic mai hotărâtă.

EVITAREA PRIETENILOR FALȘI

Fiicei dumneavoastră nu i-ar strica niște soluții concrete despre cum să recunoască și să evite prietenii falși. De exemplu:

Observați dacă vă schimbați felul de a fi pentru a vă păstra un prieten. Dacă faceți, de pildă, lucruri pe care nu doriți să le faceți, care nu vă reprezintă, pentru că așa vor prietenii dumneavoastră. Dacă faceți asta la începutul unei prietenii, veți constata că o s-o țineți tot așa pentru a păstra relația respectivă. E posibil să nu merite efortul și mai bine renunțați de la bun început. Un prieten adevărat e dispus să facă compromisuri, la rândul lui.

Uneori se întâmplă să vă împrieteniți cu cineva care e morocănos tot timpul și să presupuneți că sunteți pricina stării lui, astfel încât veți simți adesea nevoia să faceți eforturi pentru a îndrepta lucrurile. Posacii cronici sunt așa din fire – așa văd ei viața, rareori se schimbă și sunt obsedați de control. În cele din urmă o să vă sleiască de puteri, așa că mai bine găsiți-vă niște prieteni veseli.

FETELE ȘI SPORTUL

Sportul este bun pentru fete. Este o activitate socială și fizică, le întărește încrederea în sine și le dă posibilitatea să-și consume excesul de energie. Sportul este încununarea aptitudinilor noastre fizice, pe care le dezvoltă și le întărește. Este o parte esențială a unei copilării sănătoase. În ziua de azi avem nenumărate posibilități de a face mișcare.

VÂRSTA PREȘCOLARĂ

Până la cinci ani cel mai bun sport este joaca. Mergeți în locuri unde copiii pot alerga în voie; ieșiți în parc, faceți excursii la țară, mergeți la plajă cu prietenii sau organizați pur și simplu picnicuri în grădină, astfel încât să încurajați fetele să fie cât mai active și să se joace. Sportul în cadru organizat, ca de exemplu gimnastica sau baletul, trebuie ales cu atenție, pentru că lasă loc comparațiilor și presiunilor de tot felul la o vârstă mult prea fragedă. Uneori aceste lecții sunt amuzante, dar, în general, joaca de voie este cea mai bună.

Grupurile de joacă sunt ideale în programul unei săptămâni pentru că mamele, tații și copiii își pot face prieteni și pot dobândi noi deprinderi într-o atmosferă plăcută, care nu creează presiuni și nu implică costuri.

ÎNAINTE DE ADOLESCENȚĂ

Înainte de vârsta de zece ani fetele sunt foarte deschise ideii de a face sport, pentru că nu au devenit încă prea conștiente de sine și se pot simți bine. De asemenea, au aceleași aptitudini ca băieții, ba chiar o coordonare mai bună. Cu cât fetele fac mai multe sporturi înainte de adolescență, cu atât e mai bine, pentru că acest lucru le ajută mușchii, oasele și poziția întregului corp. În plus, e foarte distractiv.

Înotul și cățăratul sunt bune pentru dezvoltarea trunchiului, dansul, patinajul sau sporturile pe teren întăresc echilibrul, iar sporturile în echipă presupun exerciții de aerobic și întăresc membrele inferioare. Sunt fete cărora le plac foarte mult distracția și entuziasmul pe care le aduce un sport pe echipe, precum și prieteniile pe care le pot lega astfel. Însă dacă fiicei dumneavoastră chiar nu îi plac astfel de sporturi, există alternativa celor individuale, cum ar fi atletismul sau ridicarea greutăților; iar variantele creative ca dansul, yoga sau gimnastica pot aduce, la rândul lor, bucuria mișcării.

Dacă deprinde mai multe sporturi, fiica dumneavoastră va avea la îndemână cel mai plăcut mod de a se recrea atunci când va fi studentă sau adultă. Distracția este scopul principal al acestor activități – aveți grijă la antrenorii care urmăresc neapărat performanța și care fac presiuni asupra copiilor. Presiunea duce la accidente, deoarece copiii sunt constrânși să își depășească limitele și capacitățile firești ale corpului lor, fiind solicitați la maximum. Alegeți sporturi și antrenori care sunt apropiați de copii și socotesc că sportul e o activitate în slujba copiilor, și nu invers. La vârsta aceasta vă doriți ca fetiței să îi facă plăcere mișcarea și astfel să vrea să continue și mai târziu.

ÎN ADOLESCENȚĂ

Începând de la vârsta de zece ani este o provocare să le convingeți pe unele fete să facă sport. Dacă însă apetitul le-a fost trezit în copilărie (mai ales de către tați), acest lucru ar putea ajuta, dar și în acest caz până și fetele foarte dinamice refuză brusc să mai facă sport, fără să spună de ce. Deseori motivul are legătură cu conștientizarea felului în care arată – le-am făcut pe fete să fie atât de preocupate de acest aspect, iar sportul scoate în evidență diferențele fizice – sau cu faptul că pe la 13 ani trec printr-o perioadă caracterizată de lipsă de coordonare, când membrele par că nu le mai ascultă din cauza modificărilor creierului.

Dar și mai rău e că multe fete țin cură de slăbire la această vârstă. Este cel mai defavorabil moment cu putință pentru

asta, deoarece accelerarea ratei de creștere din perioada adolescenței presupune un aport uriaș de calciu (cel puțin 1.200 mg pe zi) și de energie, ca și de vitamine și alte minerale, și mai ales fier pentru fetele care au menstruație. Exercițiile fizice întăresc sistemul osos de care depindem la 70 de ani, când intervine riscul de osteoporoză. La vârsta de 13 ani, oasele se dezvoltă mai bine ca oricând, dacă facem sport.

Așadar acesta este momentul să vă ajutați fiica să găsească sporturi care să-i facă într-adevăr plăcere. Facilitați-i practicarea lor și însoțiți-o poate, implicându-vă activ, sau pregătiți-o chiar dumneavoastră pentru a-i putea fi aproape, încurajându-le și pe prietenele ei în aceeași direcție, deoarece aceasta este o vârstă la care copiii apreciază compania altora cu care au ce vorbi și de la care au ce învăța, în afară de cea a părinților.

Mai există un alt risc, acela ca sportul să devină o obsesie, pentru că, în perioada adolescenței, fetele își pierd capacitatea de a vedea lucrurile în perspectivă. Asigurați-vă că mica sportivă de performanță are timp și pentru ea, că nu se antrenează până la epuizare, mănâncă sănătos și nu-și pune problema dietei. Faceți mișcare pentru a vă relaxa – mergeți la plajă sau jucați volei în grădină, fără să transformați sportul într-o competiție. Cu câțiva ani în urmă, Senatul australian a organizat o anchetă cu privire la antrenamentul abuziv al echipei naționale de gimnastică, unde fetele intrau târziu la pubertate și nu aveau menstruație până la vârsta de 20 de ani, ca rezultat al efortului uriaș la care fuseseră supuse atât de devreme. E posibil ca toate acestea să aibă efecte devastatoare și permanente, fiindcă totul în organism este o chestiune de echilibru!

Dacă fiicei dumneavoastră chiar nu-i place sportul, căutați alte activități; dansul, drumețiile, surfingul, canotajul sau pescuitul se practică individual și nu presupun competiție, dar aduc bucuria mișcării. Dacă e timidă sau preferă să joace jocuri pe computer va fi mai greu, dar nu renunțați să căutați modalități pentru ca fiica dumneavoastră să se simtă bine în propriul corp.

Faceți din sport o distracție, o activitate socială lipsită de stresul concursurilor. Asigurați-vă că antrenorii sunt oameni echilibrați, iar dacă nu, schimbați echipa sau chiar sportul. Și implicați-vă pentru a-i putea cunoaște pe prietenii fiicei dumneavoastră și a vă apropia de ei, pentru că nu toți au părinți așa de sufletiști.

CE SE ÎNTÂMPLĂ LA PUBERTATE?

La fete, pubertatea începe în jurul vârstei de 10 ani, dar poate varia uimitor – se poate instala oricând, între vârsta de 8 și 16 ani! Este important să o pregătiți pe fiica dumneavoastră pentru această etapă, astfel încât ea să aibă o atitudine pozitivă și să se simtă informată și matură în legătură cu această temă.

SÂNII

Primul semn al pubertății pentru majoritatea fetelor este dezvoltarea sânilor. De obicei, acest lucru se manifestă întâi ca o ușoară umflătură sub mamelonul unuia dintre sâni sau al amândurora. În șase luni, ambii sâni se vor dezvolta pe o suprafață care depășește areola (pielea de culoare mai închisă din jurul mamelonului). După încă douăsprezece luni, sânii ajung aproape la forma lor finală.

Dar dezvoltarea acestora diferă foarte mult de la caz la caz, lucru pe care trebuie neapărat să i-l explicați fiicei dumneavoastră. Să fii prima din clasă căreia îi cresc sânii poate fi jenant, după cum să ți se dezvolte mai târziu poate fi o problemă pentru unele fete, mai ales în lumea noastră intens sexualizată, unde acestor lucruri li se dă mai multă importanță decât ar trebui.

PĂRUL PUBIAN

La aproximativ două luni după ce se modifică sânii, apare și părul pubian, mai întâi în jurul labiilor și apoi pe toată suprafața aflată sub abdomen. Totuși, la aproximativ 15 la sută dintre fete părul pubian începe să crească înainte ca sânii să se dezvolte. Nu suntem cu toții la fel.

MENSTRUAȚIA

De obicei, cam la doi ani după ce sânii încep să crească, în jurul vârstei de 12 ani în cazul majorității fetelor, apare prima sângerare menstruală. Acest lucru este însă atât de variabil, încât ar trebui să îi povestiți totul fiicei dumneavoastră cu mult înainte de momentul în care credeți că va apărea menstruația, ca să fie pregătită. E bine de știut că unele fete pot avea prima menstruație chiar și la opt ani. (Încă mai sunt cazuri de fete care descoperă pete de sânge pe lenjeria intimă și nu știu ce s-a întâmplat, îngrozindu-se că au pățit ceva sau fiind profund jenate pentru că nimeni nu le-a pus în temă.)

Le puteți povesti despre tampoanele igienice; fetița poate fi deja familiarizată cu discuțiile despre ciclul menstrual și tot ceea ce presupune acesta, iar o atitudine pozitivă din partea dumneavoastră poate fi de un real ajutor. Decât să privească menstruația ca pe o bătaie de cap, e bine să se concentreze pe întregul context, adică pe faptul că această schimbare e un semn de maturizare și că într-o zi, dacă vrea, va putea avea copii. Aduceți-i aminte fetei că ciclul menstrual nu ar trebui să o împiedice să facă aproape tot ce-și dorește. Bucurați-vă pentru ea și astfel va avea și ea o stare de spirit bună. Ca măsură de prevedere, puneți-i în geantă sau în rucsac un tampon absorbant și îndemnați-o ca, în caz de „urgență", să ia legătura cu asistenta medicală a școlii.

În primii ani, menstruația nu este regulată. Ea poate apărea oricând.

Ovulația (eliminarea ovulului în vederea fecundării) nu are loc întotdeauna la primele menstruații, putând trece și mai mulți ani până când o fată va ovula la fiecare ciclu, însă nu vă puteți baza pe acest lucru. Atât ea, cât și dumneavoastră trebuie să știți că, din acest moment, o sarcină nu mai poate fi total exclusă.

ȘOLDURILE

Cu 18 luni înainte de pubertate – de obicei în jurul vârstei de opt sau nouă ani – fetițele devin mai plinuțe. Deseori acesta este primul semn că se apropie pubertatea. În vreme ce nivelul de estrogen din corpul ei crește, atât șoldurile, cât și pelvisul fetei se vor mări (pentru a ușura în viitor nașterea copiilor). În multe cazuri, vor exista salturi în creștere, fata devenind mai înaltă și apropiindu-se de înălțimea pe care o va avea și la vârsta adultă.

INFORMAȚII UTILE

Pentru că vaginul se curăță singur, odată cu începerea pubertății apare periodic o secreție albicioasă. Povestiți-i și despre asta fiicei dumneavoastră și spuneți-i că e ceva perfect sănătos și normal.

La pubertate pielea se îngrașă, ceea ce poate fi neplăcut. Coșurile și acneea sunt frecvente, iar transpirația e mai abundentă decât de obicei. Ajutați-vă fiica să găsească soluții naturale și sănătoase pentru rezolvarea acestor probleme și feriți-vă, dacă puteți, de produsele chimice sau tratamentele invazive.

SĂRBĂTORIȚI

Nu faceți din perioada pubertății ceva negativ, este foarte important să transmiteți emoția și uimirea de a fi femeie. Unele fete merg cu mamele, mătușile sau bunicile să ia masa împreună, se duc în mici excursii cu cortul sau la hotel. Alte persoane găsesc pentru fiicele lor modalități de petrecere a timpului împreună cu femeile din anturaj care le îndrăgesc. Sărbătoriți! Este momentul pentru a onora și a aprecia reușita fetei dumneavoastră de a se dezvolta atât de bine.

DRUMUL FETELOR ÎMPREUNĂ

Uneori, o idee inovatoare apărută din senin te pune pe gânduri: „Extraordinar! Aveam atâta nevoie de așa ceva, e atât de evident și atât de grozav, de ce nu s-a gândit nimeni la asta până acum?" Grupurile Girls Journeying Together (literal, „fete călătorind împreună") reprezintă o asemenea idee. Create de Kim McCabe, specialistă în educația fetelor, aceste grupuri s-au dezvoltat în Anglia și par să se răspândească în întreaga lume.

Ideea este simplă. Grupurile Girls Journeying Together înseamnă practic un program de sesiuni de jumătate de zi, desfășurate o dată pe lună, pe parcursul unui an întreg. Sunt pentru fetele care ajung la pubertate și care pornesc astfel într-o „călătorie" menită să le răspundă la întrebările cu privire la ceea ce le așteaptă. Conduse de o femeie bine pregătită și cu experiență, dar și bazându-se pe mamele lor și pe alte femei-cheie din viața fetelor, grupurile (alcătuite din cel mult 12 fete) discută despre suișurile și coborâșurile adolescenței, presiunea anturajului, rețelele sociale, relațiile cu băieții (și cu fetele), viața socială, școală și familie. Și ce înseamnă pentru ele a deveni femeie.

Acesta este un grup fără legătură cu grupul de prieteni obișnuiți ai fetei, care funcționează după cu totul alte reguli. Cea mai importantă dintre ele, și aceea care m-a impresionat cel mai profund și care cu siguranță îi va impresiona pe majoritatea părinților sau adulților care își amintesc cum e să fii tânăr, este: NU E NEVOIE SĂ FII LA FEL CA TOȚI CEILALȚI. Acest principiu eliberator, pe măsură ce este explorat, le scutește pe fete de experiența nesfârșit de chinuitoare de a merge pe cărarea îngustă a conformismului și de a da atenție la ceea ce cred alții că ar trebui să facă, să fie și să gândească.

Fetelor le plac foarte mult aceste grupuri. La vârsta lor, vor să înțeleagă ce se întâmplă pe măsură ce corpurile li se dezvoltă, cum le fluctuează starea de spirit și cum se schimbă relațiile cu ceilalți. Vor să primească asigurarea că totul este încă bine. Femeile mature le pot da această asigurare. De asemenea, vor să știe că nu sunt singure. Camaraderia care se naște între ele de-a lungul anului le arată că prietenii adevărați sunt cel mai puternic sprijin. Când se termină anul, multe dintre aceste fete rămân prietene pe viață.

În primă instanță, fetele (de obicei în ultimul an de școală primară) participă la o sesiune de probă, ca să se lămurească dacă vor să facă parte din grup. Rolul mamelor nu este doar acela de a-și aduce fiicele doar o dată pe lună la aceste întâlniri; la rândul lor, ele se întâlnesc unele cu altele pentru a dezbate chestiuni care se ramifică din ceea ce discută fetele la sesiunile lor și pentru a forma un cerc de sprijin în jurul fiicelor. La jumătatea drumului, mamele se alătură grupului de fete pentru o sesiune în care să-și împărtășească propria experiență și să le dea încredere în ele fetelor. La sfârșitul anului, mamele sunt invitate din nou să se alăture fiicelor lor

pentru o ceremonie festivă. Acum fetele sunt pline de afecțiune una față de cealaltă și se simt mult mai bine pregătite pentru tot ceea ce urmează. La fel și mamele. După aceea sesiunile continuă de două ori pe an, până ce fetele ajung la adolescență.

Când erați adolescentă aveați cu cine discuta despre toate schimbările prin care treceați? Aveați un grup de prietene în compania cărora vă simțeați în siguranță și puteați fi dumneavoastră însevă pentru că v-au acceptat așa cum erați? Apartenența la un grup de fete care merg pe același drum în timpul pubertății le poate ajuta enorm pe mame și pe fiice deopotrivă.

Fiecare fată este încurajată să fie ea însăși, să se îmbrace, să vorbească și să se comporte exact așa cum se simte în ziua respectivă. Astfel, fetele învață să se accepte una pe cealaltă și se simt acceptate de cei din generația lor.

Felele care participă la aceste grupuri vor:

- învăța despre schimbările pe care le aduce pubertatea
- discuta despre influența anturajului, a mass-media, a culturii și a părinților
- învăța despre, se vor pregăti pentru prima menstruație și se vor sprijini reciproc
- putea să se cunoască foarte bine – îndeajuns de bine pentru a îndrăzni să-și mărturisească temerile cele mai profunde și speranțele cele aprinse
- visa la viitorul lor
- discerne valorile după care se vor ghida în viață
- vorbi despre întâlniri, diete, băutură, examene și alte preocupări ale adolescenților (doar la momentul potrivit)
- râde, vor plânge, se vor juca și vor petrece
- găsi femei adulte care să le fie mentori
- deveni ele înseşi mentori cu timpul

Anxietatea cu privire la ceea ce le așteaptă se transformă în siguranță de sine și nerăbdare. Fetele sunt călăuzite către maturitate având astfel capacitatea reală de a evita multe dintre problemele de sănătate mintală care sunt atât de răspândite astăzi. Mai mult, se distrează și își fac prietene în vreme ce află toate informațiile de care au nevoie ca să crească puternice și independente.

Sper că într-o zi aceste grupuri vor fi răspândite în fiecare comunitate, pentru fiecare fată. Pentru detalii despre grupuri și orice alte informații, accesați www.ritesforgirls.com.

PE SCURT

- Prietenii sunt cu adevărat importanți pentru fete.
- Deprinderile sociale se învață intens între cinci și zece ani.
- Există șapte deprinderi de bază: atitudinea prietenoasă, generozitatea, empatia, controlul agresivității, capacitatea de a cere iertare, de a recunoaște diferitele sentimente și de a ști în cine să ai încredere. Pentru a învăța toate aceste lucruri, fata va avea nevoie de ajutor.
- Va învăța imitându-vă.
- Fiecare dintre cele patru emoții (furia, frica, tristețea și bucuria) are scopul de a o ghida pe fiica dumneavoastră.
- „Îmblânzește primejdia, împrietenește-te cu dușmanul" este o deprindere folositoare, dar poate scăpa de sub control. Uneori e nevoie să „te confrunți sau să fugi".
- Practicarea unui sport poate fi nemaipomenită, mai ales dacă găsiți cea mai potrivită activitate de acest gen pentru fiica dumneavoastră.
- Înțelegeți ce înseamnă cu adevărat pubertatea și pregătiți-vă fiica cu mult timp înainte de această perioadă – mai exact în jurul vârstei de opt ani!
- Grupurile care le ajută pe fete să înțeleagă pubertatea pot ajuta enorm.

5
DESCOPERIREA SUFLETULUI
(DE LA 10 LA 14 ANI)

Abia pe la sfârșitul școlii primare fetele par să fi crescut cu adevărat, să fi devenit lucide și mature.

Părinții răsuflă ușurați și se întreabă dacă asta înseamnă că misiunea lor s-a încheiat. Bineînțeles, după cum știe toată lumea, asta e doar perioada de calm dinaintea furtunii! Curând vor avea loc explozii hormonale și va începe o nouă aventură. Intrarea în perioada pubertății variază considerabil, dar, indiferent de momentul în care se produce acest lucru, are un efect puternic. Până la pubertate, cele mai multe dintre fete nu au fost conștiente de sine, erau doar niște copii nebunatici care se bucurau de clipa prezentă. Se plimbau, înotau, făceau gălăgie, practicau un sport, se implicau în activități creative și, în general, nu aveau greutăți. Încrederea în sine și sentimentul că erau în stare de orice le făceau pe fetițe o companie foarte plăcută.

Nu se poate spune că pubertatea schimbă neapărat toate cele de mai sus, ci că mai degrabă adaugă o nouă componentă „introspectivă“ la natura fetei. Ea simte că se maturizează și, stimulată de toate inconfundabilele semnale primite, nu-i rămâne decât să înceapă să se gândească la ce fel de femeie va fi mai târziu. Sentimentele sunt împărțite: simte entuziasm, dar și teamă, și chiar tristețe la gândul că libertatea și simplitatea copilăriei sunt de-acum pierdute. Toate acestea o fac, în cele mai multe cazuri, să reflecteze și să se izoleze mai mult. Părinții atenți vor observa această schimbare evidentă a fiicei lor. La vârsta aceasta, o fată începe să se întrebe „Cine sunt?“, „Ce vreau?“, „Ce înseamnă viața mea cu adevărat?“.

Răspunsurile la aceste întrebări îi vor influența alegerile în următorii zece ani.

Profitați de orice ocazie ivită, de excursiile cu mașina sau de activitățile împreună, de momentele petrecute cu fiica dumneavoastră înainte de culcare, pentru a o asculta și a-i pune întrebări referitoare la părerile ei despre lume și viață. Veți descoperi, în felul acesta, că veți avea, la rândul dumneavoastră, de povestit despre propria viață, despre experiențele trăite în adolescență, despre convingerile și ideile personale, pe care ea este acum mai pregătită să le asculte. Deodată, diferența de vârstă dintre ea și dumneavoastră pare să nu mai fie atât de mare.

ÎNCEP CU ADEVĂRAT PREGĂTIRILE

Perioada cuprinsă între 10 și 14 ani este mult mai importantă decât crede majoritatea oamenilor – nu e o etapă peste care să săriți cu ușurință. E o perioadă de intense pregătiri. Trebuie să ne ajutăm fiicele să se dezvolte într-un ritm firesc, sfătuindu-le să nu se grăbească, să nu se maturizeze prematur, deoarece, pentru moment, nu sunt deloc pregătite. Dacă nimic nu vă va reține atenția din acest capitol sau chiar din această carte, măcar nu uitați, vă rog, următorul lucru: între 10 și 14 ani fetele au mai mare nevoie de timpul, atenția și disponibilitatea dumneavoastră decât până atunci. Acesta este momentul în care trebuie să ne mobilizăm tot talentul pedagogic, explicându-le, instruindu-le, punându-le întrebări, cooptându-le în activități ce le solicită mai mult, pregătindu-le să devină femeile uluitoare care sunt destinate a fi. Însă nu le vom da încă drumul în lume de unele singure și nici nu vom permite ca lumea să le acapareze prin cerințele sale de a fi ca toți ceilalți, de a intra în competiție, de a-și dezvolta comportamentul sexual sau de a face pe placul băieților pentru a nu se simți diferite. Adolescentele se pregătesc deocamdată pentru vârsta feminității, iar această pregătire constituie o etapă de sine stătătoare.

SCÂNTEIA

Preocuparea de căpătâi a unei fete între 10 şi 14 ani este să înţeleagă cine este cu adevărat. Există mai multe căi de a face asta. Prima şi cea mai simplă se numeşte „scânteia"...

Doctorul Peter Benson, care a murit într-un mod tragic şi mult prea devreme în anul 2011, a fost fondatorul Institutului American de Cercetare şi unul dintre cei mai importanţi specialişti din lume în problemele adolescenţei. Peter şi-a petrecut ultimii ani ai vieţii militând pentru ideea despre care credea că avea să îmbunătăţească viaţa domestică şi şcolară a tinerilor – şi anume aceea că toţi avem o „scânteie"[1].

Când îi întrebăm pe părinţi ce dorinţe au în legătură cu fiicele lor, aceştia nu spun aproape niciodată „Să contribuie la bunăstarea ţării noastre" sau „Să ia punctajul maxim la examenul de sfârşit de liceu". (Aşa că, îmi pare rău, domnilor politicieni, dar nu aţi înţeles nimic.) De obicei părinţii spun: „Vreau să se bucure de viaţă" sau „Vreau să fie bună şi înţelegătoare" sau „Aş vrea să afle ce-şi doreşte cu adevărat în viaţă şi să-şi urmeze calea". Ne iubim copiii, iar ceea ce ne dorim pentru ei izvorăşte din acest sentiment: vrem ca ei să găsească în ei înşişi bucuria de a trăi.

Întrebarea este însă cum facem asta? Peter Benson a descoperit ceva ce pare atât de simplu, dar care, de fapt, schimbă lucrurile cu totul. A descoperit că adolescenţii şi copiii au mereu ceva în interior – o curiozitate, o pasiune, un talent, o preocupare – care, dacă e încurajat, le oferă o neaşteptată bucurie, îi motivează şi le dă o direcţie. Ceea ce au în interior este „scânteia" lor.

Din studiile sale reies următoarele date demne de reţinut:

1. *Întrebarea „Ce activitate te bucură şi te însufleţeşte cel mai mult, îţi dă un rost şi te entuziasmează?" a fost înţeleasă de către toţi copiii.*
2. *Aproximativ 65 la sută dintre copii au putut numi cel puţin o activitate care să corespundă criteriilor de mai sus. Ştiau în ce domeniu strălucesc.*

3. *La îndemnul unui adult care îi cunoştea pe copii, un alt procent de 20 la sută dintre aceştia au fost în stare să-şi identifice talentul (erau însă prea timizi să răspundă direct, de prima dată).*
4. *10 la sută din aceşti copii aveau mai mai mult de un singur talent. Norocoşii!*

Lui Benson îi plăcea mult să îl parafrazeze pe filozoful antic Plutarh, spunând: „Tinerii nu sunt vase ce trebuie umplute, ci flăcări ce trebuie aprinse". Profesorii care înțeleg acest lucru sunt cei care vor fi iubiți de copii și apreciați de părinți.

Dar fiica dumneavoastră?

Care este „scânteia" ei? Știți cumva? Este această scânteie aprinsă, sau se stinge încet? De ce ar fi nevoie pentru a străluci cu intensitate? Soluția pentru ca fiica dumneavoastră să descopere cine este cu adevărat și să înceapă să înflorească între 10 și 14 ani (sau chiar mai devreme) poate fi foarte simplă. Întrebați-o „Ce-ți place cu adevărat să faci?" și, mai departe, „Cum te pot ajuta să faci ce-ți place?", „Cum să depășim împreună obstacolele care te împiedică să faci ce-ți place?", „Pe cine să mai mobilizăm (la școală sau în comunitate) ca să ne ajute să reușim?".

Pentru a-i ajuta pe părinți să găsească răspunsul la aceste întrebări, Benson a identificat trei tipuri de scântei:

1. ***O deprindere sau un talent*** *– de exemplu desenul, scrisul, sportul, dansul sau muzica. Copilul dumneavoastră are un talent natural într-unul dintre aceste domenii și găsește o mare bucurie în activitatea respectivă.*
2. ***O promisiune*** *– de exemplu să protejeze mediul natural, să lucreze în slujba dreptății. Pasiunea lor este cea care îi face să meargă mai departe.*
3. ***O trăsătură de caracter*** *– o parte din personalitatea sa (cum ar fi empatia) – toți ceilalți simt nevoia să*

vorbească cu ea. Sau curajul – ea este cea care ia cuvântul sau preia conducerea pentru a rezolva diverse probleme. (Dacă se întâmplă ceva, puteți fi siguri că cel care va ieși în linia-ntâi este copilul dumneavoastră!)

Benson e de părere că misiunea noastră e aceea de a găsi și a face să lumineze scânteia copilului nostru. Să suflăm peste ea și s-o aprindem. „Dacă descoperiți scânteia copilului dumneavoastră, spuneți-i și lui, spuneți-i că o vedeți ori că o auziți, mulțumiți-i pentru că o are. În aproape toate cazurile, această scânteie e bună, e frumoasă și de folos lumii întregi." Desigur, recunoașterea scânteii este doar începutul unui efort considerabil pe care dumneavoastră, în calitate de părinte, va trebui să-l faceți pentru a aprinde focul. Dar există altceva care să merite mai mult un asemenea efort?

Nu toate scânteile rămân aprinse

Benson remarca un lucru trist, care l-a ajutat însă să-și găsească misiunea în viață. Doar un sfert din tinerii pe care i-a

studiat prosperau cu adevărat în viață – erau fericiți, activi și știau precis încotro se îndreaptă. El era de părere că aceasta se întâmplă din pricină că adulții care trebuiau să îi îndrume nu știuseră să țină aprinse acele scântei sau nici măcar nu le găsiseră.

În plus, credea că există trei lucruri esențiale ce sunt necesare unei fetițe pentru a face ca scânteia acesteia să se aprindă și să ardă luminos.

1. *În familia ei trebuie să existe un adult care să o îndrume.*
2. *Are nevoie, de asemenea, de un adult în afara familiei – la școală sau în comunitate – care să o recunoască și să o ajute.*
3. *Trebuie să se ivească ocazia care să aprindă scânteia.*

Câți dintre noi n-au avut în copilărie vreun interes pe care părinții noștri nu s-au deranjat să ni-l cultive? Sau poate că părinții noștri erau pregătiți să ne sprijine, însă din partea școlii nu a existat nici o implicare sau, pur și simplu, în comunitatea în care trăiam nu exista nici o modalitate de a ne urma chemarea respectivă. Câte milioane de scântei nu s-au stins în lipsa celor de mai sus? N-am putea noi să schimbăm ceva de data asta?

De ce e atât de important

De ce contează? Și mai ales ce contează cu adevărat? Studiul lui Peter Benson ne arată că această descoperire a unui interes pentru ceva anume (și sprijinul acordat în urmărirea interesului respectiv) influențează unele dintre cele mai importante aspecte din viața copiilor. Copiii cu această scânteie învață mai bine, sunt mai veseli și mai încrezători, colaborează mai bine cu adulții și au mai puține probleme de sănătate sau sufletești, și nu intră în conflict cu legea ori cu școala. (Sincer, nu acestea ar trebui să fie motivele pentru care să vrem să ne vedem copiii fericiți, dar ne-am simțit datori să vi le amintim.)

Desigur, se poate întâmpla ca pasiunea fiicei dumneavoastră să se mai schimbe pe măsură ce trece timpul. Și noi, adulți fiind, suntem interesați de lucruri diferite în momente diferite, dar rămânem concentrați, ne cultivăm talentul, încrederea în noi și creativitatea. La fel de des, aceste scântei ne fac să ne bucurăm de viață. Poate că una dintre ele ne va determina cariera, sau poate că nu, dar cu siguranță va rămâne parte integrantă din ființa noastră. Scânteia ne face ceea ce suntem – artiști, creatori, scriitori, sportivi, lideri, infirmieri, inventatori, mistici, activiști –, este eul nostru intim, iar focul pe care îl aprinde în noi va continua să lumineze până la sfârșitul zilelor noastre.

CE PUTEM FACE

Prioritatea unui părinte de adolescent este să descopere pasiunea copilului său. Dacă și părinții și-ar aduce aminte cum, la rândul lor, și-au descoperit pasiunile, atunci ar fi mai ușor. Ce vă interesa în mod deosebit în copilărie? S-a schimbat acest interes, sau a rămas același? S-a stins scânteia? Ce vă pasionează în momentul de față?

Analiza intereselor unui copil ar trebui să facă parte din fiecare discuție purtată între părinte și profesor. Școala trebuie să știe care sunt interesele copiilor și să-i ajute pe părinții acestora să le cultive.

Comunitățile locale, centrele de agrement sau primăriile ar trebui să facă sondaje pentru a afla ce îi pasionează pe copiii din comunitate și să asigure tot ceea ce este nevoie pentru a-i încuraja.

TOT CEEA CE AVEM ESTE SUFLETUL NOSTRU

Prin anii '70, când soția mea avea 17 ani și se pregătea să devină soră medicală, se întâmpla să mai moară câte un pacient. Atunci Shaaron o chema pe directoarea acelui mic spital rural, care venea în salon și făcea un lucru destul de straniu – crăpa un pic fereastra. Făcea acest lucru pentru a lăsa sufletul celui decedat să plece. Dar nu asta am vrut să spun aici prin suflet (deși nu râd de ideea de mai sus și, într-un fel, există o legătură între cele două). În cântecul ei *All That You Have Is Your Soul*, Tracy Chapman vorbește despre esența profundă a unei persoane – cine este cu adevărat și ce contează cel mai mult pentru ea. E greu să exprimi în cuvinte ideea de suflet, însă toată lumea știe ce înseamnă să ai suflet. Mulți oameni, mai ales tineri, au un suflet care a ieșit la iveală în urma anumitor experiențe, de multe ori dure. Altora sufletul le lipsește în mod clar. Aceștia sunt egoiști, superficiali, rapace și nu au răbdare. Se îndoaie după cum bate vântul. Un om cu suflet e ca un copac cu rădăcini adânci, care ține piept furtunii.

ALT GRUP DE PRIETENI

Mai există un motiv pentru care o activitate sau un anume interes o îmbogățește sau o face pe o fată să fie mai puternică, o ajută să se raporteze la un grup alternativ de prieteni care ar putea să-i ofere o perspectivă pozitivă și mai cuprinzătoare asupra ei înseși.

De obicei, fetele sunt prizonierele unui singur grup de prieteni – o combinație întâmplătoare de fete de aceeași vârstă, care se întâlnesc la școală – fără să mai poată schimba ceva. În afară de raportarea la mediul familial (care e fluctuant), ele nu-și pot face o altă imagine de sine. Unei fete îi poate scădea în mod dramatic moralul din cauza grupului de prietene care este prea negativ sau distructiv, în timp ce un grup de prieteni cu interese comune poate reprezenta o alegere mai potrivită. În grupul acesta pot exista persoane de vârste diferite, ceea ce are anumite avantaje. Bărbați mai în vârstă cu experiență de viață și cu o gândire așezată, femei excentrice și pline de energie, prieteni de la alte școli sau din alte cartiere care se apropie mai mult de nivelul de maturitate al fetei sau care împărtășesc aceleași preocupări cu ea. Toate acestea îi oferă o oglindă diferită în care să se privească.

Există o mulțime de activități care pot stârni interesul fetițelor, de la dansuri de societate la alpinism, de la croitorie la scuba diving. Pot face voluntariat, fiind de folos celorlalți. Gândiți dincolo de sfera activităților deja cunoscute pe care se presupune că „trebuie" să le facă o fată, preocupându-vă în schimb de lucruri pe care adulții le fac cu pasiune. Nu aglomerați viața fiicei dumneavoastră cu activități și nenumărate cursuri după orele de școală, ci ajutați-o să găsească acel grup de prieteni unde se simte în largul ei, sprijinind-o pentru a se dezvolta.

ATELIERE DE CREAȚIE

Dacă aș putea organiza așa ceva, atunci fiecare fetiță ar avea un loc special unde să meșterească – un fel de atelier sau un colț liniștit din casă, departe de televizor sau de frații mai mici, unde să poată lăsa dezordine și unde diverse proiecte să capete formă din tot felul de materiale, vopseluri, unelte și așa mai departe. „Activitatea de creație" – adică felul în care prind viață lucrurile frumoase – e ceva recent, expresia regăsită a eului, un mod de a rămâne netulburat de nebunia consumerismului, care a făcut ca fetele să se exprime în principal prin ceea ce cumpără. Se pare că sculptura, pictura, olăritul, creațiile vestimentare proprii, orice fel de artă sau meșteșug au un efect reconfortant și binefăcător asupra băieților și fetelor. Ar fi ideal să aveți în casă un spațiu dedicat exclusiv femeilor care să fie intangibil, așa cum și bărbații au garajul lor.

Pentru că puțini dintre noi au locuințe îndeajuns de încăpătoare, alternativa ar consta dintr-un birou special sau un colț care să fie doar al fiicei dumneavoastră – nu pentru teme, ci pentru o activitate creativă pe care să și-o aleagă singură.

În lume există comunități care au amenajat spații speciale pentru fete și femei – de exemplu o cameră sau o sală închiriată pentru evenimente săptămânale, unde femeile cu experiență le introduc pe adolescente în cercuri de creație sau de discuții simple și firești, iar fetele instabile emoțional sau care ajung pe străzi găsesc astfel un refugiu sau un sprijin real. Exact așa cum mișcarea MensSheds aduce beneficii enorme în domeniul sănătății psihice (ceea ce poate părea un stereotip care, de fapt, odată pus în practică reprezintă o eliberare), așa și spațiile special amenajate pentru femei, unde femeile mai în vârstă le împărtășesc din experiența lor celor mai tinere și petrec timp cu acestea, ar înflori probabil în orice societate.

Urmăriți îndeaproape o fetiță de 10 ani și veți vedea cum începe să devină din ce în ce mai profundă. Are visurile și dorurile ei intime care nu pot fi împărtășite altora. Pune întrebări importante și îi analizează pe adulții din jur, încercând să găsească indicii despre cum să trăiască.

Este o idee bună să te gândești la femeile pe care le placi și le admiri cel mai mult. Veți descoperi că există ceva ce le deosebește de restul – stau pe propriile picioare. Au, de asemenea, un fel de lumină interioară, fără să fie ceva mistic la mijloc, vine din faptul că viața lor are un scop. Ele s-au gândit vreme îndelungată la ceea ce contează cu adevărat pentru ele și trăiesc în conformitate cu asta. Unul dintre exemplele recente și cel care este preferatul meu este prim-ministrul Noii Zeelande, Jacinda Ardern. Între politicienii cu care suntem obișnuiți (palizi, bărbați și stătuți!), ea pare mult mai plină de viață, dar și mult mai inteligentă și principială. Ea vrea să bazeze politica de stat pe bunătate și compasiune.

Angela Merkel, cancelarul german, este foarte diferită ca stil, dar are aceleași principii. Nu te pui cu ea. Îi place să vorbească fără înconjur și să facă ceea ce trebuie. Pe mine mă

entuziasmează politica, dar poată că dumneavoastră aveți cu totul alte modele feminine care merită admirate. Gândiți-vă la asta când vorbiți cu fiica dumneavoastră și împărtășiți-i propriile idei și propriile valori.

Sufletul este miezul nostru profund, datorită căruia putem discerne între bine și rău. Toată lumea are un suflet, dar nu toți și l-au descoperit. Avem nevoie de oameni în jurul nostru care să ne ajute, dezinteresat și cu blândețe, să-l găsim. Uneori poezia, filmele, muzica sunt de ajutor. Când o adolescentă iese în oraș cu mătușa preferată, iar aceasta o întreabă „Ce vrei să faci în viață cu adevărat?", ea își dezvăluie propriul suflet dinaintea fetei. Cei din jur nu-ți pot da sufletul la iveală, dar ți-l pot arăta pe-al lor.

A-ți descoperi sufletul înseamnă a te cunoaște pe tine însuți. Dacă, de pildă, îți încalci propriile reguli, nu va afla nimeni, dar, până să îndrepți lucrurile, vei ajunge să te urăști. Sufletul e creator, te călăuzește către domenii deosebite și-ți deschide noi căi de a te exprima. Sufletul închide în el cine ești tu cu adevărat. Ai putea să pretinzi că ești altcineva – unii oameni fac asta o viață întreagă. De-a lungul timpului multe femei și-au ascuns sinele și, ca urmare, au simțit că spiritul le este înăbușit. Când încetăm să ne mai mințim singuri, simțim că facem ceea ce trebuie, chiar dacă nimeni nu pare să înțeleagă asta în jurul nostru.

Fiicele noastre au nevoie de asta, atât în existența cotidiană cât și în viață, în general, atunci când, de pildă, se ceartă cu prietenii, când hotărăsc ce să facă sau unde să meargă, când vreun prieten de-al lor se îmbată și vrea ca și ele să facă la fel, când unii băieți le propun să facă o tură cu mașina noaptea sau când prietenele se poartă oribil cu vreo fată de la școală. Când se privesc în oglindă și își dau seama că trupul lor nu e la fel ca acele trupuri perfect retușate din reviste, sufletul le șoptește: „Eu sunt eu și sunt frumoasă așa cum sunt".

Fetele ar trebui să asculte de vocea sufletului lor atunci când aleg ce să studieze, cu cine să se împrietenească, ce carieră să urmeze, cu ce băiat să iasă sau cu cine să se căsătorească.

DE CE E NEVOIE PENTRU DESCOPERIREA SUFLETULUI

Una din modalitățile prin care vă puteți ajuta fiica să-și descopere sufletul este să găsiți compania potrivită pentru ea. Multe femei pot reprezenta pentru ea modele de urmat în viață, învățând-o cum să fie puternică și profundă. Printre acestea se numără profesoarele pe care le are la școală sau cele care o îndrumă în activitățile extrașcolare ca muzica, arta, yoga; antrenoarele deosebite; tinerele de 20 sau 30 de ani care le însoțesc în tabere sau excursii; femeile mai în vârstă cărora le face plăcere să primească vizita fetei, ca de pildă mătuși sau bunici care au dus vieți interesante sau bogate din punct de vedere spiritual. Toate aceste femei au propria viață interioară (o forță lăuntrică negrăită) care în mod automat trezește în fete un interes aparte.

Alegeți aceste femei după criterii simple: întrebați-vă dacă propriul dumneavoastră suflet se simte afin cu al lor; dacă sunt împăcate cu ele însele, dacă au o inimă bună, și nu sunt doar „simpatice", dacă sunt curajoase și excentrice, nu doar la locul lor și prin nimic ieșite din comun. Alegeți femei care sunt interesate de individualitatea fiicei dumneavoastră și care văd în ea ceva deosebit. Plăcerea trebuie să fie reciprocă. (În această etapă e mai sigur ca modelul adolescentei să fie feminin, însă există și multe excepții minunate pe care le-am aflat de la femei ce povestesc că au avut în viață și modele masculine nemaipomenite.)

Unele activități îmbogățesc sufletul, în timp ce altele îl rănesc. Evitați activitățile care presupun concurența acerbă sau care sunt orientate spre performanță, cu excepția cazurilor în care ele îi fac fiicei dumneavoastră o deosebită plăcere și nu pot fi întrerupte. Activitățile creative făcute exclusiv de dragul lor îmbogățesc sufletul; ele pot varia de la sculptură până la mecanică sau nici mai mult, nici mai puțin decât scrierea unui roman fantastic. Toate îi insuflă unei fete o stare de pace și reflecție.

Cărțile oferă refugiu și inspirație. Când citim facem o călătorie interioară – nici nu am putea altfel, căci textul ne stimulează imaginația așa cum nu reușește un film. Suntem purtați prin alte vieți, locuri și timpuri, iar imposibilul devine posibil. Viața multor oameni s-a schimbat după ce au citit o anumită carte. Adolescenții sunt avizi de hrană spirituală, iar cărțile le-o oferă deseori.

De multe ori, fetele nu sunt încurajate să-și petreacă timpul liber în natură din motive de siguranță. Drumețiile prin pădure, în apropierea casei (plăcerea dintotdeauna a băieților) sunt considerate prea riscante. Totuși, faceți tot ce puteți pentru a-i crea fiicei dumneavoastră prilejul de a ieși în locuri frumoase, sălbatice (vacanțele în familie sunt calea cea mai potrivită), unde să facă surfing, să înoate, să călărească, să urce pe munte sau să navigheze. Mergeți împreună, pentru că are nevoie să vadă că vă puteți desprinde de ritmul dumneavoastră normal, monoton.

AR TREBUI MAMELE SĂ RESPECTE INTIMITATEA FIICELOR?

Îi puteți explica fiicei dumneavoastră câteva reguli despre spațiul intim, cum ar fi, de exemplu, că aveți voie să intrați în camera ei după ce ciocăniți ușor, dacă ușa e deschisă. Dacă ușa e închisă, veți ciocăni și veți aștepta să vă poftească înăuntru, înainte să intrați. Asta pentru că e foarte bine ca ea să simtă că are spațiul ei intim pe care îl poate controla. Când intrați în camera ei nu ar trebui să spionați sau să scormoniți prin lucruri, căci nimănui nu-i place asta. Bineînțeles că puteți să-i sugerați că ar trebui să facă ordine sau o puteți întreba dacă are nevoie de ajutor. Politețea cu care o veți face îi dă sentimentul că e respectată.

Intimitatea e totuși un privilegiu, iar dacă ea a făcut ceva pe ascuns sau ceva neobișnuit (puteți citi la paginile 231–236 și la paginile 240–250 despre tulburările de alimentație sau problemele legate de alcool sau droguri), ați putea să-i spuneți că veți fi cu ochii pe camera ei. Siguranța e mai importantă decât intimitatea, dar trebuie să o preveniți. Din motive complexe, cel mai bine este ca doar mama să facă asta. Adolescenta poate fi deranjată că vă implicați, însă, dacă tatăl ar fi cel care i-ar invada intimitatea, ea ar fi de-a dreptul indignată. Totuși, când lucrurile merg bine, intimitatea rămâne un lucru de preț, pe care ni-l dorim cu toții.

MĂTUȘILE

La începutul acestei cărți am atras atenția asupra uriașului declin al sănătății mintale în rândul fetelor.

Ne-am întrebat cum se poate una ca asta și ce nu merge. Una dintre posibilele explicații ar fi că am uitat de importanța mătușilor.

De multe ori îmi întreb publicul la conferințe: „Cine a avut o mătușă care a jucat un rol important în viața sa?" Cam o treime dintre femei ridică atunci mâna. Cu cât sunt mai în vârstă, cu atât numărul lor e mai mare. În ziua de azi, mătușile au dispărut treptat din viața fetelor.

Prin Mătușă cu M mare înțeleg adevăratele mătuși (surorile unuia din părinți) care împreună cu prietenele mamei lor se interesează personal de bunăstarea fetei. (Bunicile au un rol puțin diferit, ele sunt, datorită vârstei, mai mult o sursă de stabilitate decât un model.) Fiecare fată are nevoie de cel puțin o Mătușă specială.

Dacă sunteți adult și citiți aceste rânduri, gândiți-vă la nepoatele pe care le aveți (sau, în cazul bărbaților, la nepoți). Gândiți-vă dacă nu v-ați putea implica mai mult în viața lor. Această relație ar putea presupune următoarele:

1. Invitați-vă uneori nepoata la masă sau să rămână peste noapte. Aceste momente îi pot oferi o pauză de la viața de acasă și pot reprezenta o ocazie de a discuta cu adevărat despre ce se mai întâmplă în viața ei. Dacă simțiți că e relaxată și se simte bine, repetați experiența o dată la câteva luni. Când va începe să se simtă în largul ei în compania dumneavoastră, de fiecare dată când va avea perioade mai critice sau preocupări profunde, e foarte probabil să înceapă să vă povestească și să vă ceară sfatul.
2. Luați-o cu dumneavoastră în oraș, la cafea sau la cumpărături, și vorbiți-i ca unui adult. Puneți-i întrebări în legătură cu viața ei, cu visurile și provocările pe care le are.

Nu analizați prea mult, ci lăsați-o pe ea să-și spună punctul de vedere. Trebuie să știți să ascultați.

3. Aduceți-vă aminte de aniversarea ei, mergeți la concertele sau întrecerile sportive organizate de școală.
4. Oferiți-i sfaturi sau sprijin financiar ca să-și îndeplinească visurile. Fiți apropiată de părinții ei, lărgind măcar puțin rândurile „echipei" care reprezintă un punct de reper pentru ea.

Mătușa mea mi-a plătit lecțiile de pian.

M-a invitat în oraș în fiecare vacanță și am băut ceai împreună, prefăcându-ne că suntem mari doamne!

Când fratele meu a murit într-un accident de mașină, am locuit la ea trei luni. Părinții mei erau prea îndurerați ca să mai poată avea grijă de mine, iar pentru mine a fost o ușurare să trăiesc într-o atmosferă cât de cât normală, deși mă duceam acasă la sfârșit de săptămână. A fost un gest care ne-a salvat pe toți.

Mătușa mea știa despre prietenul meu și problemele pe care le aveam și pe care nu i le puteam împărtăși mamei.

Mătușa mea era cu șase ani mai tânără decât mama și pur și simplu înțelegea mai bine. Ea m-a învățat despre menstruație. Puteam s-o întreb aproape orice.

Obișnuiam să mă duc la mătușa mea și împreună făceam mozaicuri. Îmi plăcea la nebunie.

Mătușile știu să asculte, dar sunt și rezonabile față de fete; știu diverse lucruri despre bărbați și băieți și vorbesc deschis.

„Sigur, arată bine. Dar n-are nici un haz. După zece minute te-ai plictisi."

„Băiatul ăsta e actor. Eu n-aș avea încredere în ce spune. Îi mai trebuie vreo zece ani să se maturizeze."

„Nu e atras de tine, scumpo, ci de corpul tău."

De asemenea, mătușilor nu le e teamă să vă critice. „Pur și simplu ți-e frică să nu fii respinsă", „Nu cred că e bine ce faci. Trebuie să mergi să-i ceri scuze mamei", „Poți să faci și așa, dar asta înseamnă să te eschivezi. Tu ești capabilă de mai mult de-atât".

Rolul de mătușă sau de unchi e mult mai important decât credeți, cu condiția să doriți să îl cultivați sau să îi vedeți utilitatea și să vă îmbunătățiți prestația. Nu trebuie să fie doar o toană, pentru că, dacă îi dezamăgiți pe tineri, le puteți frânge inima. Trebuie să vă asumați responsabilitatea pe termen lung – mai ales pe parcursul etapelor dificile ale adolescenței. Dacă simțiți o afinitate față de nepoata dumneavoastră, nu stați pe gânduri. Vă veți îmbogăți reciproc. Ea vă va oferi în schimb un sentiment de prospețime. „Instituția" mătușilor e veche de când lumea și e în firea lucrurilor să avem nevoie de ele.

PĂSTRAȚI-VĂ CALMUL ȘI CONTINUAȚI SĂ IUBIȚI

Când ajung la adolescență, fetele intră într-o vrie emoțională, iar anii ce vor urma îi pun la încercare pe părinții lor, care pot avea sentimentul că umblă pe un teren minat, putând declanșa oricând o explozie!

Faza timpurie a adolescenței pare să se desfășoare în doi pași. Mai întâi, pe la 13 ani (sau chiar și mai devreme), fetele par desprinse de realitate. Motivul este acela că la vârsta de 13 ani cortexul prefrontal (descris la pagina 42) se reorganizează în mare viteză. Drept urmare, fata devine peste măsură de copilăroasă, dezorganizată și neajutorată. E posibil ca acest lucru să vă exaspereze, însă realitatea e că ea nu face decât să se întoarcă în timp, la vârsta primei copilării. Supravegheați-o cu atenție și bucurați-vă de faptul că, cel puțin, îi place să vă fie aproape, să se alinte și să petreacă timp împreună cu dumneavoastră.

La 14 ani, se instalează a doua etapă. Vârsta de 14 ani poate fi o fază destul de irascibilă. Adolescenta are o misiune – aceea de a se elibera de sub tutela părinților. Până în momentul de față, dacă totul a mers bine, ea fost o parte componentă a propriei familii care a definit-o, iar lumea ei a fost o parte a universului familial. Acest lucru va trebui să se schimbe începând de-acum, altminteri adolescenta nu va deveni nicicând independentă. E important să nu priviți acest proces ca pe o respingere – nu înseamnă că nu vă mai suportă. O fată își poate adora părinții și tot ceea ce reprezintă aceștia, dar ceva din interiorul ei îi spune că nu se poate dezvolta în lumea lor, că trebuie să iasă de acolo și să fie ea însăși. Acest lucru poate duce la probarea mai multor identități, de la goth, punk, grunge – care să o ajute să evadeze din familia organizată și cumsecade – până la aceea de membru respectabil și responsabil al unei familii hippy! (Vă aduceți aminte de Saffy din serialul *Absolutely Fabulous*? Ea era, de departe, cea mai decentă persoană din tot filmul!)

Uneori părinții sunt enervați de toată această rebeliune și bat în retragere. Dar nu este momentul să vă abandonați fiica. Ea trebuie să lupte, să vă contrazică, să vă convingă, să aducă argumente, să-și pledeze cauza în fața cuiva; puteți fi dumneavoastră, poliția sau profesorii. Dar cel mai bine ar fi să fiți dumneavoastră.

Bineînțeles că lucrurile vor merge bine în cea mai mare parte a timpului, însă, în momentul în care fiica dumneavoastră devine dificilă sau chiar imposibilă, nu intrați în panică. Ocupați-vă de această problemă, ascultați-o, susțineți-vă punctul de vedere, dacă e convingătoare, acordați-i puțină libertate sau puneți capăt disputei de comun acord. Ea învață acum să fie o persoană pe picioarele ei, chiar dacă încă nu știe precis ce înseamnă asta. Pentru părinți este greu. Vechile reguli pe care i le-ați impus sunt în continuare importante, dar încercați să renunțați la nevoia de a fi prietenii fiicei dumneavoastră, deoarece ea nu va dori (întotdeauna) să mai fiți prieteni la această vârstă.

La 15 ani lucrurile devin, de obicei, mai ușoare, și până la 16 ani majoritatea fetelor s-au cumințit considerabil. De îndată ce devin mai sigure pe ele, nu mai simt nevoia să vă dea la o parte și vor simți că puteți fi din nou prieteni.

PUBERTATEA PRECOCE, SUBSTANȚELE CHIMICE ȘI FIICA DUMNEAVOASTRĂ

Mulți s-au alarmat, și pe bună dreptate, din cauza fetelor care ajung mai devreme la pubertate. O fetiță de opt ani căreia încep să i se dezvolte sânii e derutată și atrage atenția celorlalți, lucru de care chiar nu are nevoie.

O fi oare o epidemie de pubertate timpurie? Ce anume o provoacă? Ceva din apă? Și ce putem face ca să le ferim pe fetele noastre de asta?

Pubertatea e determinată de hormoni și, în ultima sută de ani, minunata noastră industrie a descoperit substanțe chimice care imită acești hormoni, atât intenționat, cât și întâmplător. În ziua de azi, acești hormoni artificiali sau substanțele care perturbă secreția de hormoni din organism, ca de exemplu Bisphenolul A (BPA) sau esterii, se găsesc în produsele pe care le folosim în fiecare zi, precum și în substanțele chimice folosite în agricultură care trec în apa pe care o bem sau în hrana pe care o consumăm.

Aceste lucruri sunt cunoscute de mai bine de 40 de ani[2]. În anul 1977, în Italia, din cauza cărnii de vită și de pasăre contaminate, sutelor de băieți și fete de la o școală de lângă Milano au început să li se dezvolte sânii. În 1973, hrana contaminată care se dădea vitelor din statul Michigan a afectat atât laptele, cât și carnea animalelor și, prin urmare, mamele care au consumat aceste produse au dat naștere unor fetițe care au ajuns neobișnuit de repede la pubertate. Tot astfel, în 2005, o fetiță și un băiat de trei, respectiv patru ani, frate și soră, s-au confruntat cu problema apariției părului pubian, pentru că tatăl lor folosise o cremă cu testosteron cumpărată de pe internet, iar contactul zilnic cu copiii săi a fost de-ajuns ca să-i contamineze și pe aceștia. Un om nesocotit.

Hormonii nu sunt chimicale obișnuite – ei lucrează în doze infime. O singură moleculă este suficientă pentru a crea o reacție, așa că discuțiile despre „niveluri de siguranță" este o absurditate științifică. Dacă într-un produs există hormoni, cel mai probabil aceștia vă vor afecta.

Schimbările legate de pubertate sunt doar unul dintre efecte, însă cancerul, diabetul, problemele cardiace și tulburările psihice ori de comportament au fost puse în legătură tot cu aceste substanțe chimice. Institutul de Sănătate Publică de la Harvard, din Statele Unite, a descoperit că expunerea mamelor însărcinate la BPA este în strânsă legătură cu problemele de comportament ale copiilor de până la doi ani, cum ar fi agresivitatea, hiperactivitatea și depresia[3]. Și, cel mai important este că doar fetițele au fost cele afectate, ceea ce indică faptul că, într-adevăr, este vorba despre modificarea unui hormon feminin, probabil în creierul acestora, în faza intrauterină.

Departamentul de Sănătate al Statelor Unite a analizat sute de studii de cercetare referitoare la aditivul BPA, descoperind „dovezi incontestabile" că acesta afectează glandele mamare. Este destul de limpede că aceste substanțe chimice nu sunt bune pentru sănătatea dumneavoastră ori a fiicei dumneavoastră[4]. Așa că ce ne rămâne de făcut?

CE PUTEȚI FACE?

Să începem cu ceea ce este mai ușor. Mulți dintre noi au aflat că BPA se află în sticlele de apă din policarbonat (verificați numărul 7 de reciclare de la baza sticlei) și, până nu demult, în biberoane. Și da, într-adevăr, aceștia se pot dizolva – studenții participanți la un studiu, care au folosit aceste recipiente, au înregistrat o creștere de 69 la sută a nivelului acestui hormon în doar o săptămână![5]

Veștile cele mai proaste sunt acelea că BPA se găsește în cutiile de conserve folosite pentru supe și legume. Aceasta este o sursă mai periculoasă decât recipientele de plastic din pricina expunerii mai îndelungate a alimentelor din interiorul lor la substanța cu care vor interacționa. Supa de roșii din conserve, care este ușor acidă, este un produs care trebuie evitat fără doar și poate. De asemenea, sucurile și băuturile alcoolice ambalate în doze au un conținut de BPA. Folosirea laptelui praf pentru bebeluși este mult mai sigură decât a laptelui lichid. Ambalajele de plastic ale produselor alimentare ar trebui evitate, cu excepția cazurilor când găsiți produse ambalate în plastic fără conținut de BPA – și nu trebuie încălzite sau introduse în cuptorul cu microunde niciodată.

În cele din urmă, BPA se găsește și în hârtia termică folosită la confecționarea etichetelor pentru supermarketuri sau a biletelor de îmbarcare emise de liniile aeriene, deși s-ar putea găsi soluții alternative. Această este o chestiune îngrijorătoare, mai ales pentru cei care lucrează la casele de marcat din magazine.

Hormonii artificiali sunt prezenți și în pesticidele folosite în agricultură, așa că, dacă puteți, ar fi bine să consumați alimente ecologice și să cumpărați carne de vită provenită de la animale hrănite cu fân, nu cu furaje. (E mai sănătos și pentru dumneavoastră și, desigur, și pentru vite.)

Unele dintre recomandările de mai sus sunt greu de urmat și necesită schimbări legislative. Ce naiba pot face eu sau dumneavoastră împotriva mobilei tratate cu produse ignifuge? De unde să știm dacă salteaua sau hainele pe care le cumpărăm sunt tratate sau nu cu substanțe chimice? (Dacă se simte un miros chimic, probabil că sunt. Aerisiți-le bine înainte de a le folosi. Însă nu toate produsele chimice au miros.)

În cele din urmă, în produsele cosmetice se găsesc deseori esteri (ftalați) – lacul de unghii sau aromele artificiale sunt principalii suspecți. (Pentru mai multe detalii, căutați pe Google pagina de internet *Campaign for Safe Cosmetics*.) Folosiți detergenți, produse de curățare sau produse cosmetice fără parfum, evitați deodorantul de cameră, cu excepția cazurilor în care pe eticheta acestora scrie clar că nu conțin esteri. Multe dintre aceste produse odorizante conțin esteri pe care dumneavoastră, desigur, îi inspirați.

Nu vă condamn dacă toate acestea vă fac să vreți să vă refugiați într-o colibă în mijlocul pădurii. Cei care trebuie să se ocupe de rezolvarea acestei situații sunt politicienii și cei care fac legile, însă industria face continuu presiuni pentru ca noi să nu avem acces la informații de acest gen. Între timp, o femeie gravidă care lucrează în spatele casei de marcat folosește lac de unghii, bea sucuri îmbuteliate în doze și încălzește în cuptorul cu microunde conserve de supă sau consumă carne de vită hrănită cu furaje ar trebui probabil să-și dorească să nască un băiat.

CE E DE FĂCUT ÎN PRIVINȚA PUBERTĂȚII TIMPURII?

Atunci când apar la fete primele semne de pubertate prematură, cum ar fi dezvoltarea sânilor, motivele pot fi diverse:

- Există anumite cauze care determină apariția pubertății timpurii și care nu se datorează hormonilor artificiali, afectând unele fetițe prin ceea ce se numește pubertate precoce centrală (CPP). Acestea, de exemplu, pot manifesta primele semne ale pubertății de la vârsta de trei până la șase ani, caz în care se folosește cu succes tratamentul medicamentos.
- Există alte cazuri, complet diferite de cele de mai sus și care au existat dintotdeauna, când fetițele intră la pubertate pur și simplu mult mai devreme decât ar fi normal. Numărul lor nu e alarmant, dar rămâne totuși semnificativ și variază foarte mult în funcție de rasă. Unui procent de 10 la sută din fetele de rasă caucaziană, de 23 la sută din fetele de rasă africană, de 15 la sută din cele hispanice și de 2 la sută din fetele de rasă asiatică au început să li se dezvolte sânii la vârsta de șapte ani. În acest caz, specialiștii NU recomandă tratament, pentru că este vorba de ceva normal.

- A spune că din ce în ce mai multe fetițe intră la pubertate la o vârstă tânără nu este neapărat adevărat; ceea ce se întâmplă, de fapt, este că sânii se dezvoltă mai devreme, iar asta nu înseamnă neapărat pubertate – adică nu mai apar și alte schimbări. Vârsta primei menstruații s-a modificat foarte puțin de-a lungul ultimilor 40 de ani, aceasta apărând puțin după 12 ani. (Dar poate apărea și la 16 ani, așa că nu vă îngrijorați, în fiecare grup există și „flori care înfloresc mai târziu".)
- Cercetătorii care studiază problema dezvoltării premature a sânilor la fetele de vârstă mică au descoperit în multe dintre cazurile analizate că în organism nu existau hormonii estrogeni care sunt prezenți, în mod normal, la pubertate. Acest lucru ne conduce la concluzia că doar chimicalele din mediul înconjurător, asemănătoare acestor hormoni, erau răspunzătoare de acest „fals debut". Creșterea sânilor nu era urmată de prima menstruație, iar procesul de dezvoltare hormonală rămânea pe făgașul normal.
- Dar această dezvoltare prematură rămâne o problemă. În primul rând, creșterea sânilor mai devreme decât normal sporește riscul de cancer mamar mai târziu și, poate chiar mai grav, a avea sâni începând de la vârsta de opt sau nouă ani înseamnă să fii expusă atenției celor din jur, ceea ce, în societatea noastră în care se pune atât de mare accent pe sexualitate, e un lucru cu care o fetiță nu este deloc pregătită să se confrunte încă. Acest amănunt este cel care le-a provocat cea mai mare îngrijorare părinților.

Există mai multe motive pentru care pubertatea poate începe mai devreme, și anume:

- Masa corporală. Grăsimea creează estrogen și declanșează un cerc vicios, spunându-i corpului să depună și mai multă grăsime. (Pentru mai multe recomandări în legătură cu acest subiect, citiți capitolul referitor la problemele de greutate.) Nu-i permiteți fiicei dumneavoastră să înceapă o cură de slăbire și nici nu o forțați să facă prea mult sport pentru că aceste soluții au, de obicei, efectul opus.

- Nivelul crescut de stres. Este foarte probabil ca fetițele ai căror părinți au divorțat devreme, până să împlinească ele opt ani, sau care au avut tați violenți, dependenți de droguri sau de alcool, cu comportament suicidal sau antecedente penale să aibă o pubertate prematură.
- Un tată vitreg. Această situație nu este neapărat una stresantă, însă probabil că prezența în casă a unui bărbat care nu este rudă de sânge cu ele afectează hormonii anumitor fete într-un mod pe care noi nu îl înțelegem.
- Traiul într-o țară în curs de dezvoltare sau subnutriția în primii ani de viață. Orfanii adoptați sau refugiații care își continuă viața în țări dezvoltate manifestă primele semne de pubertate la o vârstă fragedă. Cea mai bună explicație pe care o avem este că organismul, datorită condițiilor grele de viață de la început, hotărăște că trebuie să se pregătească pentru perpetuarea speciei cât nu este încă prea târziu.

Așadar, ce puteți face dacă pubertatea fiicei dumneavoastră începe foarte devreme, să zicem la vârsta de șapte sau opt ani? Nu putem schimba acest fapt, dar putem schimba modul în care tratăm această problemă. Le putem încuraja pe fete să rămână active și să se bucure de corpul lor. Ne putem purta cu ele în continuare corespunzător vârstei lor reale, nelăsându-ne influențați de felul cum arată. Putem să rezistăm unei lumi care vinde sutiene (și chiar sutiene cu bureți!) pentru fetițe de șase ani și care prezintă în revistele de modă imaginile unor copile machiate, surprinse în ipostaze languroase. Putem să le asigurăm fiicelor noastre o copilărie fericită și relaxată, dacă hotărâm să nu intrăm în această competiție a lumii moderne, să continuăm să ne petrecem timpul împreună cu ele, luând masa împreună, citindu-le și lăsându-le să-și trăiască copilăria. Pubertatea precoce vă poate deruta, dar nu este neapărat o catastrofă. Ne putem descurca și le putem asigura fetelor o viață normală.

DACĂ FIICA DUMNEAVOASTRĂ ESTE ATRASĂ DE ACELAȘI SEX

În ultimii ani s-au făcut progrese nemaipomenite în ceea ce privește acceptarea și înțelegerea tinerilor care sunt atrași de același sex. Există consilieri prezidențiali, vedete rock, sportivi, actori, profesori, pastori și prezentatori de televiziune care își afișează deschis și fără probleme orientarea sexuală și nimeni nu are nimic împotrivă.

Pe de altă parte, există încă persoane care privesc orientarea lesbienelor, homosexualilor, bisexualilor și transexualilor (LGBT)* ca pe un fel de alegere nefericită, un fel de boală care are nevoie de leac. Din fericire, acest punct de vedere pierde teren, poate datorită faptului că oamenii încep din ce în ce mai mult să intre în contact direct cu aceste persoane.

Pentru un părinte, toleranța aceasta crescândă este de folos, dar mai e un drum lung până la acceptarea totală. Rolul de părinte al unei fete care este atrasă de același sex este destul de ingrat.

REALITATEA

Societatea presupune implicit că toți suntem heterosexuali. Chiar și pentru persoana în cauză descoperirea orientării sexuale poate fi șocantă. Apoi vine întrebarea cum să le spunem celorlalți – mai ales părinților. O tânără poate fi îngrozită de faptul că nu va fi acceptată de părinți sau că aceștia vor

---

* LGBT (Lesbian, Gay, Bisexual, Transgender) este termenul acceptat referitor la persoanele care nu se încadrează în categoria „heterosexualilor". „Gay" este cuvântul cel mai la îndemână pentru a desemna toate categoriile de mai sus, dar majoritatea oamenilor folosesc termenul „lesbiană" când desemnează o fată care este în principal atrasă de același sex. Transgenderii – categorie în care se încadrează și fetele care își doresc să fie băieți și care urmează sau nu un tratament pentru a dobândi caracteristici masculine – nu au făcut obiectul acestei cărți. Pentru părinți însă problema acceptării și sprijinirii fiicei care încearcă să descopere cine este cu adevărat se pune la fel (n. a.).

reacționa prost la aflarea veștilor. Recunoașterea înclinației pentru același sex are loc de obicei la începutul adolescenței, care reprezintă oricum o perioadă destul de dificilă, când tinerii încearcă din răsputeri să își găsească locul și să aibă încredere în ei înșiși. Noua situație trebuie tratată cu înțelegere, iar adolescenta are nevoie de tot sprijinul pe care i-l pot oferi cei din jurul ei.

Oricare se dovedește a fi orientarea sexuală a copilului dumneavoastră, va fi mult mai bine dacă limbajul pe care l-ați folosit referindu-vă la persoanele gay pe tot parcursul creșterii și educației lui a reflectat toleranță, iar nu dispreț și dacă ați făcut efortul, de-a lungul timpului, să vă informați despre LGBT. Un tată (sau o mamă) care își bate joc de persoanele gay sau care le desconsideră nu va cultiva în copiii săi o gândire deschisă.

Procesul de recunoaștere a orientării sexuale, mai întâi la nivel personal și apoi în fața părinților, a familiei sau în cercul de prieteni, e format dintr-o serie de hotărâri pe care trebuie să le ia o tânără. Cei mai mulți adulți gay vă vor spune că această dezvăluire – să spui celorlalți, treptat, că nu ești chiar așa cum au crezut ei – cere timp. *Dacă fiica dumneavoastră descoperă că e LGBT, ea este cea care poate decide cui îi spune și când. Unii tineri se simt foarte bine, liberi și mândri de orientarea lor sexuală, pe când alții au exact sentimentul opus, lucru care depinde foarte mult de atitudinea celor din jur.*

Și pentru părinți are loc un proces interior. Înainte de a deveni părinți, ba chiar de când suntem noi înșine copii, visăm la copiii pe care îi vom avea. Rolul de părinte este cultivat și consolidat prin gânduri de viitor. Visurile noastre ne-o iau înainte, și în fanteziile noastre apar deseori nunți și nepoți!

Nu trebuie subestimată puterea acestor închipuiri. Încă din primii ani ne supărăm des pe copiii noștri pentru că nu se înscriu în tiparele noastre. Renunțarea la idei preconcepute – că tuturor fetelor le place să gătească, să fie îngrijite și curate și că toți băieții sunt sportivi și zgomotoși – e foarte importantă.

În caz contrar, copiii noștri vor avea impresia că ne-au dezamăgit.

Când aflați că fiica dumneavoastră este lesbiană vă pot fi zdrobite cele mai adânci speranțe. Din respect pentru ea, putem spune că nu ne afectează, ne putem convinge că nu ne deranjează deloc, doar că *acceptarea nu e doar un efort de voință*, ci este un proces prin care trebuie să trecem – și care în același timp presupune și suferință pentru ceea ce am pierdut. Puțin timp de reflecție la toate acestea e folositor. Luați o pauză împreună cu fiica dumneavoastră sau separat și încercați să renunțați treptat la toate acele visuri pe jumătate spulberate despre „fiica pe care v-ați imaginat-o" spre deosebire de persoana în carne și oase care s-a dovedit a fi. Țineți un jurnal. Faceți plimbări mai lungi. Dați-vă timp pentru a lăsa iluziile să zboare și a face loc, în schimb, realității.

Părinții unei fete lesbiene pot descoperi că doresc, cu încuviințarea acesteia, să le împărtășească noutatea și prietenilor lor. Până la urmă, cu toții ne dorim să fim înțeleși de prietenii noștri. Majoritatea acestora vor fi probabil înțelegători. Totuși, e posibil, în funcție de cercurile pe care le frecventați, ca unii prieteni să vă judece.

Pamela Du Valle, mama unui homosexual, a scris un poem emoționant despre asta. Citez o strofă:

...Vă voi spune tot, iar voi decideți ferm,
Căci eu și fiul meu să ne mințim nu vrem
Dacă nu ne accepți, pe el și pe noi,
Prietenia voastră o arunc la gunoi.[6]

Această teribilă loialitate față de propriul copil este o mare calitate, care trebuie să îi dea mult curaj tânărului în cauză.

În afara acestei perioade de tranziție, în care ceilalți vor afla ce se întâmplă, fetele lesbiene vor avea aceleași îndoieli ca toți ceilalți adolescenți: „Voi întâlni oare dragostea?", „Voi fi oare respectată de cei din jurul meu?".

Există o grămadă de cărți pe această temă, precum și organizații precum Parents and Friends of Lesbians and Gays, care vă pot fi de ajutor în cazul în care fiica dumneavoastră este lesbiană. În afară de asta însă, toți părinții trebuie să fie bine informați. Și în cazul în care fiica dumneavoastră este heterosexuală, e posibil ca ea să aibă prietene lesbiene, care vor aprecia că le susțineți și că nu vă deranjează orientarea lor sexuală.

O mențiune finală - multe fete au în perioada adolescenței prietenii intense și manifestă multă afecțiune. Aceste prietenii nu sunt în general de natură sexuală și nici nu sunt semnul unei anume orientări sexuale. (În societățile mai liberale, până și băieții au asemenea relații strânse, care sunt normale în procesul de maturizare.) E chiar o modă acum printre băieți ca la petreceri să le pună pe fete să se sărute, imitând filmele erotice în care acest comportament este menit să-i stârnească pe bărbați. Cu toată nebunia din jur, fetele își vor face griji și se vor stresa, renunțând inutil la diverse prietenii. Încurajați-vă fiica să fie ea însăși și să fie deschisă față de prieteni și învățați-o că discuțiile despre sentimente sunt sau nu sunt întotdeauna confortabile. Ni se pun prea multe etichete care, pentru că noi suntem cu toții unici în felul nostru, nu ne reprezintă niciodată.

ADOLESCENTELE ȘI SOMNUL
DE DR. MICHAEL CARR-GREGG

De curând, cercetătorii au confirmat ceea ce părinții știau dintotdeauna - că adolescenții nu dorm suficient. Una dintre cauzele acestei probleme este că ciclul somn-trezie se modifică în perioada adolescenței, astfel încât tinerii au, de fapt, nevoie să doarmă mai mult. Inevitabil, trebuie însă să-i trezim să meargă la școală. Restanțele la somn sunt dăunătoare atât din punct de vedere al capacității de a învăța, cât și al sănătății psihice, însă există remedii... Doctorul Michael Carr-Gregg, cel mai cunoscut specialist în psihologia adolescenților și susținător al campaniilor pentru sănătatea mintală, explică:

Este ora 8:30 dimineața și ne aflăm în fața unei școli normale de fete undeva, în lume. Pe măsură ce elevele coboară din autobuze sau din mașini, observăm o revărsare de figuri adormite – unele duc în mână câte o cafea cu lapte cumpărată în drum spre școală –, parcă-i epidemie de narcolepsie. În următoarea jumătate de oră, aceste domnișoare își vor sprijini capul de bănci, pe jumătate adormite, în timp ce altele vor resimți atât de mult lipsa somnului, încât nu vor înțelege nimic din ce se predă în clasă.

E oficial: adolescenții – băieți și fete – reprezintă segmentul de populație care suferă cel mai mult din cauza lipsei de somn. Mary Carskadon, profesoară la Brown University din SUA, o autoritate în domeniul tulburărilor de somn la adolescenți, a descoperit că tinerii dorm, în medie, 7,5 ore în timpul săptămânii, dar dintre aceștia, 25 la sută dorm doar 6,5 ore sau mai puțin. Aceștia reprezintă un sfert din adolescenții care ajung să aibă probleme grave din pricina lipsei de somn. Carskadon a descoperit că, dacă vrem ca un tânăr să fie în formă optimă și alert, el trebuie să doarmă 9,25 ore. Pentru mulți îndrumători și psihologi este din ce în ce mai evident că multe fete tratează somnul, noapte de noapte, de parcă ar fi ceva opțional, intrând într-o stare inimaginabilă de oboseală.[7]

Dacă le-am face o electroencefalogramă zecilor de fete care stau cu capul pe bancă, am constata că 50 la sută dintre ele sunt pe cale să intre direct în somn profund (REM), prezentând aceleași unde cerebrale cu pacienții care suferă de narcolepsie. Deși, de fapt, ele nu suferă de boala respectivă, din cauza felului în care trăiesc par totuși bolnave.

Somnul insuficient afectează serios sănătatea fizică și, în plus, reduce considerabil capacitatea de a participa și a răspunde corect la orele de curs, de a conduce un autoturism, de a face un sport sau a interacționa cu adulții. Aceasta crește numărul cazurilor de depresie și induce chiar gânduri de suicid. Din punct de vedere științific, un somn zdravăn în timpul nopții este cel mai bun remediu din lume pentru problemele enumerate. În școli trebuie să se înceapă predarea unui curs de „disciplină a orelor de somn" pentru că adolescenții trebuie să știe că lipsa odihnei are efect asupra sutelor lor de milioane de celule și conexiuni nervoase. Părinții trebuie să facă din somnul copiilor o prioritate și să impună, încă de la vârste fragede, un program strict seara. În cele din urmă, poate ar trebui să revizuim ora la care se încep cursurile în școli. La ciclul gimnazial studiile au arătat că, dacă școala ar începe fie și cu o jumătate de oră mai târziu, s-ar înregistra beneficii importante pentru sănătate, starea generală și capacitatea de învățare a elevilor.

CE E DE FĂCUT?

Creați-vă o rutină de seară și ore fixe de mers la culcare. O jumătate de oră de citit înainte de somn, pentru relaxare, este în regulă, însă nu permiteți folosirea electronicelor – telefoane mobile, Ipad-uri, computere sau televizor – în dormitor (în afară de faptul că programele acestora induc surescitare, ecranele lor afectează capacitatea creierului de a intra în starea de somn).

S-ar putea să fie nevoie ca, pentru acoperirea deficitului de somn, adolescenții să trebuiască să doarmă la sfârșit de săptămână. Este un obicei sănătos, dar și mai bine este dacă dorm câte nouă ore pe noapte și în timpul săptămânii.

Datorită acestor decalaje din perioada adolescenței, ar trebui ca școlile să nu își înceapă programul prea de dimineață. Este necesar să schimbăm orarul cursurilor, pentru a veni mai bine în întâmpinarea nevoilor fizice ale adolescenților.

6
PREGĂTIREA PENTRU MATURITATE
(DE LA 14 LA 18 ANI)

Imaginați-vă o fată de 14 ani. În scurt timp va termina gimnaziul. A ajuns aproape de înălțimea pe care o va avea la maturitate și a depășit etapa pubertății. Poate avea copii. Este puternică, bine coordonată și inteligentă. (Cu câteva sute de ani în urmă – dar și în prezent, în țări precum Afganistan – ar fi fost deja bună de măritat.) Dumneavoastră ce părere aveți? Este pregătită să fie femeie?

Toți cei care au o fiică de 14 ani cunosc deja răspunsul. Probabil că nu e pregătită! Calitățile care o formează pentru maturitate prind contur la vârsta de 14 ani, dar, la fel ca un

bec de calitate slabă, ele abia pâlpâie. Stările ei alternează: când e drăguță și afectuoasă, când e nepăsătoare și obsedată de propria persoană. Poate face mari promisiuni, dar uită să le îndeplinească. Poate pierde contactul cu realitatea. Este vulnerabilă în fața presiunii exercitate de grupul de prieteni. Poate manifesta emoții extrem de puternice.

Ea nu este vinovată de nimic din toate acestea – în primii ani ai adolescenței creierul unei fete se configurează încă, stabilindu-și centrul de comandă în lobul prefrontal, care acum seamănă cu un cartier general în plină organizare. Adolescenta se poate instala acolo, dar nu pentru mult timp. Partea din creierul ei care se numește amigdala – centrul impulsivității și al reacțiilor emoționale – poate prelua controlul în secunda următoare, dacă asupra tinerei se fac presiuni, dacă e tulburată sau stresată.

Este adevărat că, într-o societate tradițională, o fată era deseori măritată la vârsta de 14 ani, dar în acele societăți, regulile de fier referitoare la cum trebuie să se poarte o încătușau și îi defineau fiecare moment al vieții. În ziua de azi, ne dorim pentru fiicele noastre o cu totul altă viață la maturitate – să fie independente, să nu fie încorsetate de prejudecăți sexiste și să aibă șanse egale cu ale bărbaților. Pentru a realiza toate acestea e nevoie de mai mult timp.

Perioada cuprinsă între 14 și 18 ani este una de intense pregătiri, pentru că maturitatea femeii moderne este dură. Fiica dumneavoastră va trebui să se bazeze pe propriile forțe, să aibă o judecată clară, să fie echilibrată din punct de vedere emoțional, să fie generoasă cu cei din jur și responsabilă de propria existență. Ba mai mult, să își caute rostul în viață și să intre în armonie cu tot ceea ce îi umple viața de sens și de lucruri bune. Aceasta este un fel de ultimă binecuvântare pe care i-o puteți da, înainte să o trimiteți mai departe, în viitor.

CÂND DEVENIM ADULȚI?

În ziua de azi considerăm că vârsta adultă începe undeva între 18 și 21 de ani. Până la 18 ani, o fată trebuie să acționeze deja ca un adult, adică să fie capabilă să funcționeze pe cont propriu. Are voie, din punct de vedere legal, să conducă un autoturism, să lucreze, să întrețină relații sexuale, să bea alcool și să ia singură orice fel de hotărâre, prin urmare trebuie să fim siguri că poate face asta fără să-și facă rău și fără să se distrugă pe sine sau pe altcineva. Dar asta înseamnă mai mult decât evitarea neplăcerilor. Viața unei femei cu adevărat mature este o viață în care ea și-a stabilit obiectivele și are propriile țeluri, știind deja ce este cu adevărat important și ce nu. Așa că, între 14 și 18 ani, asta este ceea ce trebuie să avem în vedere pentru fetele noastre.

În capitolul de față vă vom istorisi poveștile a două tinere care au trăit experiența trecerii de la copilărie la maturitate. Una din ele este supraviețuitoarea unui grav accident, iar cealaltă este o cântăreață cunoscută care, până să-și dea seama care este rostul ei pe lume, aproape că și-a distrus cariera. Aceste lecții trebuie învățate de către toate fetele, de preferință în moduri mai puțin dramatice. „Viața ta e în mâinile tale. Dar și viața altor oameni depinde tot de tine. Bine ai venit în lumea adulților, în care noua libertate pe care ai câștigat-o e de-a dreptul înspăimântătoare!“

PĂRINȚII CARE FUG DE RĂSPUNDERE

Unii părinți chiar își lasă fiicele să se maturizeze încă de la vârsta de 14 ani. Acest lucru pare să fie rezultatul unei duble dorințe: aceea ca fetele să aibă o relație de prietenie cu ei (ceea ce e mult mai ușor decât să trebuiască să le educe) și ca ei să se simtă încă tineri, să fie cool și în pas cu moda, în loc să fie puternici și grijulii (ceea ce presupune multă muncă). De obicei, aceștia sunt părinții care cumpără băutură la petreceri, tații care le mai strecoară fetelor câte o bancnotă de 50 de lire, ca să se ducă să se distreze în oraș. În consecință, vom avea de-a face cu fete care se poartă prea matur pentru vârsta pe care o au și părinți care se poartă copilărește. Aceștia din urmă glumesc, spunând despre fiica lor că „are 14 ani, dar merge pe 20", ei înșiși având 45 de ani și mergând pe 15. De fapt, este vorba despre o trădare a rolului de părinte, căci fetele dumneavoastră nu au nevoie de alți prieteni, ci au nevoie cu disperare de părinți responsabili care stabilesc reguli, vin să le ia cu mașina din oraș la o oră dinainte stabilită, nu le permit să consume alcool înainte de 18 ani și știu în permanență unde se afă ele și cu cine. Au nevoie de părinți care să vrea să fie mai puțin populari, dar care să le ajute să găsească drumul drept în viață.

INIȚIEREA ÎN VIAȚA DE FEMEIE ADULTĂ

Societățile tradiționale știau multe lucruri despre educația celor tineri. Făceau lucruri pe care astăzi cei mai mari specialiști neurologi le dovedesc a fi corecte. De exemplu, își iubeau mult bebelușii și copiii și îi răsfățau, bucurându-se de ei și lăsându-i să se joace și să fie liberi. Aveau așteptări mult mai mari de la copiii cu vârste cuprinse între 6 și 12 ani, cărora le dădeau sarcini și le trasau răspunderi, iar în adolescenți investeau multă energie, împingându-i practic către maturitate. Transformarea lor în adulți nu era niciodată lăsată la întâmplare.

În ultimii ani s-a acordat o deosebită atenție ideii ca părinții și adulții implicați în viața copiilor să organizeze ceea ce se cheamă „ritualuri de trecere". Ritualul de trecere este o perioadă de intensă activitate, învățare, ceremonial și participare activă, care îi transmite unei fete următorul mesaj: „Te vom susține și îți vom sărbători devenirea".

În școlile din Australia sunt din ce în ce mai răspândite programe precum Rite Journey sau Pathways to Womanhood. Acestea le oferă prilejul fetelor să iasă din universul lor cotidian, pentru a petrece mai multe zile în compania unor femei mature, cum ar fi mamele lor, profesoarele sau alte femei care le sunt mentori. Fetele ascultă povești despre experiențele vieții de femeie și sunt invitate să își pună părerea despre propria identitate și despre valorile personale. Adulții laudă calitățile fetelor și le îndeamnă să își ia rămas-bun (cu recunoștință) de la copilărie.

Acest ritual de trecere le insuflă tinerelor sentimentul de mândrie și onoare că sunt femei, o trăire care deseori a lipsit din percepția lor despre ele însele, ducând la adevărate tragedii. La finalul acestor programe, fetele se întorc la viața lor obișnuită, prilej cu care tații le întâmpină în cadrul unei ceremonii prin care ele sunt recunoscute de-acum ca femei, și nu ca fete.

Indiferent dacă participăm la un program oficial sau acceptăm noi înșine această provocare, în calitate de părinți și rude ale adolescentei, ideea e aceeași.

Întrebarea pe care trebuie să le-o punem fiicelor noastre la această vârstă se reduce la: „Ce fel de femeie vrei să fii?" O fată poate răspunde în multe feluri...

„Sunt sinceră cu prietenii mei și demnă de încredere."

„Rostul meu pe lume este să-i ajut pe ceilalți."

„Sunt un lider și vreau să-i conduc pe oameni către un viitor mai bun."

„Sunt o creatoare de frumos."

„Îmi place să fiu diferită și unică."

Pericolele care apar atunci când ești femeie trebuie discutate deschis și privite obiectiv. O fetiță este protejată, dar o femeie, nu. La fel cum mi-a spus odată o tânără: „Nu mai sunt părinții mei cei care îmi dau viața peste cap. Acum sunt liberă să fac asta singură!“

O fată care a participat la un „ritual de trecere“ nu este încă femeie, aflându-se abia la început de drum. Dar a trecut pragul, privirea ei e îndreptată spre ce va urma și nu mai există cale de întoarcere.[1]

CHIAR ȘI TREBURILE GOSPODĂREȘTI TE ÎNVAȚĂ CUM SĂ DEVII ADULT

Ritualurile de trecere reprezintă doar vârful aisbergului în procesul de maturizare. Partea nevăzută însumează însă toate eforturile pe care le fac mamele și tații pentru a-i învăța pe copii bucuria de a participa la treburile casnice – aceea de a fi de ajutor, și în cele din urmă a ajunge să contribui în mod egal la sarcinile din gospodărie și din comunitate. Părinții trebuie să fie siguri că acest lucru se va întâmpla dintr-un simplu motiv: nimeni nu s-ar mai maturiza, dacă nu ar fi nevoit să o facă.

Acest lucru nu trebuie interpretat ca o dovadă de răutate sau ca o manifestare a dorinței de a avea un ajutor la gătit ori pe cineva care să facă mici comisioane și să plătească facturile! Fără îndoială că și aceste lucruri contează, dar sarcinile gospodărești sunt importante în primul rând prin ceea ce reprezintă și prin ce le transmit tinerilor mai departe. A face lucruri pentru ceilalți declanșează o schimbare interioară. Pregătim masa de seară sau ne facem ordine în cameră, la sfârșit de săptămână ne luăm un job pentru a face rost de bani ca să ne plătim facturile, iar în sinea noastră ne simțim mândri, capabili și liberi.

Faceți în așa fel încât prilejurile de a o învăța pe adolescentă despre toate acestea să se repete zilnic. Nu uitați să dați dovadă de optimism și empatie, nu fiți cicălitori și veșnic nemulțumiți. Aveți răbdare, empatizați și fiți consecvenți. Sunteți un fel de antrenor, ceea ce presupune că mesajul dumneavoastră trebuie să ajungă cu bine la ea, pentru a fi cu adevărat asimilat. De exemplu: „Știu că ești obosită, dar hai să ne apucăm de treabă, ca să terminăm repede, iar apoi ne relaxăm".

Vă puteți ajuta enorm fiica (sau fiul) asigurându-vă că:

- *își strânge întotdeauna lucrurile de care s-a folosit, le spală sau le pune la loc.*
- *păstrează ordinea așa încât să-și găsească ușor lucrurile atunci când are nevoie de ele.*
- *este politicoasă și se adresează cu respect celorlalți, indiferent dacă e vorba de străini sau de membrii familiei.*
- *respectă proprietatea celorlalți.*
- *își cere scuze atunci când a greșit, caută reconcilierea și îndreaptă greșeala făcută.*

Adolescenții care nu pun umărul la treabă și care îi lasă pe alții să strângă după ei creează o atmosferă negativă, care subminează fericirea tuturor, inclusiv pe a lor. Cheia succesului este să-i deprindeți să facă lucrurile cum trebuie din prima, astfel încât îndeplinirea responsabilităților să devină un automatism pentru tineri și să nu mai fie nevoie de eforturi suplimentare. Veți continua să vă simțiți minunat într-un mediu activ, curat și confortabil. E mult mai ușor să porniți la drum în felul acesta și să fiți consecvenți pe parcurs.

Bineînțeles că toate treburile casnice țin doar de rutina zilnică, căci, odată ieșiți în lume, tinerii vor trebui să se confrunte cu complexitatea acesteia.

Și asta va schimba puțin datele problemei…

RESPONSABILITATEA – CEA MAI DURĂ LECȚIE DINTRE TOATE

Marielle, în vârstă de 14 ani, era o fată veselă și sportivă, fiind cea mare dintr-o familie cu patru copii. Mergea la o școală dintr-un cartier din vestul orașului Sydney, Australia. Într-o după-amiază de primăvară, a ieșit de la cursuri însoțită de colegi, râzând și sporovăind și a pornit spre gară ca să ia trenul spre casă. Întregul grup a traversat strada pe la semafor, așa cum se întâmpla în fiecare zi. Însă de data asta nici n-au apucat să se dumirească despre ce-i vorba auzind un scârțâit de frâne, că mașina care încercase să oprească a și intrat în ei.

Una dintre fete a murit pe loc, iar alte cinci, printre care și Marielle, au fost rănite grav.

Marielle a stat șase luni în spital. A fost supusă mai multor intervenții chirurgicale, după care a trebuit să învețe să meargă din nou printr-o serie intensivă de exerciții dureroase de recuperare. Nu va mai putea face sport, însă va putea duce o viață normală, cu o singură excepție: apropierea de orice șosea o îngrozește. Suferă de agorafobie, coșmaruri și flashback-uri. Poate fi condusă la școală, însă pentru ea și pentru părinții ei acest lucru este un calvar.

Aceștia au căutat un terapeut pentru fiica lor și l-au găsit în persoana unei doamne de vreo 50 de ani, specialistă în traume, care a învățat-o pe Marielle, pe parcursul mai multor luni, să se relaxeze și să se concentreze, a analizat împreună cu tânăra toate cele întâmplate și a ajutat-o să se întărească din punct de vedere psihic. Starea adolescentei s-a îmbunătățit considerabil, dar tot nu reușește încă să se apropie de drumuri circulate de mașini. În momentul în care încearcă să o facă, începe să tremure incontrolabil, are o senzație de greață și crampe abdominale puternice. Acestea sunt simptomele pe care le resimt de obicei soldații întorși acasă după un război sau o misiune periculoasă și care poartă un nume cunoscut de toată lumea: tulburare de stres posttraumatic.

Terapeuta lui Marielle este o femeie capabilă și creativă, care a devenit un fel de mătușă plină de energie a fetei: o consolează, dar o și impulsionează când e nevoie. Este pregătită pentru pasul următor. Se întâlnesc de peste trei luni. (Nu aș recomanda însă strategia următoare, decât dacă relația dintre terapeut și pacient este puternică și are niște baze solide.)

— Marielle, am discutat despre ceea ce s-a întâmplat în ziua aceea, iar tu ai reconstituit faptele pas cu pas.

— Da.

— Mai e ceva despre care n-am vorbit.

— Mmm?

— Atunci când povestești despre accident sau te gândești la ce s-a întâmplat în ziua aceea, pe cine învinovățești?

— Pe șofer, tâmpitul ăla care mi-a omorât prietena, iar pe mine m-a făcut praf.

(În vorbele lui Marielle se deslușește supărarea, dar în același timp pare tristă și are ochii în lacrimi, așa cum se întâmplă deseori când vorbește despre accident.)

— În regulă, așadar tu crezi că vina aparține în totalitate șoferului?

— Da.

— Și că tu ești doar o victimă inocentă?

— Da, și pe deasupra și fără noroc.

Terapeuta se oprește puțin, trage adânc aer în piept:

— Simți că e și vina ta?

Urmează o tăcere apăsătoare, întrebarea fiind destul de șocantă și, deși nu lasă să se vadă, gândurile o invadează pe Marielle.

— Ce vrei să spui?

— Ai traversat pe verde...

— Da. Ne uităm mereu la culoarea semaforului, ar fi o prostie să n-o facem.

— Ai mai fi putut face și-altceva să previi cele întâmplate?

Urmează o pauză.

— Cum adică?

Terapeuta tace. Cele două se cunosc de-acum bine, turnura neașteptată a conversației nu ar fi putut avea loc în absența unei relații apropiate. Marielle își găsește, în cele din urmă, cuvintele...

— Tot nu înțeleg ce vrei să spui.

— Te-ai uitat să vezi dacă vine vreo mașină?

— N-a fost nevoie, era verde pentru pietoni.

— Deci nu te-ai uitat?

Marielle o privește blocată pe femeia din față, dar în creierul ei încep să se învârtă rotițele.

În săptămânile care urmează, Marielle atinge un alt nivel de prelucrare a experienței dure pe care i-a oferit-o viața. A fost atât de ușor până acum să se victimizeze, nu era decât o copilă nevinovată care traversa strada împreună cu alți colegi de școală. Acestora nu le-ar fi trecut prin cap că e posibil ca o mașină în viteză să dea peste ei, dar nici nu s-au asigurat înainte de a traversa – unul dintre ei ar fi putut însă să o facă.

Cine ar putea să stabilească vinovăția în acest caz? Șoferul este sută la sută vinovat și, ca urmare, a fost închis, dar Marielle și-a dat seama dintr-odată că a fost prea naivă, că n-a fost atentă la ceea ce se petrecea în jur și nu s-a asigurat că e în siguranță. Mașinile nu opresc mereu la culoarea roșie. Nu toți conducătorii auto sunt normali, iar unii mai consumă și alcool. Ar fi trebuit să se uite.

Bineînțeles că o parte din Marielle știa asta, așa cum știau și ceilalți tineri implicați în accident, însă nimeni nu a spus-o limpede. Pe cine ar fi lăsat inima să mai adauge la atâta suferință și sentimentul de vinovăție? Dar terapeuta știa cât de important e adevărul, atât pentru ea, cât și pentru Marielle.

Pentru o clipă, Marielle căzuse în extrema cealaltă, de unde se simțea complet nevinovată, acum lua toată vina asupra ei. Gândul că ar fi putut să-i salveze viața prietenei sale dacă ar fi fost mai atentă o chinuia. Dar terapeuta se aștepta la asta și a continuat discuția bazându-se pe puternica legătură de încredere dintre ea și adolescentă pentru a putea aborda mai departe subiecte delicate.

— Aveai încredere că șoferii știu ce fac, pentru că așa a fost cazul de fiecare dată. Culoarea semaforului era verde. Până atunci nu fuseseră probleme niciodată. Dar nu poți avea încredere în toți șoferii. Ar fi trebuit să te uiți și să te asiguri. LA TRECEREA ACEEA DE PIETONI, AȘA AR FI TREBUIT SĂ FACĂ TOATE FETELE. Poate că nu le-ar fi salvat, dar cine știe...

Treptat, Marielle și-a dat seama că are și ea un strop de vină, dar atât.

La un nivel mai profund, această lecție s-a chemat „maturizare". Era momentul potrivit: la 14 ani o fată devine încet-încet femeie, iar a fi matur înseamnă și a ști că în viață se întâmplă și lucruri tragice și neprevăzute, prin urmare trebuie să ai grijă. Fiind atent și cunoscând suficiente lucruri, șansele de a fi expus pericolului se diminuează.

În săptămânile ce au urmat, lecția primită nu a rămas doar o sumă de gânduri în minte, ci a devenit, fizic, o parte din Marielle. Rănile îngrozitoare din urma accidentului nu s-au vindecat cu totul, dar asta și din cauza atitudinii ei. Putea însă să-și schimbe această atitudine. Putea să se victimizeze mai puțin și să-și ia mai mult soarta în mâini. Să accepte că e vinovată chiar și în proporție de 5 la sută a fost o lecție dureroasă, dar care a întărit-o. Autoturismele sunt cu adevărat un pericol, dar sunt și mai periculoase dacă nu ești atent la ele. Cumva, odată cu conștientizarea acestui fapt, lui

Marielle i-a trecut frica. A început să circule iar pe șosea, nu cu capul plecat și tremurând, ci foarte atentă la tot ce se întâmplă în jur.

Marielle traversează acum strada pe la locul accidentului și, mai mult decât atât, timp de o clipă, o fracțiune de secundă, privește cu hotărâre moartea în față, știind că e firesc să existe. Se bucură că trăiește și vrea cu tot dinadinsul să rămână în viață. Nu doar s-a vindecat, ci s-a și maturizat.

SECRETUL VÂRSTEI ADULTE

A venit momentul să discutăm o idee mai complexă. Este un domeniu dificil, dar sper că îmi veți acorda toată atenția. Am ajuns să cred că cea mai mare diferență dintre un adult și un copil este să înțelegi de ce ești pe lume.

Gândiți-vă puțin așa: un copil vine pe lume pentru el însuși. Așa trebuie să fie și așa e corect, dar nu este țelul nostru final. Conform înțelepciunii strămoșești și celor mai moderne studii de psihologie, gradul cel mai înalt de fericire este atins atunci când ne detașăm de noi înșine și învățăm să privim întregul context – viața cu toate aspectele ei –, nu doar cercul restrâns al existenței noastre.

Această perspectivă poate fi confundată ușor cu martirajul și cu o viață dedicată celorlalți (mai ales dacă ne gândim la istoria femeilor). Dar nu despre asta e vorba.

Există un moment în care cele mai profunde nevoi personale – ceea ce ne place să facem cu adevărat – se întâlnesc cu lumea în care trăim. Când reușim să trăim acel moment, tot ceea ce simțim e bucurie autentică.

Povestea care urmează vă va ajuta să înțelegeți ce vreau să spun.

O ARTISTĂ ÎȘI DESCOPERĂ SUFLETUL[2]

Missy Higgins este o cântăreață și compozitoare din Australia, îndrăgită în toată lumea pentru frumusețea ei și originalitatea pieselor sale. Tânăra artistă și-a început cariera devreme: a semnat un contract cu o casă de discuri când era în ultima clasă de liceu. Compusese piesele de pe primul său album la pianul din sala de muzică a școlii. După asta, s-a trezit imediat pe scenă. Doar că celebritatea și expunerea neașteptate au zguduit-o, pomenindu-se copleșită de atacuri de panică și incapabilă să mai urce pe scenă.

Și înainte de asta mai avusese probleme, inclusiv o internare în spital în clasa a XI-a, în urma unei căderi nervoase.

Atunci a fost momentul în care a aflat că și tatăl ei suferise de depresie toată viața, dar că reușise să o depășească.

Missy și-a anulat toate concertele, rugându-și impresarul să nu-i mai trimită nici o ofertă, nici o invitație și chiar nici un e-mail, iar acesta s-a conformat vreme de aproape doi ani. În acest timp, Missy a stat într-un ashram, a călătorit peste tot, a făcut terapie, a frecventat cursuri la universitate, a făcut eforturi mari pentru a se vindeca de efectul dezastruos pe care succesul prematur l-a avut asupra sufletului său deschis și vulnerabil.

Nu i-a fost ușor – descoperirea sufletului nu e niciodată ușoară –, dar la un moment dat s-a întâmplat ceva. Poate că a fost noroc sau poate a fost doar rezultatul firesc al încercărilor ei sincere de a găsi adevărul. Având un instinct bun, impresarul ei a rupt la un moment dat tăcerea și i-a trimis o invitație de a concerta la un festival pentru femei, intitulat Lilith Fair, din Statele Unite. O pornire interioară a îndemnat-o să accepte... Concertul a fost nemaipomenit. La sfârșit a fost înconjurată de fanii care i-au mulțumit cu căldură pentru ceea ce le dăruise de-a lungul anilor, prin intermediul muzicii sale. Atunci Missy și-a dat seama că talentul ei muzical nu era pentru ea, ci pentru ceilalți. Că avea ceva de oferit oamenilor.

S-a reapucat de compus, de înregistrat și de susținut concerte. Bănuiesc că asta este o experiență prin care trebuie să treacă toți artiștii autentici, de carieră, pentru a-și da seama la sfârșit că „aici nu este vorba despre mine". Anxietatea și stresul succesului, sentimentul că ești expus și vulnerabil dispar cumva atunci când conștientizezi că ai un har și că te afli în fața publicului pentru a oferi dragoste.

În cele din urmă, arta trebuie să îi înalțe pe oameni, să îi ridice la un nivel superior. Este ceva de preț, ce trebuie onorat. Tu însuți nu mai contezi. Și asta înseamnă să ai suflet.

Înainte să împlinească 18, 20 sau 25 de ani, fetele ajung într-un moment extraordinar al vieții: începutul maturității. Ele știu că acum frâiele propriei existențe se află în mâinile lor, că secretul fericirii constă în explorarea sinelui. Se simt în legătură directă cu viața și sunt conștiente de datoria pe care o au față de umanitate. Adevărata aventură poate începe.

SĂ VISEZI MAI DEPARTE

Capitolul de față descrie ultima etapă dintre cele cinci pe parcursul cărora o fată se transformă în femeie. Haideți să visăm puțin, în chip de încheiere. Indiferent de ceea ce reprezintă fiica dumneavoastră acum, este minunat să puteți întrezări puțin imaginea femeii în care se va preschimba. Așadar, așezați-vă comod în fotoliu sau puneți capul pe pernă și începeți călătoria...

Locuiți într-o casă liniștită, pe o stradă cu multă verdeață. E seară și încă nu s-a răcorit după o zi fierbinte de vară. Sunteți mai în vârstă, dar încă în putere. Vă uitați pe fereastră și vedeți o mașină care oprește în fața casei. Este un automobil electric, silențios, compact și lucios.

Din mașină se dă jos o femeie tânără. Privind mai atent, vă dați seama că e fiica dumneavoastră la maturitate. Cum arată? Cu ce e îmbrăcată?

E căsătorită? Are copii? Îi ieșiți în întâmpinare. Vă puteți da seama ce fel de persoană este? Ce calități are? În ce fel s-a schimbat? Cum sună vocea ei? Cât de înaltă e? E sănătoasă, în formă? Cum și-a valorificat timpul și talentele până în momentul acela? Imaginați-vă povestea în cele mai mici detalii.

Poftiți-o înăuntru, așezați-vă și schimbați câteva vorbe. Despre ce povestește? Cum vă simțiți? Observați legătura dintre copilăria pe care i-ați oferit-o și punctele forte și calitățile pe care le-a dobândit între timp. Simțiți-vă mândri, având satisfacția misiunii împlinite. După ce nu veți mai fi, va rămâne după dumneavoastră o femeie de toată lauda, care va transmite generațiilor următoare tot ceea ce ați învățat-o dumneavoastră și ceea ce i-ați oferit pe parcursul vieții.

PE SCURT

- Pregătirea fetelor pentru vârsta adultă presupune multe lucruri pe care acestea le învață de la dumneavoastră între 14 și 18 ani.
- Pentru a face saltul către maturitate e nevoie de ritualuri de trecere. Nu se întâmplă nimic fără ajutor.
- Munca și asumarea responsabilităților reprezintă o parte necesară din pregătirea pentru vârsta adultă.
- Marielle a învățat în urma unui tragic accident că este stăpână pe propria-i viață.
- O talentată cântăreață și-a găsit liniștea în momentul în care a înțeles că trebuie să se dăruiască pe sine. Maturitatea înseamnă să te eliberezi din închisoarea propriului eu și să devii parte din existența tuturor.
- Nu poți construi o relație bună decât dacă alegi să nu renunți la ceea ce ești cu adevărat.
- 18 ani nu înseamnă decât începutul vârstei adulte.

PARTEA A DOUA

RISCURILE ȘI CUM LE PUTEM PREVENI

CELE ȘASE MARI ZONE DE RISC
ȘI CUM LE PUTEM DEPĂȘI

in life

7
GRABA CU CARE TRĂIM

COPILĂRIA A DOUĂ FETE – DOUĂ STILURI DE VIAȚĂ

Carrie doarme mult și adânc – singurele sunete care se aud noaptea sunt vântul adiind printre crengile copacilor și ploaia bătând pe acoperișul dormitorului ei. Când se trezește și dă la o parte perdeaua, soarele strălucește printre ramuri. Coboară la parter. Părinții ei vorbesc cu glas potolit în bucătărie, dar se opresc ca să îi dea bună dimineața, și o îmbrățișează ușor pe mama ei, nedorind să le întrerupă conversația. Dar părinții nu par să fie deranjați de prezența ei – ba chiar tatăl ei întreabă dacă vrea o clătită. Carrie îl roagă să-i pună una deoparte și iese cu câinele, pe dealul din spatele casei lor. Îi place acest moment al zilei, care îi oferă șansa să se gândească în liniște la ale ei, să viseze cu ochii deschiși și să se trezească de-a binelea. Abia așteaptă să se întoarcă la proiectul ei de artă din magazie – a lucrat la el câteva săptămâni, iar acum este aproape gate. Lui Carrie îi place primăvara. Își simte picioarele puternice în timp ce calcă pe pământul denivelat, iar câinele se agită plin de nerăbdare în jurul ei.

Pe Karla o trezește la șase alarma telefonului. Mama strigă la ea din capătul holului să nu mai zăbovească – trebuie să plece în jumătate de oră din cauza lucrărilor care blochează drumul. Au mult de mers până la școala ei. Astăzi o duce mama ei. O să ajungă mai devreme, așa încât va avea timp să mai lucreze la teme înainte de începerea orelor, speră ea. Mai sunt doar trei săptămâni până la examenele de sfârșit de an. Sare peste micul dejun – îi e puțin rău, așa că o să ardă câteva calorii. „La naiba!" Mai trebuie să se machieze, dar mama ei strigă la ea să se machieze în mașină. Și tatăl ei trebuie să plece în curând – trebuie să-l ducă la școală pe fratele mai mic al Karlei, iar școala lui e în direcția opusă. Fratele ei îi aruncă o privire peste masă și îi șoptește: „Graso!" Îl urăște atât de mult! Are șase ani și e deja un ticălos. Băiat tipic. Îi bipăie telefonul. E un prieten de-al ei – o pune la curent cu ce-a pățit un alt prieten. Patruzeci de minute, cât face cu mașina până la școală, trimite întruna mesaje. Mama ei știe că n-are rost s-o întrebe ce se întâmplă. „N-ai înțelege, mamă, nu mai e ca pe vremea ta!"

Ambele fete au 15 ani și locuiesc la aproximativ 50 de kilometri una de alta, însă viețile lor n-ar putea fi mai diferite.

Într-un capitol separat de la sfârșitul acestei cărți vom descrie „10 lucruri de care au nevoie fetele", o listă bazată pe mii de studii despre copilărie desfășurate în întreaga lume, în ultimii 40 de ani. Două dintre aceste lucruri sunt expunerea la natură, pentru a avea o viață o viață regulată, liniștită, cu timp pentru relaxare, visare, momente speciale, și cultivarea legăturii cu cei dragi de al căror sprijin ai nevoie.

Toți copiii, chiar și adolescenții, au nevoie de aceste două lucruri. Adolescența este o etapă de dezvoltare (mai ales a creierului și a corpului) atât de rapidă, încât ar trebui, de fapt, să ne încetinim ritmul vieții pentru a-i ajuta pe copii așa cum se cuvine. De exemplu, creierul în schimbare al unui adolescent are nevoie de somn din plin. Astfel că, în loc de mai multă informație și stimulare, copiii de această vârstă au uneori nevoie de mai puține activități și de mai mult timp pentru a visa. De asemenea, de mai multă grijă din partea adulților decât aveau în școala primară, și cu toate acestea, tocmai acum noi, părinții, ne retragem. Grija față de adolescenți trebuie să fie însă relaxată, receptivă, neinvazivă, să nu creeze presiune și să nu manipuleze. O parte importantă a „muncii" adolescenților este preluarea în mai mare măsură a controlului asupra propriei vieți, iar dacă încercați să îi modelați după tiparul pe care îl doriți dumneavoastră, atunci nu faceți decât să atacați nevoia lor crescândă de a fi ei înșiși, făcându-i să se răzvrătească, după cum e firesc și sănătos. Adolescenții trebuie să fie iubiți, nu doar gestionați.

Este uimitor cât de mulți adolescenți sunt abandonați emoțional, chiar și în familiile după toate aparențele normale. La o școală foarte scumpă la care am lucrat anul acesta, profesorii mi-au povestit despre copii care învață acolo (în „cadru organizat") de la 7.30 până la 21.00, când în cele din urmă sunt preluați de un părinte. O școală similară din apropiere oferă internat pentru copiii ale căror familii locuiesc la doar zece minute de școală – dar al căror „stil de viață" face să nu poată „fi acolo" pentru copiii lor în nopțile săptămânii. Și în multe familii – bogate, sărace și de mijloc – sunt mulți adolescenți care abia vorbesc cu părinții lor sau invers. Sau au vreo idee unul despre viața celuilalt.

Dar chiar și părinții grijulii care ajung să fie obsedați de parenting și din ce în ce mai îngrijorați de soarta copiilor lor, sunt departe de a le crea acestora condițiile de care au nevoie cu adevărat. Experții în sănătate mintală din întreaga lume subliniază acest paradox – că, în căutarea unei fericiri viitoare, le facem copiilor noștri viața un calvar în prezent. Copiii percep această presiune foarte clar – „trebuie să muncești din greu, să te prezinți bine, să o ții tot așa, să îți dai toată silința, să nu încetinești niciodată ritmul, și apoi, într-o zi, vei avea succes". Dar oare în ce se măsoară acest succes? În veniturile care îi dau posibilitatea să-și procure cocaină și să-și angajeze un avocat specializat în divorțuri și un terapeut? Cred că nebunia asta tocmai s-a strecurat printre noi. Noi, oamenii, suntem animale de turmă în așa de mare măsură, încât de multe ori singurul criteriu după care ne ghidăm este „așa face toată lumea, înseamnă că așa e bine". Dar dacă turma merge pe direcția greșită?

Fiecare școală cu care lucrez, peste tot în lume, raportează proasta situație a fetelor. Un număr mare de fete recurg la autovătămare, își induc voma după ce mănâncă, își impun diete și exerciții fizice drastice sau învață până la epuizare, ajungând încordate ca un arc din pricina stresului. Și, inevitabil, până la urmă, arcul plesnește.

Poate că v-ați confruntat și dumneavoastră cu această situație. Vă treziți noaptea din pricina unui zgomot nedeslușit, dar care pare produs de o făptură omenească, și vă împleticiți pe hol, ca, în cele din urmă, să vă găsiți fiica de 14 sau 15 ani plângând și tremurând pe pardoseala rece a băii. A ieșit din camera ei, căutând ajutor, dar n-a vrut să vă deranjeze și s-a oprit la jumătatea drumului. Atât veți dormi în noaptea aceea. Dimineața încep telefoanele la medici pentru programări urgente, listele de așteptare ale psihiatrilor, ședințele de consiliere, dacă sunteți îndeajuns de înstăriți sau de norocoși, încât să găsiți un specialist renumit. Poate că urmează o internare în spital. Și ceilalți copii trecuți în plan secund. O familie întreagă cuprinsă de neliniște la gândul că fata și-ar putea face rău. Luni și ani de „reconstrucție" pentru ca viața să se întoarcă la normal, la starea dinainte, cu zile liniștite, neinvadate de anxietatea paralizantă.

Ce ați face pentru a evita asta? E mai ușor să previi decât să vindeci. Cunosc multe familii care tocmai s-au hotărât, din instinct sau pentru că nu mai reușeau să-și dea seama încotro se îndreaptă, să coboare din montaigne russe și să își ia un an de vacanță, ca să pornească cu cortul prin Australia sau Europa. Altele s-au hotărât să facă o schimbare radicală și să se mute la țară, pentru o viață mai liniștită pentru toată lumea. În alte cazuri, unul sau ambii părinți își iau liber șase luni sau un an, ca să fie acolo pentru copiii lor. Și așa mai departe. Orice ați face vă va ajuta. Nu trebuie să fie nimic ieșit din comun, ar putea fi doar o mică schimbare – multe familii au impus regula ca fiecare copil să aibă maximum de activitate extrașcolară. Nu vă mai grăbiți în fiecare seară a săptămânii să-i duceți la cursuri, și antrenamente, și ședințe de autoperfecționare. Sâmbăta, acasă, în pijamale, uitați-vă la clipuri stupide cu toată familia sau doar mama și fiica! Și *fish and chips* la plajă, duminică. E timpul să întrerupem ciclul și să găsim un ritm bun de viață.

Aceste rânduri ar putea atinge o coardă sensibilă, ar putea să vă facă să vă reamintiți ceva la care v-ați mai gândit, să vă readucă în atenție o dorință pe care o adăpostiți în suflet.

Poate că și căsnicia dumneavoastră are nevoie de asta. Din nou, fiți realistă – ce efect ar avea un divorț asupra copiilor dumneavoastră? Ce ar însemna încetinirea ritmului și schimbarea modului de viață pentru binele unei familii? S-ar putea să fie mai greu la început, pe măsură ce descoperiți cât v-ați îndepărtat unii de alții și câte neînțelegeri s-au acumulat. Este ca și cum ai scoate din casă gunoiul adunat în ani de zile! Dar dragostea, care stă la temelia vieții dumneavoastră și care s-a diminuat pe măsură ce v-ați luptat cu lumea exterioară și ați neglijat lumea dinăuntru, va înflori din nou când vă veți fi găsit liniștea și veți avea timp pentru ea. Fetele noastre – multe dintre ele – sunt cele mai sensibile din familie și, adesea, primele care cedează la presiuni. (Băieții fac exact pe dos, țin totul în ei, și mai târziu, în adolescență, se descarcă consumând alcool sau droguri sau furând mașini ca să-și minimalizeze durerea durerea și anxietatea.) Fetele sunt precum canarii din mină.

CUM SĂ-I CONSOLIDEZI ÎNCREDEREA ÎN SINE

Multe familii, în timp ce sunt împreună, nu sunt cu adevărat împreună. Totul se face în grabă, iar după aceea fiecare se retrage în camera lui sau în telefonul lui. Kim McCabe, specialist în educație, a cărui activitate am mai menționat-o în această carte, sugerează o măsură simplă în cartea sa *From Daughter to Woman.*[1]

Iată ce spune, cu propriile cuvinte:

FETELE ÎMPREUNĂ

Această idee sugerează ca mama și fiica – doar câte o fiică pe rând, dacă aveți mai multe – să se întâlnească o dată pe lună și să facă ceva împreună. Își alocă câteva ore pentru a se distra, pentru a vorbi cu adevărat, sau pentru a împărtăși o simplă plăcere, ori pentru a face ceva ce și-au dorit de mult să facă. Important este că își petrec timpul împreună și că fiica poate conta pe mamă pentru asta. Ceea ce fac poate fi creativ, simplu, aventuros, obișnuit, ieftin, extravagant sau experimental, oricum vor ele să fie. Ar putea însemna să ia masa împreună în oraș. Ar putea fi altceva de fiecare dată, iar alegerea activității ar fi jumătate din distracție. Începeți să faceți asta în ultimii ani de școală primară, în jurul vârstei de opt sau nouă ani. (La vârste mai mici oricum petreceți mult timp împreună. Abia la sfârșitul claselor primare relația voastră poate începe treptat să slăbească, dacă nu o alimentați în mod deliberat.) Odată ce fiica dumneavoastră va înțelege că vreți să vă petreceți timpul împreună în fiecare lună, va simți că vă luați un angajament față de ea. Copiii se simt iubiți și speciali atunci când vă rupeți din timpul dumneavoastră pentru ei. (Și dacă nu credeți că puteți găsi câteva ore o dată pe lună pe care să le petreceți în acest fel cu fiica dumneavoastră, atunci poate că asta indică un dezechilibru în viețile voastre...)

Timpul petrecut împreună cu fiica dumneavoastră este baza unei relații sănătoase care poate continua până în anii adolescenței. Pubertatea este o perioadă de schimbări extrem de rapide, o perioadă magică, dar o perioadă în care fiica dumneavoastră are nevoie să vă aibă aproape. O puteți pregăti pentru această etapă. Într-o zi, va începe să sângereze o dată pe lună. Atunci, aceste întâlniri lunare cu dumneavoastră ar trebui să se mute în săptămâna menstruației și să devină o supapă importantă prin care adolescenta să se elibereze de presiune. Îi puteți oferi ocazia să vorbească, să se relaxeze, să plângă, să ia o pauză și să vă simtă alături.

„Fetele împreună" este o idee simplă, iar puterea sa nu este evidentă imediat. Cu toate acestea, multe mame povestesc că relația cu fiica lor a evoluat uimitor datorită ei. Puneți-o în aplicare!

P.S. În încercarea de a fi aproape de fiica dumneavoastră, nu trebuie să deveniți posesivă. Și alte femei sunt importante pentru dezvoltarea ei. Fiți atentă la momentul când se împrietenește cu o altă femeie și încurajați această legătură specială. Prezența altor femei care să aibă un rol de mentor sau mătușă pentru fiica dumneavoastră le va îmbogăți viața amândurora.

Deci, vorbim de mai multe feluri de copilărie. Acestea apar în fiecare statistică sau studiu despre fete. În aparență, lucrurile arată bine. Dar, dacă faceți săpături (dacă dezagregați întregul, ca să folosim un termen specializat), concluziile pe care le veți trage vă vor conduce în direcția diametral opusă. Mai precis, către consumul de alcool în rândul adolescenților. În general, tinerii beau mai puțin (și băieții, cel mai puțin dintre toți). Dar un subgrup de fete, mai precis, aproximativ una din opt, beau în cantități incredibile, mai ales în weekenduri, ajungând de multe ori leșinate la camera de gardă sau trezindu-se din beție fără să aibă habar unde sunt sau ce au făcut.[2] Același lucru se întâmplă și când vine vorba de sex. În general, adolescenții își încep viața sexuală mai târziu decât generația noastră, luând măsuri de precauție mai bune în privința contracepției. Dar una din opt fete începe mai tânără (adesea în jurul vârstei de 14 ani, dar uneori chiar de 12 ani) și are mai mulți parteneri, mai multe relații pe termen scurt sau doar aventuri de o noapte.[3] Când ești la vârsta asta, menținerea unei relații – sau chiar preocuparea de a o menține – depășește abilitățile sau maturitatea oricărui adolescent. Așadar, ajunge să aibă o mulțime de aventuri pasagere.

Când adulții nu sunt apropiați de copii și nu îi sprijină, aceștia caută sprijin și încurajare în altă parte. Au un comportament imprudent online, ies cu adulți periculoși, sunt trolați sau trimit poze nud, care ajung să fie făcute publice. Alteori, ajung să fie obsedați de perfecțiunea trupului și, luându-și drept repere ambițiile părinților în ceea ce privește succesul, valorile școlii și ale profesorilor care pun preț pe rezultatele cele mai înalte, și cultura *body shaming*-ului de pe Instagram, se apucă să țină diete drastice, care le pun viața în pericol.

Niște prietenii de-ai mei din Irlanda au fost treziți într-o dimineață, devreme, de niște zgomote și și-au găsit fiica de 15 ani în bucătărie, vomitând în chiuvetă – ieșise când încă nu se luminase de ziuă ca să alerge pe stradă și să slăbească după ce fusese hărțuită la școală pentru că era grasă. Hărțuirea nu a fost doar verbală – copiii o pălmuiseră și o doborâseră la pământ în curtea școlii. Ea n-a spus nimănui, doar și-a propus să slăbească.

Este treaba noastră, în calitate de tați, mame, bunici, directori de școală, mătuși sau unchi, vecini sau prieteni, să intervenim și să ne împrietenim cu aceste fete, să le încurajăm, să le sprijinim și să le prețuim. Ele par dure și sigure pe sine, și ne convine să vorbim despre „reziliență", de parcă ar fi o alegere (în parte este, dar nu mai devreme de 40 de ani!). De fapt sunt fragile, vulnerabile și făcute să înflorească într-un mediu prietenos, intim, care să le dea încredere în sine și pe care lumea noastră nu li-l oferă.

Grupurile de sprijin pentru perioada pubertății Girls Journeying Together, minunata idee pusă în practică de Kim McCabe și descrisă la paginile 103–106, pur și simplu au readus la lumină un drept din naștere al fetelor vreme de milenii – figuri adulte pline de grijă care să le fie aproape pe drumul spre viața adultă. Internetul și mall-urile nu vor face asta. Dar noi suntem în stare și putem face asta pentru fiicele celorlalți.

Sunt două copilării. Sunt lumi separate, deși există chiar pe aceeași stradă. Una este calmă și atentă, vegheată de adulți plini de grijă. Alta este ca un loc singuratic bătut de vânt, peste care se lasă noaptea, în vreme ce hienele dau târcoale.

Asigurați-vă că fiica dumneavoastră are parte de copilăria pe care o merită și de care are cu disperare nevoie. Cu condiția ca asta să fie treaba noastră, a adulților. Noi trebuie să facem alegerile potrivite, să găsim timp pentru fiicele noastre, să limităm presiunile care apasă asupra lor – ele nu pot face asta singure. Ce fel de copilărie va avea fiica dumneavoastră – fericită și liberă, sau prinsă în cușca cerințelor, judecăților și așteptărilor aleatorii ale lumii? Dumneavoastră trebuie să alegeți.

PE SCURT

- La câțiva kilometri distanță, unele fetele pot trăi vieți asupra cărora apasă o presiune îngrozitoare sau vieți calme, pline de firesc.
- Trebuie să luăm decizii cu privire la viața noastră de familie, pentru ca aceasta să susțină sănătatea mintală.
- În miezul acestui lucru se află timpul pe care îl smulgem de la alte activități, astfel încât să putem sta împreună cu fiicele noastre, relaxați, inspirați, odihniți, pentru ca fiicele noastre să aibă parte de sănătate mintală puternică.
- Timpul pe care mamei și fiica îl petrec împreună în mod regulat le va ajuta să devină mai apropiate, astfel încât fiica va putea birui orice obstacol îi va apărea în cale în viitor.
- Reducerea stresului prin încetinirea ritmului vieții este cel mai important lucru pentru ca fiica dumneavoastră să crească așa cum trebuie.

8
PREA SEXY, PREA DEVREME

Pe parcursul celor patru ani în care am lucrat la această carte, am discutat cu toți cei care au arătat interes despre părerea lor în legătură cu ceea ce se întâmplă cu fetele de azi. Coafeze, șoferi de taxi sau persoane lângă care am călătorit în avion au abordat cu ușurință subiectul. Prietenii, familia și colegii, toată lumea a spus același lucru: fetele cresc prea repede.

Fiecare părinte poate deja recunoaște semnele. Majoritatea fetițelor de opt ani își fac deja griji legate de cum arată. Sunt fete de 12 ani care nu ies sub nici o formă din casă fără să se machieze. Revistele pentru adolescente cu vârsta cuprinsă între 10 și 14 ani publică articole despre sexul oral. Se pare că am permis ca lucrurile să evolueze în felul acesta, fără măcar să ne întrebăm dacă e bine sau nu. Evident că nu e bine.

O prietenă de-a mea, o tânără neobosită și plină de energie, se ocupă cu organizarea seminarelor pe tema sănătății psihice a adolescentelor. Ea vizitează diverse școli și le vorbește fetelor despre constrângerile din viața lor. Într-o zi a primit o scrisoare...

Nu mă cunoașteți. V-am ascultat astăzi la seminar, alături de celelalte fete. Însă m-am simțit de parcă eu eram aceea căreia vă adresați în mod special. Am sânii mici și până azi am crezut că, pentru a fi o femeie adevărată, va trebui să-mi fac implant. De asemenea, până astăzi am crezut ceea ce mi-au zis prietenele – că dacă nu fac sex până la 16 ani sunt o ratată.

După ce am ascultat tot ce-ați avut de spus nu mai cred nimic din toate astea. Sunt așa de fericită și mă simt puternică. Mi-ați spus că sunt perfectă exact așa cum sunt. Niciodată n-am fost de acord cu asta până când n-am auzit-o de la dumneavoastră.

Plâng chiar acum, în timp ce vă scriu scrisoarea. Nu vă pot mulțumi îndeajuns pentru mesajul transmis, mie și tuturor fetelor ca mine.

Această scrisoare este în același timp plină de inspirație, tristă și revoltătoare. După 40 de ani de mișcare feministă, fiicele noastre ar trebui să fie libere să aleagă, să fie ele înseși și să știe în sinea lor că au valoare și că sunt unice. Și cu toate astea, ele nu s-au simțit niciodată mai nesigure decât acum. Modul în care arată și sex-appealul sunt principala lor obsesie. Unele fete abia dacă se mai gândesc la altceva.

Evaluarea fetelor în funcție de cât de mult plac celorlalți și ce valoare au ca „produs“ le-a făcut pe acestea să se întoarcă în urmă cu 50 de ani. Sexualizarea – impunerea cu forța a identității sexuale cuiva – era un termen folosit în cazurile de abuz sexual asupra copiilor. Astăzi, acest lucru constituie o problemă întâlnită în toate școlile, încă de la ciclul primar. Nu e ceva nou, dar este un fenomen mult mai accentuat și foarte des întâlnit. Puține fete reușesc să-l evite.

#METOO ÎN ȘCOLI

Acum câțiva ani, o prietenă de-a mea, și unul dintre cei mai cunoscuți jurnaliști politici din Australia, s-a dus la un interviu de angajare cu cel mai mare mogul de reviste din țară. Pe atunci era tânără, și aceasta ar fi fost o schimbare interesantă în carieră. El era un om de care se temeau politicienii și care controla mii de angajați. I-a spus, lingându-se pe buze, că sexul este calea prin care ar putea obține postul, deși nu s-a exprimat atât de politicos. Cuvintele lui exacte au fost: „Jobul e al tău.

După ce ți-o trag“. Se subînțelegea „chiar acum“. Ea a fugit din biroul lui, tremurând necontrolat și nu s-a mai întors niciodată. A fost cel mai groaznic moment din viața ei.

Acesta este un adevăr întunecat și înfiorător al vieții femeilor și fetelor de secole. Dacă ați lucrat alături de bărbați aflați în funcții de putere – de la un supraveghetor într-o fabrică sau un proprietar de cafenea și până la un CEO într-o corporație –, mai ales dacă erați tânără, deveneați o țintă. Să fii presată pentru favoruri sexuale, hărțuită, umilită sau chiar agresată sexual constituia un pericol inerent al locului de muncă. Sigur, nu se întâmpla în orice loc de muncă, dar se întâmpla mult mai des decât ați bănui. Dacă ați avut noroc, v-au avertizat celelalte fete sau femei la cine să fiți atentă și unde să nu mergeți. Fiecare părinte care își trimitea fiica la primul ei loc de muncă cu jumătate de normă sau la primul interviu de angajare a simțit un nod în stomac. Va fi în siguranță? Ce lucru revoltător!

Mișcarea #MeToo din ultimii doi ani a fost momentul când oamenii ai spus: „Destul“. Faptul că femeile și-au făcut vocea auzită a însemnat că niște bărbați oribili au fost opriți. A fost un început.

Dar acum ne dăm seama de ceva și mai oribil. Și anume că asemenea lucruri încep la tinerețe. Cu siguranță în gimnaziu, dacă nu chiar în școala primară. Anul trecut, în zona plajelor din nordul orașului Sydney, doi băieți de 12 ani au violat o fetiță de șase ani în toaleta școlii sale. Nu ne putem imagina cât de îngrozitor trebuie să fi fost pentru această fetiță sau care vor fi efectele asupra sănătății ei mintale sau asupra stării ei viitoare. Sau suferința părinților și a familiei ei, care au crezut că școala e un loc sigur. În ciuda faptului că băieții au fost acuzați de poliție, un judecător a decis că la vârsta de 12 ani nu și-au dat seama că ceea ce au făcut este greșit din punct de vedere moral și a respins dosarul. Ceea ce este destul de greu de înțeles (în Marea Britanie vârsta vinovăției pentru o astfel de crimă este de 10 ani). Poate că băieții australieni învață mai lent.[1]

Această problemă este peste tot. În Marea Britanie, în 2015, a fost raportat că în ultimii trei ani în școli au avut loc 5.500 de agresiuni sexuale, inclusiv sute de violuri.[2] Efectele asupra fetelor (și băieților) care le-au căzut victime sunt profund traumatizante. O mamă și-a descris fiica drept „o coajă goală“. Astăzi, psihologii știu că atunci când un copil recurge la autovătămare, primul lucru care trebuie investigat este dacă acesta a fost abuzat sexual. Atât de obișnuit a devenit acest tip de abuz.[3]

Sistemul școlar însă a fost lent și nu a prins din urmă acest moment. Este clar că făptașii ar trebui îndepărtați de victime (și nu invers), astfel încât acestea să se simtă în siguranță, să înțeleagă că trauma lor este luată în serios și să fie sigure că ceea ce s-a întâmplat nu este vina lor. De asemenea, este clar că este obligatoriu ca băieții responsabili să fie supuși unui tratament. Dar prevenirea este în mod clar mai bună. Lecțiile despre consimțământ și limite trebuie predate la o vârstă mult mai mică, astfel încât să nu se poată spune „nu știam că este greșit“ și pentru ca victimele să aibă terminologia potrivită pentru a putea explica ce li s-a întâmplat.

Violul sau agresiunea se află la capătul unui continuum de abuz cu care aproape fiecare fetiță din școală se confruntă astăzi. Colega mea Melinda Tankard Reist este fostă jurnalistă, iar acum este specializată în programe care au în vedere modalitățile de a pune capăt maltratării sexuale a fetelor. Aproape în fiecare săptămână, Melinda poate fi găsită dinaintea unor mari adunări școlare, vorbind despre această problemă.

Apoi are întâlniri separate cu copiii în grupuri de discuții mai mici. Iată ce au povestit fetele dintr-o școală catolică privată dintr-o suburbie din Sydney că li se întâmplă:

- *Sunt apucate de fund sau de sâni în timp ce merg pe coridoarele aglomerate în fiecare zi.*
- *Băieții le cer sex oral în timpul pauzelor sau al mesei de prânz.*
- *Băieți își ating zonă genitală în fața lor sau își freacă zona genitală de ele în timp ce trec pe lângă ei în clasă sau pe coridor.*
- *Li se spune că sunt turnătoare sau frigide dacă vorbesc sau se plâng de oricare dintre aceste lucruri.*
- *Atunci când un băiat îți spune că ești „un proiect de grup" înseamnă că grupul de băieți din care face parte plănuiește să te prindă singură.*
- *Băieții fac glume proaste despre violuri și o hărțuiesc pe o fată despre care se știe că este supraviețuitoarea unui viol.*
- *Fetele primesc mesaje pe rețelele sociale de felul „fundul tău arăta super astăzi" sau comentarii negative ori jignitoare despre trăsături sexuale sau amenințări că vor fi violate.*
- *Atunci când ies la întâlnire cu un băiat ori când, pur și simplu, se împrietenesc cu un băiat, de obicei află că asta e rezultatul unei „provocări" sau e pentru amuzamentul amicilor lui, cărora le va povesti dacă „ți-a tras-o".*

Acești băieți au dezvoltat sau au fost deprinși cu o cultură în care fetele nu sunt oameni, ci ținte, prăzi pentru umilință, excitație sexuală, care îi ajută să se ridice unii în ochii altora atunci când „înscriu", ceea ce îi face să se îndemne reciproc la acte și mai groaznice. Această „cultură a violului" spune că este în regulă, și natural, și normal să te comporți în acest fel. Atunci nu e de mirare când, individual sau în grupuri, copiii comit abuzuri sexuale reale. Acesta este exact opusul a ceea ce ar trebui să însemne bărbăția. Este un comportament dezaxat și avem nevoie atât de bărbați, cât și de femei în școli care să-i învețe pe băieți că este greșit și că așa ceva nu are cum să se termine cu bine.

Efectul asupra fetelor – o întreagă generație de fete – este că pur și simplu se simt asediate. Au ajuns să creadă că este normal și că, dacă nu le place sau nu se simt confortabil în această postură, atunci e ceva în neregulă cu ele. Sunt întruna evaluate și comparate, amenințate sau tratate ca un obiect, niciodată în stare să se relaxeze sau să fie ele înseși. Fetele nu sunt nici pe departe în siguranță.

Ce-i de făcut

Una dintre fete a rezumat: „Am renunțat, am încetat să mai încercăm. Este penibil că asta trebuie să suportăm după toate discuțiile despre egalitate. Nu ar trebui să ne facem griji pentru asta". Răspunsul Melindei: „Nu, fetelor, chiar n-ar trebui să vă faceți griji. Promitem că vom face tot ce ne stă în putință pentru ca într-o zi să nu fiți nevoite să faceți voi asta".

Ce putem face noi, ca părinți? Trebuie să vorbim cu fiicele noastre și să spunem „știm că asta se întâmplă și nu e drept". Școlile trebuie să abordeze problema în mod formal (și nu cu prelegeri ceremonioase în sala de festivități, ci în discuții amănunțite, în grup restrâns și adunând informații foarte specifice despre experiențele fetelor). E nevoie de o muncă detaliată și intensă cu băieții despre cum să aibă relații egale și pozitive cu fetele, deoarece aceste lucruri nu vor funcționa nici mai departe, în viață. Școlile au nevoie de proceduri clare pentru a se asigura că atunci când se raportează un asemenea comportament, problema se tratează întotdeauna cu seriozitate.[4] Atracția romantică și sexuală fac parte din relațiile dintre tineri, dar chestiunea a escaladat într-o manieră mai urâtă și mai dezumanizată. Dragostea adolescentină, cândva unul dintre cele mai speciale lucruri pe care le puteai trăi la această vârstă, este acum adesea înspăimântătoare și dezamăgitoare, și încă un pericol pe care trebuie să îl înduri dacă ești fată. Trebuie să reparăm asta.

SELFIE-URI NUD ȘI ALTE LUCRURI CU CARE NOI N-AM AVUT DE-A FACE

După prezentarea despre presiunile pe care reclamele publicitare, revistele și internetul le pun asupra fetelor, Melinda îi întreabă adesea pe copii despre ideile cu care au rămas după discuția avută. Trei fete de 14 ani de la o școală privată din Sydney au vorbit despre selfie-urile nud care le sunt trimise băieților. Pe de o parte, e înspăimântător, pe de alta, e încurajator. Aceste fete curajoase de-abia încep să înțeleagă lumea din jur, cu umor, dar și cu o dezamăgire serioasă.

Sarrah: Ei bine, chiar ne-ai schimbat perspectiva asupra felului cum vedem noi... cum ar veni... ce ne fac băieții și cum nu ar trebui să ne simțim obligate, să... ăăă... să arătăm într-un fel, ca să se simtă ei bine!

Peta: Da, mi s-au cerut fotografii nud de când aveam probabil opt sau nouă ani, și... a devenit oarecum normal, adică nu m-am gândit niciodată că n-ar fi în regulă, adică chiar și înainte de discuția asta, mi se părea ceva... normal? Și pe urmă, chiar și primul clip pe care ni l-ați arătat, cu reclamele, când te uiți la el, îți spui „asta e normal".

Sarrah: Da.

Peta: Normal, de genul nu ți se pare nimic aiurea până nu ați început să povestiți despre asta și să arătați cât e de stereotipic? Cum ar fi, cum se așteaptă să arate toată lumea ca acolo și, cum ar veni, de acolo se inspiră toți băieții.

Sarrah: Da, și deci în fiecare zi la școală, băieții le cer fetelor poze nud și e ca și cum (*oftează, clatină din cap*) da...

Peta: Dar e ca o conversație normală. Adică ești la școală, și zici: „Oh, i-a trimis aseară niște poze nud unui tip".

Sarrah: Da, dar ceea ce trimiți, totuși... e ca și cum fetele cred că atunci când băieții le cer nuduri ăsta e un compliment. *Păi nu e un compliment!* Deci nu e nevoie să trimiți nimic.

Peta: Pentru că te folosesc!

Sarrah: Da! Exact!

Mollie: Și e ca și cum n-ai avea personalitate, contează doar cum arăți.

Sarrah: Da, contează doar corpul, nu cine ești cu adevărat.

Mollie: Corect. Gen: „Îmi pare rău dacă ești de treabă, dar nu arăți așa de bine, așa că n-am de gând să vorbesc cu tine".

Sarrah: Și deci, dacă facem ceva ce băieților nu le place sau dacă ei ne cer să facem ceva ce nu vrem să facem și spunem nu, pur și simplu ne abuzează, ceea ce... ugh. (*Oftează*.)

Peta: Și... se duc la prietenii lor și ei le spun nu vorbi cu tipa asta, că n-o să-ți trimită poze cu ea dezbrăcată...

Sarrah: „O să te toarne!"

Peta: „Da, e o turnătoare", da, cum ar fi, „n-o băga în seamă", ugh!

Mollie: Și îți pun eticheta „frigidă" și mai știu eu ce, și încep bârfele...

Peta: (*cu amărăciune*) E așa o porcă... da.

Intervievatoarea: Deci, cum ai face față băieților acum, dacă ți-ar cere poze și s-ar purta urât cu tine?

Sarrah: Aș spune doar...
Peta: Avem și personalitate! (*Râde.*)
Mollie: Și... avem și creier, cum ar fi...
Sarrah: Da, deci... nu, n-o să-ți mai trimit poze cu corpul meu doar ca să te simți tu bine! Sunt stăpână pe viața mea și fac ce vreau!
Peta: Și avem dreptul să fim... să ținem asta pentru noi.
Sarrah: Da!
Peta: Cât o să vrem. Și putem să vă trimitem, dacă am fi împreună, dar nu doar pentru că ești doar un tip popular care vrea să ne vadă goale. (*Râde*).
Sarrah: Și ce spuneați despre băieții buni, adică recunosc, mereu m-au atras skaterii sexy, care sunt oribili ca oameni, și nu băieții buni...
Mollie: Și deci, după toate astea, acum nu poți să alegi pe nimeni, pentru că ești mereu suspicioasă, e ca și cum...
Peta: Nu știi dacă poți avea încredere...
Sarrah: Și ne-am obișnuit să fim tratate așa.
Peta: Da.
Mollie: Nu știi în cine poți avea încredere.
Peta: Este proprietatea ta!
Sarrah: Da!
Peta: Și... recent, cineva mi-a făcut o captură de ecran și a arătat-o la toată lumea!
Sarrah: La toată școala.
Peta: Da...
Sarrah: Și noi, ca fete... suntem privite ciudat, fiindcă le-am trimis poze, dar ne simțim oarecum obligate să le trimitem, pentru că dacă nu trimitem...
Mollie: Se va întoarce împotriva noastră.
Sarrah: Toți băieții ne vor abuza la școală. De genul „Uită-te la ea, frigida, nu-i bună de nimic..." Dar e treaba mea ce fac... (*Clatină din cap.*)
Intervievatoarea: Deci ce vei face de acum înainte?
Sarrah: NU! (Face cu mâna semn de stop.)

Peta: NU!
Mollie: Scuze!
Sarrah: Nuuuuuuuuuuuu! Scuze!
Peta: Sută la sută! În nici un caz!
Sarrah: Corect.

Vor simți aceste fete că pot prelua controlul? Și sunt băieții dispuși să își analizeze comportamentul? Ce efecte are sexualizarea crescută în spațiul de viață al copiilor mai mici asupra fericirii lor viitoare și asupra șanselor de a avea relații bune cu sexul opus? Și cum rămâne cu fetele care nu ajung niciodată să pună la îndoială acest rol în care au fost distribuite – acela de furnizoare de pornografie *homemade* pentru băieți adolescenți?

Pozele nud nu sunt un „păcat". Multe cupluri adulte separate din pricina serviciului militar sau a jobului își trimit imagini erotice. Fetele cu care am vorbit din culturile care interzic contactul cu băieții folosesc selfie-uri erotice în relația lor – o nouă variantă a provocării atemporale de a ocoli controlul parental! Iubirea este iubire. Dar constrângerea, trădarea, șantajul și rușinea în jurul aspectului fizic și al sexualității reprezintă riscuri foarte frecvente, iar comparațiile nesfârșite și disprețul față de sine atunci când nu ești la înălțime, în toate sensurile, sunt o latură foarte întunecată a acestui tip de relații. Fetele despre care am vorbit mai sus au învățat cum să facă față situației.

Nimeni nu știe toate răspunsurile, dar acesta este un subiect de conversație pe care merită să îl abordați cu fiicele și fiii dumneavoastră. Fără prejudecăți și fără să le țineți predici, ci pornind de la întrebările: Cum te afectează asta? Face lucrurile să meargă mai bine, sau mai prost? Este inofensiv, sau otrăvește relațiile dintre băieți și fete? Ce ai de gând să faci ca să te simți în siguranță? Și mesajul atemporal, puternic: „Nu trebuie să faci ceea ce simți că nu este bine".

CUM SE DEZVOLTĂ SEXUALITATEA DE LA SINE

Să discutăm despre cum ar trebui să se desfășoare lucrurile. Dacă sunt lăsați să se descurce singuri, toți tinerii își conștientizează sexualitatea din momentul în care intră la pubertate. E un proces lent, pentru că reticența și jena firească încetinesc lucrurile.

Un singur exemplu în sprijinul acestei afirmații este atracția nonsexuală a fetelor, înainte și în timpul adolescenței, față de trupele muzicale de băieți sau față de anumiți cântăreți, poate pentru că asta le permite să înțeleagă ușor ceea ce simt în siguranță și în intimitate.

Fetele ajung de la intoleranța față de băieți din perioada premergătoare adolescenței la a-i găsi pe aceștia interesanți, dar enervanți în adolescență, pentru ca, până la urmă, cu timpul, să stabilească relații cu unul sau mai mulți dintre ei, cu care pot comunica cu plăcere și care le sunt prieteni buni în

CELE TREI SENTIMENTE FAȚĂ DE SEXUL OPUS

Nu e ceva neobișnuit să fii atras de cineva pe care nici măcar nu-l placi, în preajma căruia nici măcar nu ai vrea să te afli. Așa funcționează însă uneori hormonii. Poate fi momentul în care fetele învață să facă diferența între cele trei sentimente pe care le pot avea față de băieți: simpatia, dragostea și dorința - fiecare dintre ele este altfel. Să le simți pe toate trei pentru aceeași persoană este tot ceea ce-ți poți dori, dar cel puțin trebuie să putem face diferența între ele. Pot apărea probleme serioase dacă luăm dorința drept dragoste, dragostea drept simpatie sau simpatia drept dorință. Părinții pot aborda acest subiect fără să facă mare caz din asta, însă și la modul serios: fetele trebuie să fie stăpâne pe situație, deoarece, în caz contrar, vor avea puține șanse să aibă o relație reușită.

perioada maturizării. Cu puțin noroc, ele se pot integra în diverse grupuri și-și pot îmbunătăți conversația, urmărind modul în care reacționează băieții în anumite situații. Dacă întâlnesc un tânăr care are simțul umorului, e de treabă, e în stare să poarte o conversație și nu e arogant, e posibil ca ele să vadă în acesta un potențial partener și „să iasă" împreună.

Când o relație e abia la început, fetele acționează cu multă precauție, analizând atent. De fapt, dragostea la vârsta adolescenței se rezumă la cunoașterea celuilalt, cei doi devenind din ce în ce mai intimi pe măsură ce capătă mai multă încredere unul în celălalt. E perioada cea mai frumoasă a vieții, simți că trăiești cu adevărat, iar lumea pare un loc minunat.

Această perioadă este, de cele mai multe ori, distrusă de sexualizarea copiilor. Bombardați de presa scrisă și de televiziuni, care vorbesc despre cât e de important să fii sexy, având ca model actori sau persoane publice pentru care sexul nu reprezintă împlinirea unei relații afective, ci mai degrabă modalitatea prin care te poți face iubit, adolescenții ajung să nu se mai comporte așa cum își doresc, așa cum simt, ci așa cum cred că ceilalți așteaptă de la ei.

Încep să creadă că, dacă nu au o relație sexuală, partenerul îi va părăsi. Atunci când fac sex nu sunt nici relaxați, nici excitați, ci profund neliniștiți de „performanța" lor, întrebându-se la ce nivel se ridică față de alții și ce trucuri ar trebui să învețe. Acestei generații i s-a furat o parte din viață care trebuia să fie frumoasă și să îi îmbogățească. O pierdere teribilă.

Fetele care au fost intervievate de către specialiști au dezvăluit că majoritatea relațiilor intime pe care le aveau erau întreținute doar pentru a-i satisface pe băieți, în timp ce unor fete li se părea ceva lipsit de substanță, care nu le făcea plăcere. Fetele privesc sexul ca pe o necesitate exact ca acum o sută de ani, când pentru tinerele soții relațiile matrimoniale erau o obligație. Multe fete beau cantități considerabile de alcool când ies seara cu băieții, doar ca să le fie mai ușor și să se detașeze din punct de vedere emoțional.

Sexul cu mai mulți parteneri nu este bun pentru corp. Deși prezervativele sunt larg răspândite, multe fete recurg totuși la pastile anticoncepționale. Fetele sunt predispuse acum la

FAPTE DOVEDITE ŞTIINŢIFIC

În 2002, când cercetătorii de la Universitatea Latrobe din Melbourne au făcut un studiu la scară largă referitor la sexualitatea adolescenţilor, pe care l-au repetat în 2008, au descoperit ceva destul de alarmant. Pe aceia dintre noi care lucrau cu tinerii ne-a pus pe jar şi ne-a şocat în acelaşi timp. Studiul a demonstrat că în ultimii şase ani procentul fetelor care avuseseră mai mulţi parteneri în timp ce erau încă la şcoală se dublase.[5] Luând în considerare şi ultimii 30 de ani, *procentul respectiv crescuse de la 4 la 20 la sută, şi lucrurile nu păreau să se oprească aici.* E posibil ca cifrele din această statistică să fie mai mari în momentul când veţi citi aceste rânduri. Prin „mai mulţi parteneri" înţelegem de la trei în sus. Şi asta până la vârsta de 17 ani.

mult mai multe infecţii, printre care şi chlamydia, care le poate afecta fertilitatea, iar sexul oral, devenit o practică obişnuită, duce la o incidenţă mai mare a cazurilor de cancer bucal şi laringian.

Dacă se poate, trebuie să le învăţăm din timp pe fiicele noastre că nu e bine să fii atrăgătoare de la o vârstă fragedă, aşa cum o impun timpurile moderne. E bine să facem o selecţie riguroasă a mijloacelor de informare în masă la care au acces.

RELAŢIILE FIZICE – CÂT DE DEVREME ÎNSEAMNĂ „PREA DEVREME"?

Pe măsură ce am evoluat ca specie, am învăţat unul dintre cele mai importante lucruri, acela că nu putem sări peste etape. Nu poţi construi o casă fără temelie. Le derutăm pe fete atunci când le grăbim să aibă nevoi şi comportamente pentru care nu sunt pregătite din punct de vedere neurologic. Majoritatea fetelor între 14 şi 18 ani sunt încă în căutarea identității. Închipuiți-vă o fată de 15 ani aflată într-o intensă relație cu un băiat. La vârsta ei, nu știe încă cine este cu adevărat, fiind foarte probabil să încerce să se „definească" prin el și invers.

Tânăra nu este încă destul de sigură pe ea, prin urmare ea ar putea să se neliniștească și să-și facă griji, gândindu-se obsesiv că el nu o place. Orice semn de lipsă de interes din partea băiatului o va bulversa. Nu va ști clar ce anume îi place și ce anume își dorește ea, pentru că gusturile și dorințele lui vor prima întotdeauna. La aceeași vârstă, băieții au, la rândul lor, aceeași problemă. Dar dacă e mai mare, tânărului îi va fi greu să se abțină să preia automat controlul și să dezvolte o relație de dominare, în care el hotărăște tot ce se întâmplă. (Fetele care nu au parte de o îndrumare paternă corespunzătoare s-ar putea să încurce deseori nevoile tatălui cu cele ale prietenului, și de aceea încep relații cu băieți mai experimentați.)

Fetele de 14 sau 16 ani au deseori relații. E frumos să ai în viața ta pe cineva special, dar e și periculos din punct de vedere emoțional și nu va dura probabil prea mult. Dacă se ajunge la sex, poate apărea multă suferință, cu consecințe asupra relațiilor viitoare. A construi o relație încet și cu răbdare e cea mai bună variantă.

CUM SĂ FII INTELIGENTĂ CÂND E VORBA DESPRE BĂIEȚI

Se impune ca fiecare părinte să aibă, la un moment dat, o discuție cu fiica sa, nu despre ceea ce bănuiți dumneavoastră. Când eram copii, conversația se rezuma la „să nu cumva să rămâi însărcinată", dar și aceasta la care ne referim acum este la fel de importantă: „Cu ce fel de băiat merită să-ți petreci timpul și de care trebuie să te ferești?" A vorbi cu fiica dumneavoastră despre aceste lucruri, de la femeie la femeie sau de la tată la fiică, este esențial, deoarece îi pune mintea la contribuție. Când vine vorba de dragoste la vârsta adolescenței, mintea e cel mai puțin solicitată! În mod ideal, aceste conversații au loc treptat, de-a lungul mai multor ani, dar ele intră în centrul atenției atunci când, dintr-odată, băieții devin din enervanți fascinanți!

De-adevăratelea, este vorba despre două discuții – care sunt caracteristicile pe care trebuie să le aibă ca prietenul ei (sau prietena ei, dacă este atrasă de persoane de același sex) să fie considerat „bun" și care sunt acelea care îl descalifică? Care sunt semnalele de alarmă la care trebuie să fie atentă? Dumneavoastră vă cunoașteți cel mai bine fiica, așa că cele ce urmează sunt doar sugestii pentru a începe conversația. Cel mai important este însă să nu faceți mare caz pe tema asta, ci să abordați totul relaxat, atunci când este momentul potrivit. Nu îi țineți predici, nu-i dați lecții, pur și simplu cereți-i părerea cu privire la această chestiune. Ascultați-o, explorați subiectul, aduceți în discuție exemple din viața de zi cu zi și împărtășiți-i propriile gânduri și experiențe doar cu mare prudență! Prea multe fete din ziua de azi suferă sau au relații periculoase cu băieți reprobabili. Fiica dumneavoastră nu trebuie să se numere printre ele.

UNDE SE TRAGE LINIA

Trăsătura fundamentală a fiecărei ființe umane este dată de felul în care interacționează cu ceilalți oameni. Fie îi respectă, fie nu. Așa încât, cu adevărat există două tipuri de băieți/bărbați (pentru că vorbim de adolescenți, aceștia încă învață ce să aleagă și li se îngăduie să facă greșeli). Băieții bine-crescuți și iubiți le privesc pe fete ca pe egalele lor și înțeleg că au propriile nevoi, sentimente și păreri. Aceștia își dau seama că, dacă sunt sinceri și vulnerabili, relațiile cu fetele evoluează și înfloresc. Acești băieți sunt încă nesiguri pe ei, dar sunt statornici, de încredere și amuzanți, iar atmosfera din jurul lor e pozitivă.

Dar mai e și a doua categorie, și știm cu toții despre ce vorbim. Acest tip de băiat nu le privește pe fete ca pe egalele lui, și e posibil să-și fi luat drept modele doar bărbați care nu le consideră pe femei egale, așa încât încearcă să le controleze prin orice mijloace – emoționale, fizice, financiare. Poate fi fermecător, dar nu poate face față unei femei independente. Îl face să se simtă nesigur. A avea un astfel de prieten poate începe bine, dar curând lucrurile devin neplăcute și stresante. Dacă un băiat nu-ți face fiica fericită, atunci probabil că se înscrie în cea de-a doua categorie. Puterea și controlul sunt teribile într-o relație. Acești băieți mai au încă de crescut și ar face bine să stea deoparte și să exerseze în acest sens.

Desigur, atracția sexuală este o parte importantă a relațiilor adolescenților, dar un băiat care este bine educat și iubit se va implica și sufletește în relație. El prețuiește apropierea și încrederea și poate face față provocării pe care o reprezintă o ființă diferită, înzestrată cu propria minte. Un băiat care vrea doar „să i se bage pe sub fuste", ca s-o spunem de-a dreptul, va ști să se comporte tandru, interesat, fermecător și romantic. Dar numai pentru o vreme. Atâta timp cât lucrurile merg conform orarului lui. Dragostea este un dans, iar dacă ele nu știu asta, va urma durerea.

PARTENERUL PE CARE ȚI-L DOREȘTI

Dumneavoastră și fiica dumneavoastră nu veți avea probleme să enumerați calitățile pe care le are un om bun.

(De asemenea, v-ați putea gândi la bărbații buni pe care îi cunoașteți amândouă și la trăsăturile lor.) Iată ce-i puteți spune, pentru început.

- *Optimist și răbdător*. Urmărește cum se comportă când lucrurile nu merg așa cum și-a propus. Cum reacționează la eșecuri? Face crize de furie, sau devine ursuz și necomunicativ? Sau merge înainte, ca să învețe și să crească?
- *Amabil și binevoitor*. Dacă se plânge de fostele iubite sau este răutăcios și îi bârfește pe ceilalți, atunci, într-o bună zi, această atitudine răutăcioasă s-ar putea să se concentreze asupra ta. Desigur, dacă te umilește din cauza felului cum arăți sau a opiniilor tale, a prietenilor tăi, a familiei tale etc. sau, și mai rău, te bruschează, sau e violent, sau țipă la tine, pleacă. Scurt și cuprinzător.
- *Nu e dependent de diverse substanțe*. Îți poți da seama dacă cineva este profund stresat, tulburat sau marcat de traume fiind atentă la relația pe care o are cu substanțele care dau dependență. Țigările (în ziua de azi), alcoolul altfel decât în cantități mici, la ocazii, sau marijuana sugerează o persoană care nu face față vieții de zi cu zi.
- *Nu e gelos sau posesiv*. Cum reacționează dacă îți petreci timpul cu prietenii tăi sau vorbești cu un alt băiat care ți-e amic și nimic mai mult? Un partener sigur pe el va fi fericit să te știe fericită.
- *Amuzant, creativ, plin de viață*. Adesea fetele sunt surprinse că băiatul care arată super, după care au oftat încontinuu este, de fapt, groaznic de plicticos – uneori puternic și tăcut poate însemna că, pur și simplu, n-are nimic în cap! Partenerul tău trebuie să aibă individualitate și să știe să-ți pună în lumină propria spontaneitate.
- *De încredere*. Oricât de amuzant ar fi, prietenul tău trebuie să aibă coloană vertebrală. Să facă ceea ce spune. Să își țină promisiunile. Să ajungă la timp. Să nu se eschiveze la greu. Să facă sacrificii pentru obiective importante. Ești în siguranță cu el. Astea sunt lucruri foarte

importante pe termen lung. Viața nu este întotdeauna o petrecere, și uneori ai nevoie de cineva stăpân pe el lângă tine.

PARTENERUL DE CARE SĂ FUGI

- *Intensitatea* este întotdeauna un semnal de avertizare. Nu are nevoie să te cunoască, pentru că și te-a imaginat deja! Cineva care-ți spune din prima că te iubește reprezintă un pericol – vei deveni femeia din fanteziile lui și va aștepta de la tine să urmezi scenariul pe care și l-a făcut în minte. Comportamentul obsesiv este trăsătura cea mai periculoasă la un partener, deoarece înseamnă că percepția lui asupra realității este greșită.
- *Este incredibil de arătos, bine făcut și îngrijit.* Toate astea iau timp, ceea ce înseamnă că probabil este un narcisist care își consumă întreaga energie pentru el însuși, iar tu doar vei fi doar un accesoriu.
- *Este neliniștitor și incitant.* (În traducere, are probleme de anxietate, pe care și le gestionează fumând sau consumând alçool, și legate de autoritate, care îl vor conduce în cele din urmă la un accident rutier sau la închisoare.)
- *Are cu adevărat nevoie de tine* și îți spune că ești totul pentru el. (În traducere, are probleme emoționale și, în consecință, este un manipulator, care face crize de furie, devine morocănos și, într-o bună zi, când va fi cu adevărat supărat, o să te bată.)
- *Este puternic, tăcut și minunat.* (În traducere, este lipsit de inteligență emoțională și nu știe să împărtășească ce simte, să fie vulnerabil și deschis.) Deci, plictisitor. Un partener bun este cineva care poate face greșeli, dar și le recunoaște, și le îndreaptă, și se străduiește să se schimbe și să evolueze. Și se schimbă – nu te pomenești că ești nevoită rezolvi aceeași problemă iar și iar.

Întrebați-o pe fiica dumneavoastră care sunt calitățile pe care le socotește cele mai importante la un partener? Și care sunt trăsăturile negative pe care nu le-ar putea accepta niciodată? Și purtați-vă firesc, natural! Adolescența înseamnă să înveți din propriile greșeli. Nu veți putea să vă protejați fiica (sau fiul) de suferințele din iubire, dar fetele au inimi puternice, care se vindecă foarte bine. Cel mai important este că ea poate recunoaște din timp când se află într-o relație proastă și să nu-și piardă ani din viață cu ea. Arătându-i fiicei dumneavoastră că aveți încredere în judecata ei, o veți ajuta să-și audă propriile semnale de alarmă și să caute genul de băiat pe care fiecare fată îl merită: fericit, respectuos și care tratează femeile de la egal la egal.

INFLUENȚA NOCIVĂ A MASS-MEDIA TREBUIE OPRITĂ

Deși nu ne place să o recunoaștem, noi, oamenii, suntem „animale de turmă". Având un caracter profund social, ne luăm reperele normalității de la cei din jur, doar că în ziua de azi aceste repere nu mai vin de la oameni în carne și oase, ci de la mass-media: televizor, filme, clipuri muzicale și reviste. În ultimii 50 de ani, dar mai ales în ultimii zece, ne-am schimbat obiceiul de a ne petrece timpul de peste zi cu familia, rudele și prietenii, rămânând izolați la noi acasă. Unele studii arată că fetele din ziua de azi își petrec doar o cincime din timp cu cei mai în vârstă, comparativ cu acum 50 de ani.[6] Atunci când bunica locuia pe aceeași stradă, iar mătușile sau prietenele mamei, în același orășel, adolescentele aveau o grămadă de „femei cu experiență" în viața lor, cu care să vorbească.

Astăzi totul s-a schimbat. În loc să vorbim cu vecinii de peste drum, ne uităm la serialul *Vecinii*, la fel cum ne uităm la serialul *Prietenii tăi* în loc să ne petrecem timpul cu prieteni reali. (Televizorul a devenit aproape ca o familie: la micul dejun avem parte de bărbați joviali, binevoitori și de femei cu atitudine maternă, exact ca mamele și tații din alte vremuri.)

Noi, adulții, folosim televizorul ca divertisment, dar copiii noștri îl folosesc în cu totul alt scop: pentru a învăța ce înseamnă comportament normal. Bineînțeles că ceea ce văd e departe de a fi normal. Cu fiecare an ce trece, programele TV au un conținut din ce în ce mai sexualizat, mai violent, mai obscen și mai brutal, ca să ne provoace emoții intense într-un mod din ce în ce mai explicit și să ne rețină astfel atenția. Personajele de acolo trebuie să arate din ce în ce mai bine pentru ca lumea să se uite. Așa că ceea ce e normal la televizor e puțin probabil să se întâmple în viața de zi cu zi.

Programele preferate ale multor adolescenți sunt acelea de tip reality show, în care apar tineri în diverse situații regizate, vedem flirturi, despărțiri și suferință, hărțuire și respingere. Puștii știu ce înseamnă să fii respins și exclus, așa că se uită la aceste programe fascinați. Ei văd comportamente conflictuale și imorale, iar cruzimea și egoismul sunt înfățișate ca fiind perfect normale. Ajung să creadă că așa este și lumea în care trăiesc – un loc mare și pustiu, în care nimănui nu-i pasă de nimeni. Dacă nu ești destul de atrăgător sau de sexy nu vei fi unul dintre cei „aleși".

În afară de asta, s-au mai schimbat multe alte lucruri. Atunci când eram noi copii, ceea ce vedeam era cu totul diferit. Astăzi totul e pătat – programele TV de după-amiază sunt întrerupte de știri groaznice, comportamente vulgare și jignitoare apar în așa-numitele emisiuni „de familie". (Serialul *Doi bărbați și jumătate* este definitoriu – printre actori se află și un copil, comicul rezultând din situațiile în care acesta este martorul aventurilor amoroase ale adulților.)

NU-I PUTEM ÎNVĂȚA SĂ FIE IMUNI?

Problema e că asemenea emisiuni nu sunt ceva izolat, existând din păcate un flux continuu de astfel de materiale dăunătoare. Pas cu pas, copiii sunt îndoctrinați cu privire la ce trebuie să gândească, să simtă, la felul cum trebuie să arate și la ce trebuie să facă. Pot fi ajutați să devină imuni, dar asta presupune mult efort. Experții care ne sfătuiesc „să discutăm despre mass-media cu copiii noștri, să îi ajutăm să demonteze mesajele lor și să fie conștienți de impactul presei" nu se înșală, și chiar asta trebuie să facem. Doar că mare parte din efectul pe care îl are televiziunea asupra tinerilor nu este resimțit la nivel conștient, fluxul de informații toxice fiind de nestăvilit.

Fetele sunt influențate în mod special de programele de televiziune și revistele insidioase. Pe piață se vând produse complet inutile pentru adolescente, din comercializarea cărora se încasează anual miliarde de dolari în toată lumea. Fetele din generațiile anterioare nu au avut niciodată nevoie de așa ceva și nu s-ar fi gândit să-și cumpere – farduri, produse de îngrijire a părului și a pielii, articole vestimentare și încălțăminte de tot felul ticsesc șifonierele tinerelor. În urmă cu douăzeci de ani, o adolescentă ar fi ieșit liniștită în oraș purtând doar o pereche de blugi și un tricou curat. În ziua de azi, fetele

se agită o oră întreagă până să-și găsească ținuta potrivită. Chiar și păpușile și jocurile pentru fetițe au legătură cu moda, frumusețea, modelingul și sex-appealul.

Scopul reclamelor este să ne afecteze sănătatea psihică, să ne creeze o stare de anxietate și nemulțumire. Indiferent dacă are 4 sau 14 ani, o fată va cumpăra aceste produse dacă va fi nesigură de aspectul fizic, de prietenii pe care îi are, de haine, greutate, aspectul pielii sau al părului. Este în așa fel manipulată, încât ajunge să-și vadă doar defectele.

Oriunde s-ar uita, fetele sunt asaltate de obsesia pentru aspectul fizic, transmisă de panouri publicitare, reviste, televiziune sau videoclipuri. Ca urmare, aspectul fizic a devenit principala preocupare a copiilor, care n-ar fi trebuit nicicând să-și bată capul cu așa ceva.

Odinioară, hainele nu ne foloseau decât ca să ne apere de frig. Astăzi mamele se plâng că este aproape imposibil să le cumpere fetelor aflate la vârsta adolescenței articole vestimentare în care acestea să nu arate ca niște femei ușoare.

OPERAȚII ESTETICE

Cu ocazia unei conferințe pe care am ținut-o recent în Sydney, Australia, m-au abordat câteva doctorițe tinere, care mi-au spus că sunt des solicitate de adolescente care doresc să facă operații estetice în zona genitală. Fetele văzuseră filme sau fotografii pentru adulți și-și făceau griji că nu arată destul de bine, astfel că voiau să îndrepte pretinsele defecte. Institutul American de Obstretică și Ginecologie a ajuns să își exprime îngrijorarea legată de acest nou curent, prin emiterea unui avertisment privind efectele secundare ale unei astfel de intervenții chirurgicale: leziuni ale nervilor, dureri la contactul sexual, aderențe și cicatrici care se vindecă foarte greu. Au apărut site-uri şi publicaţii care le arată fetelor marea varietate de feluri în care se prezintă zona genitală pentru a le convinge să-şi iubească corpul aşa cum este.

OAMENII DE CARE NE TEMEM

Există un obicei legat de televizor pe care foarte multe familii îl perpetuează – aparatul e pornit tot timpul. Cel care se trezește primul îl deschide, iar cel care merge la culcare ultimul îl închide. În aceste familii se observă niște lucruri foarte clare:

1. Nimeni nu poartă vreodată vreo conversație de calitate – care să dureze mai mult sau să fie mai profundă – pentru simplul motiv că acest lucru nu este posibil atunci când atenția oamenilor este distrasă de altceva. Așa că pur și simplu discuțiile nu au loc. Familiile care au televizorul mereu deschis nu vorbesc prea mult. În schimb, mormăie din plin.
2. Copiii sunt saturați de mulțimea mesajelor derutante, disparate, înfricoșătoare, deformate, artificiale sau pur și simplu false despre lume și viață. S-a dovedit că persoanele care se uită la televizor sunt mult mai neliniștite, deprimate, temătoare, neatente și lipsite de vlagă decât acelea care nu o fac. Și câți părinți nu au încercat să-i explice unui copilaș îngrozit de trei ani, care a văzut ceva ce nu era pentru vârsta lui, că imaginile de la televizor nu sunt adevărate? Dar pentru copii, ele sunt mai reale decât viața însăși. La urma urmelor, erau la televizor.

În mod normal, dumneavoastră ați invita în casă un individ înfricoșător, care le inspiră teamă copiilor și îi obligă să cumpere tot felul de lucruri de care nu au nevoie? Ca părinți, aveți obligația să vă asigurați că echilibrul emoțional al membrilor familiei dumneavoastră nu e în primejdie. Aveți obligația să știți atât cine vă trece pragul, cât și ce vă intră în casă prin intermediul televizorului. Televiziunea vrea să stăpânească mintea fiicelor dumneavoastră. Nu trebuie să-i permiteți.

Nu m-am putut abţine să nu zâmbesc atunci când un coleg de-al meu care oferea consiliere psihologică prostituatelor mi-a dezvăluit că printre femeile cu care vorbea existau multe glasuri nemulţumite în rândul pacientelor lui pentru faptul că nu mai puteau fi reperate de clienţi pentru că *fetele de 17 ani se îmbracă exact ca ele.*

CE PUTEM FACE?

Să ne ocupăm mai întâi de chestiunile mai uşoare. Televiziunea este Vârful Everest în peisajul influenţelor negative din viaţa copiilor dumneavoastră. În timp ce internetul îi acaparează pe adolescenţi, televizorul acaparează mii de ore din viaţa copiilor, exact în anii când aceştia se formează. Prezenţa lui se face simţită peste tot, nu numai în sufragerie, ci şi în alte camere din locuinţă. E ca un al treilea părinte.

Ce îi învaţă el pe copii? Cercetătorii au identificat şase mesaje-cheie:

1. *Ceea ce contează cel mai mult la tine este felul cum arăţi.*
2. *Aspectul tău fizic (forma, greutatea, pielea, părul, dinţii, culoarea, mirosul) nu sunt ABSOLUT NICIODATĂ îndeajuns de bune.*
3. *Sexul e preţul plătit pentru a primi dragoste şi atenţie, pentru a te simţi puternic. În principal, este o monedă de schimb.*
4. *Este foarte normal să ai relaţii sexuale cu oameni pe care nu-i cunoşti sau pe care nu îi placi în mod deosebit.*
5. *Lumea este un loc înspăimântător, periculos, în care te simţi singur şi unde trebuie să lupţi ca să rămâi în cursă. Trebuie să dai din coate ca să nu pierzi competiţia.*
6. *Răspunsul la toate întrebările vieţii îl vei afla mergând la shopping.*

Dacă sunteți de acord cu toate aceste mesaje, atunci e în regulă. Dumneavoastră, soțul și televizorul sunteți de aceeași părere. Dacă însă nu așa stau lucrurile, va trebui să luați atitudine.

Pasul unu – fără televizoare în dormitor

Toate studiile care s-au făcut în lume ne demonstrează că acei copii care au televizor în cameră se uită, fără acordul părinților și fără să discute cu aceștia, la programe cu mult mai nepotrivite pentru vârsta lor decât alți copii.

Acest lucru le este dăunător: sunt mult mai predispuși la stări anxioase, nu dorm îndeajuns, și la școală au rezultate mai slabe. Dacă în dormitorul copiilor există televizor, trebuie să-l luați de-acolo chiar acum!

Pasul doi – selectați cu atenție programele pe care le urmăriți

Dumneavoastră decideți ce programe să urmăriți la televizor împreună cu familia. În unele case nici măcar nu există televizor. Aproximativ trei la sută dintre familii fac în prezent această alegere, iar numărul lor e în continuă creștere.[7] Copiii din aceste case sunt mai creativi, mai echilibrați, învață mai bine și sunt pasionați de mult mai multe lucruri.

Pe lângă asta, unele familii au luat în serios recomandările Asociației Americane de Pediatrie (APA) și, ca urmare, nu le dau voie copiilor de până la trei ani să se uite la televizor. (APA a descoperit că televizorul nu numai că nu aduce nici un beneficiu, ci și, mai ales, că dăunează grav dezvoltării bebelușilor și copiilor de până la doi ani, întârziindu-le vorbirea și provocându-le stres, făcându-i mai inactivi și chiar afectându-le vederea, pentru că impune privitul într-un punct fix exact în perioada când un copil trebuie să privească alternativ când aproape, când departe.[8]

Unele familii au televizor, însă nu folosesc decât DVD-uri sau urmăresc emisiunile preferate pe care le înregistrează dinainte pentru că au observat că deseori copiilor mici le place să urmărească aceleași episoade de mai multe ori și să se familiarizeze cu dialogurile și cântecele. În acest fel, părinții reușesc să evite reclamele, întreruperile bruște și știrile alarmante sau materialele promoționale care apar pe aproape toate posturile.

Multe familii cu copii de diferite vârste au început să folosească televizorul doar pentru anumite emisiuni alese de fiecare copil în parte, timp de o jumătate de oră pe zi. Televizorul nu merge niciodată fără întrerupere.

REVISTELE

Același lucru este valabil și în cazul revistelor, mai ales al celor de modă și al revistelor pentru adolescente, care dau pe dinafară de reclame la farduri și haine. Nu le cumpărați! Există atâtea alternative nemaipomenite. Din când în când, revistele pentru fete încearcă să vină cu ceva nou. Recent, una din ele a încetat să mai folosească imagini retușate, iar alta a renunțat la rubrica „se caută fotomodele". Apoi a reintrodus-o. Uneori, în aceste publicații apar articole utile sau editoriale care merită citite, însă motivul pentru care se tipăresc este publicitatea, așadar vor continua să aibă o influență negativă asupra fetelor, făcându-le să nu se placă atunci când se uită în oglindă. Doar așa se vinde marfa. Publicitatea este industria nefericirii – aduce nemulțumirea față de sine și de viața proprie. Fetele chiar nu au nevoie de așa ceva.

Mai este apoi și conținutul acestor reviste. Despre cei mai sexy băieți și cum să fii sexy. Despre concursurile de frumusețe. Am putea continua, dar cred c-ați priceput.

Ca să nu mai lungim vorba, vă puteți alege informațiile care vă intră în casă și ar fi bine să începeți imediat. Ar fi un mare pas înainte să faceți acest lucru atunci când fetele dumneavoastră sunt încă mici. Și dacă sunt mai mari, tot nu este prea târziu. Pe deasupra, puteți urma și alte sfaturi cuprinse în această carte: asigurați-vă că se vor simți iubite și unice, construindu-și identitatea prin ceea ce FAC și nu prin felul cum arată. Le puteți dezvolta simțul comunității petrecând timp împreună cu alți adulți, precum și gustul pentru diferite activități, existând, prin urmare, multe soluții-tampon pentru ca fetele să ajungă să creadă în ele. Totul se înlănțuie, trebuie doar să fiți atenți.

FETELE ȘI DORINȚA SEXUALĂ – CE AR TREBUI SĂ LE ÎNVĂȚĂM?

Dacă citiți toate discuțiile despre sex la adolescente, ați putea începe să credeți că acesta nu aduce decât probleme. Așa că este extrem de important să avem simțul realității – sexul este minunat, te incită și îți face bine, iar fetele trebuie să facă sex, să se bucure și să se regăsească prin el.

Apetitul sexual al fetelor este cel puțin egal cu cel al băieților.

În calitate de părinți, și mai ales de mame, trebuie să le spunem fetelor, cu mult timp înainte de apariția diverselor frici legate de acesta, că sexul e minunat și că o să le placă.

Deborah Tolman de la Centrul de Cercetare a Femeii din SUA a luat niște interviuri năucitoare unor fete pentru noua sa carte *Dilemmas of Desire*.[9] Autoarea a descoperit un lucru alarmant, acela că și adolescentele, atunci când vorbeau despre sex, puneau accent pe aspectele negative. Mai mult decât atât, ele păreau puțin convinse și destul de neinteresate de experiențele sexuale pe care tocmai le trăiseră. Comentariul cel mai frecvent era: „S-a întâmplat pur și simplu". Se pare că pentru ele era firesc să iasă cu un băiat pe care nu știau sigur dacă îl plac, să bea prea mult alcool și „pur și simplu" să facă sex. De cele mai multe ori, acesta este modul în care fetele experimentează sexul – nu prea au de unde alege, nu simt vreo urmă de dorință, nu au cu adevărat o intenție reală în acest sens, le lipsește nevoia de „implicare" (ele să fie cele active, care caută partenerul și se bucură apoi de clipe frumoase împreună cu acesta). Puține dintre ele au folosit în timpul interviului expresii ca „mi-am dorit...", „mi-a plăcut la nebunie...", sau pur și simplu „mi-a plăcut".

Această atitudine trebuie să se îmbunătățească. Deși adulții își fac foarte multe griji în legătură cu sexualitatea exagerată a adolescenților, adevărul pe care Tolman și alți specialiști, printre care și eu, au ajuns să îl creadă constă într-un paradox:

Fetele care sunt conștiente de propriile dorințe sexuale și care nu se simt jenate să le recunoască și să le exprime pot hotărî în cunoștință de cauză dacă să facă sau nu sex, cu cine și în ce condiții.

Părinții și societatea au lăsat să se înțeleagă de prea multe ori în trecut că fetele se împart în două categorii: „Fetele rele", cărora se presupune că le place sexul, și „fetele bune", cărora se presupune că nu le place. Acesta este motivul pentru care adolescentele se simt vinovate și nu se bucură de sex. Dacă o fată simte dorința sexuală, ar putea să i se pară un lucru rău și să și-o suprime. Sau, în situația inversă, o fată rebelă ar putea face sex, deși nu-și dorește cu adevărat – va fi însă o modalitate de a protesta sau de a primi confirmarea că este interesantă și eligibilă. Lucrurile se pot complica rău.

E posibil ca nu toate relațiile dintre mame și fiice să fi ajuns la un asemenea stadiu, încât acestea să poată discuta deschis despre tema de mai sus, însă merită încercat. Există adolescente cărora nu le place să vorbească cu părinții despre sex, dar trebuie să fim totuși siguri că cineva o face. Uneori, mătușile sau femeile mai în vârstă le pot explica fetelor cum funcționează relațiile sexuale mai bine decât propria lor mamă. Tolman a scris în cartea ei că „toate fetele pe care le-am intervievat au spus că nici o femeie matură nu discutase cu ele vreodată despre dorința sexuală și plăcere în «felul acela», adică deschis, lămuritor ori profund". Poate că ar trebui să o facem.

PE SCURT

- Mijloacele de informare în masă fac, atât accidental, cât și intenționat, ca sexul să pară ceva obligatoriu de la vârste din ce în ce mai mici.
- Media le face rău fetelor, sexualizându-le când acestea nu sunt încă pregătite.
- Relațiile adolescentine sunt ridiculizate, pentru că se pune prea mare accent pe performanțe; sunt superficiale și pripite.
- În ziua de azi, fetele se preocupă mai mult de felul cum arată, de haine și de integrarea într-un grup.
- Pentru că efectele se văd încă de la vârste mici, putem schimba mult situația dacă eliminăm parțial sau chiar total televizorul din viețile copiilor. Putem alege ce reviste sau ziare să cumpărăm. Putem discuta cu fiicele noastre și le putem dezvolta conștiința propriei sexualități, ajutându-le să înțeleagă că această latură a lor este specială și personală – nu e o marfă.
- Revistele pentru fete fac mai mult rău decât bine.
- Toate eforturile pe care le faceți pentru a-i crea fiicei dumneavoastră legături cu cei din jur și a o ajuta să își descopere pasiuni o vor elibera și îi vor oferi o viață sexuală împlinită și fericită în momentul în care va fi pregătită, urmând să facă propriile alegeri.

9
RĂUTĂCIOASELE

Deși nu este vorba de o școală slabă, de cartier – de jur împrejur sunt pajiști frumoase cu pomi, iar în depărtare se văd case mari și îngrijite –, totuși pare că fetele au luat-o razna. Zece eleve stau în cerc și nu o lasă pe noua colegă să înainteze. Își bat joc de ea, o înghesuie și o împing, iar fața fetei e scăldată în lacrimi. Până la urmă, se opresc și se împrăștie, însă amintirea celor întâmplate nu va trece ușor pentru victimă, care va avea mult timp coșmaruri din această cauză.

Hărțuirea a ajuns subiect de știri și pare să se întâmple peste tot – atât în lumea copiilor, cât și în cea a adulților. Specialiștii nu cred neapărat că fenomenul acesta a luat amploare în ultimul timp, ci că, mai degrabă, oamenii au ajuns la capătul răbdării și au început să vorbească deschis despre asta. În sfârșit se ia în serios problema intimidării, ceea ce reprezintă primul pas în încercarea de a-i pune capăt.

În grupurile de fete, intimidarea nu se face prin agresiune fizică – victimelor li se dau porecle, pe site-urile de socializare se împrăștie tot felul de bârfe despre ele, sunt persecutate sau făcute să se simtă prost. Acest comportament e numit uneori „agresivitate relațională“, ceea ce vrea să spună că și prin neagresiune fizică te poți simți atacat.

Printre fetițele mai mici există însă și atacuri fizice, chiar și din partea băieților. Unul din cinci copii din lume este mai devreme sau mai târziu afectat de agresivitatea din școli, iar în unele cazuri e atât de grav, încât se poate ajunge la sinucidere, la focuri de armă ori lovituri de cuțit, însă, mai ales, la disperarea a milioane de fete și băieți.[1] Este o problemă care trebuie rezolvată.

MICĂ, DAR VOINICĂ

Povestea de mai jos mi-a fost relatată de o mamă din Wellington, Noua Zeelandă. Fiica ei, Kiri, în vârstă de șapte ani, era cea mai scundă din clasă. Plină de viață, isteață, îi plăcea mult la școală. Într-o zi, Kiri s-a întors foarte supărată acasă. A plâns în brațele mamei, nu și-a mâncat cina, dar a refuzat să vorbească despre motivul supărării. În cele din urmă, mai pe seară, i-a povestit totul tatălui său.

O fată mult mai înaltă de la școală se tot legase de ea în ultimele săptămâni, excluzând-o din jocurile cu prietenii și apoi luându-i locul. Era enervant și i se făcuse chiar frică, mai ales că de câteva ori fata aceea o strânsese atât de tare de mâini, încât o duruse destul de rău. Dar ceea ce o rănise cel mai mult fuseseră sentimentul de neputință și umilința. Din acest motiv îi fuseseră atât de greu să povestească familiei.

Părinții lui Kiri au trimis chiar în seara aceea un e-mail cu titlul „plângere" către conducerea școlii, astfel încât, prin caracterul lui oficial, să fie luat în seamă. În ziua următoare, tatăl fetiței a telefonat pentru a programa o întâlnire cu directorul școlii, care a avut loc chiar în după-amiaza aceleiași zile. Directorul a stat de vorbă cu fiecare dintre elevele din grupul respectiv, pentru a-și putea face o părere. Apoi s-a întâlnit cu Kiri și cu fata care o necăjise, îndemnând-o pe cea din urmă să își ceară scuze și să promită că nu se va mai întâmpla. Kiri a spus, cu generozitate, că în ultima vreme nu se mai întâmplase să fie agresată atât de des.

După această investigare minuțioasă și sub efectul discuției (care se desfășurase cu tact, fără a se face uz de un ton aspru sau supărat), hărțuiala a încetat.

Părinții lui Kiri nu au trecut cu vederea faptul că fetița dorise să-i împărtășească problema în primul rând tatălui. Kiri provenea dintr-o familie cu cinci copii, cu un tată destul de ocupat, care totuși a hotărât că incidentul demonstrase că fata avea nevoie de mai mult timp cu el, așa că a hotărât să facă ceva în acest sens. Au început împreună cursuri de înot la o piscină din apropiere, lucru pe care nu-l mai făcuseră nici-

odată, dar care i-a distrat pe amândoi în egală măsură. Kiri a scăpat de frica de apă adâncă, astfel încât orele de înot de la școală au început să-i facă plăcere. În plus, momentele petrecute cu tatăl ei o încântau peste măsură. Kiri căpătase vizibil mult mai multă încredere în ea însăși.

Pe scurt, reacția tuturor celor implicați în această poveste a făcut ca situația să ia o întorsătură pozitivă și să transforme o criză într-un prilej de maturizare a fetiței.

E NEVOIE DE MAI MULT DE DOI

Într-un caz de hărțuire este întotdeauna nevoie de trei părți. Mai întâi, agresorul. De obicei, e vorba de o persoană care are o părere proastă despre sine și care se simte mai bine dacă le transmite celorlalți propria durere. Cercetările au arătat că cei care își agresează colegii la școală sunt copii care suferă de depresie și care, mai târziu, au tendințe de suicid. Fata care a intimidat-o pe Kiri era o singuratică, cu probleme acasă.[2] Probabil că această fată o invidia pe Kiri pentru fericirea și cercul ei de prieteni, dar, pentru că fetița era mai mică decât ea, a perceput-o ca pe un copil pe care îl poți da ușor la o parte.

A doua persoană este victima. Kiri nu merita să fie intimidată în felul acesta, dar, în urma experienței avute, ea a devenit mai puternică și e foarte posibil ca pe viitor să ia atitudine. Dovezile sugerează că adoptarea unei atitudini similare cu cea a agresorului nu funcționează – de obicei aceștia sunt mai mari de statură sau acționează în grupuri[3] –, pe când, dacă victima dă replica, se înfurie sau, desigur, cere ajutorul, știind clar ce drepturi are, ea ar putea avea de câștigat.

În cele din urmă, există martorii. Dacă aceștia vorbesc și se împotrivesc agresiunii, rămânând de partea victimei, sau dacă le spun și altora despre ceea ce se întâmplă, de cele mai multe ori hărțuiala încetează. E destul de dificil însă, pentru că uneori fetele au sentimentul că dacă iau apărarea colegei agresate, e posibil ca următoarea victimă să fie chiar una din ele. Discutați cu fiica dumneavoastră despre cât e de important să protejezi alți copii care sunt mai slabi sau care au mai puțină încredere în ei înșiși și recomandați-i ce să spună pentru a fi de ajutor. De exemplu: „Hei, nu e corect!", „E prietena mea, las-o în pace!", „Te porți prostește. Îi faci rău!". Aceste replici trebuie însoțite de gesturi care să nu îi trădeze vreo emoție.

În cazul lui Kiri, școala a reacționat cum trebuia și a tratat situația cu seriozitate. Directorul școlii a privit incidentul ca pe o ocazie de a îmbunătăți relația dintre el și copii și de a crea un mediu școlar mai sigur, fără a se impune neapărat prin forță. Personalul liceului a discutat de asemenea despre cum să o sprijine pe fetița care comisese agresiunea și care trecea, în mod evident, printr-o perioadă grea.

Acest tip de mediere a situației, care să implice cele trei părți, e una dintre cele mai bune strategii. „Victima" capătă mai multă încredere în sine, uneori beneficiind de sprijin pe termen lung, ceea ce o ajută să se dezvolte și să aibă control, pe viitor, asupra tuturor situațiilor similare care se vor ivi. În cazul lui Kiri, această maturizare s-a produs datorită faptului că a început să-și petreacă timpul împreună cu tatăl ei. „Agresorul" devine conștient de sentimentele celorlalți, dar și de sentimentele proprii, putând descoperi că suferă și că are nevoie de ajutor. Iar cei implicați în astfel de situații pot acționa concret – la școală, în familie sau la locul de muncă – dacă vorbesc deschis despre ceea ce se întâmplă, în loc să treacă cu vederea astfel de incidente.

CÂND VORBEȘTI DESCHIS

Rosalind Wiseman este cunoscută în lumea întreagă datorită cărții pe care a scris-o despre fetele care intimidează alte fete în școli, intitulată *Queen Bees and Wannabes*. Rosalind e mătușica pe care și-ar dori-o oricine – e prietenoasă, sinceră și dă sfaturi foarte pertinente. A ținut mulți ani cursuri de autoapărare, și multe fete i-au povestit deseori problemele sociale și personale cu care se confruntau, legate de hărțuirea și găștile din școli. Acum își dedică tot timpul unei campanii despre „cum să ne păstrăm demnitatea și să ne purtăm unii cu alții".

Sfatul ei este cât se poate de clar...

Unei fete de 13 ani luate peste picior de către un băiat care folosea un limbaj obscen referindu-se la mărimea sânilor ei, ea îi recomandă să noteze exact vorbele pe care el i le spune, când și unde i le adresează și ce simte ea despre asta. Să scrie tot. Apoi să le arate celui mai competent consilier psihologic, profesor ori cadru administrativ din școală și să ceară ajutor. „Ai toate drepturile să fii apărată când ți se vorbește așa."[4]

O mătușă și o mamă i-au cerut părerea în legătură cu sms-urile cu conținut sexual pe care fata lor de 14 ani le tot trimitea băieților. Wiseman respinge complet temerile părinților legate de invadarea intimității fiicei lor. „Dumneavoastră sunteți proprietarul telefonului mobil și tot dumneavoastră plătiți factura. Telefonul vă aparține. Mai mult decât atât, trimiterea mesajelor nu ține de intimitate. Oricine le poate citi sau distribui. Dacă vrei să ai intimitate, ține un jurnal. Expedierea mesajelor este o formă de interacțiune socială de care părinții trebuie să aibă cunoștință."

Deși rămâne ferm convinsă că adulții trebuie să se implice, Wiseman dă dovadă de înțelegere pentru ambele tabere. Scoate în evidență faptul că adolescenta vrea să pară sexy, interesantă și experimentată în fața băieților. Asta crede ea că face. Ceea ce recepționează băieții e că tânăra ar fi dispusă la un moment dat chiar să pună în practică ceea ce le transmite în scris. Și în acest caz, părinții au datoria să intervină și să o protejeze, pentru că ei pot anticipa mai bine consecințele. Pot face asta cu sensibilitate și înțelegere, stabilind în același timp niște reguli clare.

ROLUL MARTORILOR

Activitatea doamnei Wiseman a scos în evidență rolul pe care îl au martorii. În 2011 ea a colaborat la realizarea unui documentar pentru NBC. În cadrul unui experiment convingător și revelator, câteva adolescente au fost invitate în studio, sub pretextul apariției într-o emisiune de modă, fiind lăsate într-o încăpere pentru a-și alege toalete.

Fără ca participantele să știe, trei dintre fetele din fiecare grup erau actrițe angajate special. Pentru a vedea cum reacționează restul fetelor – dacă vor sări sau nu în ajutorul victimei –, la un consemn, două dintre actrițe au început să o intimideze pe cea de-a treia (mai întâi bătându-și joc de greutatea ei, și apoi râzând de gusturile acesteia în materie de haine). Între timp, părinții priveau din altă cameră.

Ceea ce a urmat a fost impresionant – pentru că noi toți am fost măcar o dată în viață intimidați, e greu să asiști la așa ceva fără să fii afectat: în unele situații, martorii au luat atitudine. Mai ales una dintre adolescente a oferit un spectacol minunat când pur și simplu NU le-a permis actrițelor să-i vorbească urât celeilalte. Au fost însă și situații când fetele care aveau emoții și nu erau stăpâne pe sine au ales să o umilească și ele pe cea de-a treia actriță.

(Când inițiază o acțiune de intimidare, una dintre strategiile obișnuite ale agresorilor este să recruteze și alți membri în „gașcă", așa că nu e de mirare că adolescentele care se tem să nu fie excluse dintr-un anumit grup acceptă fără să se împotrivească.)

Mamele fetelor care s-au alăturat batjocurii au fost teribil de jenate atunci când au văzut pe monitor cum în camera vecină fiicele lor făceau jocul celor două actrițe în loc să-l oprească.

Dar cea mai emoționantă a fost întâmplarea de la final. În ultimul grup care a fost testat cu prilejul experimentului, pe camerele de luat vederi a fost înregistrată o fată care s-a îndepărtat plângând. Producătorii emisiunii au întrerupt imediat filmarea pentru a interveni. Mai târziu s-a aflat că fata respectivă era hărțuită de-adevăratelea la școală, atât de fete, cât și de băieți, pentru că avea o situație materială precară. Se temea în fiecare zi că va fi agresată fizic. Nu putuse să-i spună mamei sale, pentru că aceasta s-ar fi întristat și mai mult, gândindu-se la salariul de mizerie pe care îl primea.

Momentul în care mamele au revenit în încăpere și au discutat problema a fost intens. Rosalind Wiseman a ajutat-o pe fată (după emisiune, în particular) să învețe să le răspundă celor care o atacau, rezultatul fiind că tânăra a luat ulterior cu succes atitudine în fața unui băiat și a unei fete care erau principalii instigatori din școală. A fost o ocazie care a scos încă o dată în evidență cât de ușor se recurge la cruzime între copii și câtă nevoie este ca acest lucru să fie oprit – mai întâi de colegii care sunt martori, dar și de adulți – prin trimiterea unor semnale clare și printr-o atitudine consecventă.

BULLYINGUL – O REALITATE BINE-CUNOSCUTĂ

Trebuie să înțelegem că noi TOȚI suntem uneori agresori, alteori victime și cu toții suntem martori care intervin sau nu. Exprimarea clară a dorințelor, a părerilor și susținerea punctului de vedere este o parte firească și importantă din procesul de integrare socială.

E important ca fiica dumneavoastră să aibă ceva de spus atunci când ceilalți încearcă să o intimideze. „Nu-mi place când faci asta. Trebuie să te oprești!" Uciderea în Olanda a unui băiat de către alți copii a fost semnalul de alarmă în urma căruia a fost inițiat programul internațional Rock and Water pentru schimbarea situației din școli. Rock and Water îi învață pe copii anumite deprinderi, cum ar fi să nu dea nici un pas înapoi, să se uite în ochii agresorului și să se îndepărteze de acesta continuând să-l privească. Este un întreg program de consolidare a încrederii în sine și de păstrare a integrității corporale, esența mesajului transmis fiind „nu-ți pierde cumpătul".

Învățați-vă fiica să poată spune: „Nu e bine ce faci, asta se cheamă hărțuire". Bineînțeles că nu întotdeauna această replică va avea succes, dar reprezintă un prim pas. Spuneți-i să numească exact ceea ce se întâmplă. „Mă hărțuiești/o

BULLYINGUL LA FEMININ

Cei mai mulți dintre noi, când ne gândim la bullying, ne imaginăm bullyingul fizic. Să fii lovit cu pumnii, sau să fii împins, sau să-ți fie distruse lucrurile. În rândul fetelor însă, adesea bullyingul se referă mai mult la utilizarea armelor sociale care rănesc sentimentele.

Ceea ce numesc psihologii „bullying relațional" este mai greu de detectat (și mai greu de controlat de părinți sau profesori). Bullyingul relațional se manifestă prin excluderea victimei, sarcasm, bârfe și răspândirea zvonurilor. Agresorul poate fi o fată care se poartă aparent prietenos, și apoi se retrage și începe astfel s-o controleze sau exploateze pe fiica dumneavoastră. Deoarece fetele sunt adesea mai sensibile la nuanțele sociale, hărțuirea relațională poate pricinui mult rău. Adesea duce la depresie, anxietate acută și, dacă durează mult timp, autovătămare și chiar sinucidere. Este o realitate dureroasă în viața multor fete.

Primul lucru pe care îl aveți de făcut ca părinte este să fiți mereu disponibilă și dispusă să stați de vorbă. Dacă aveți o relație strânsă cu fiica dumneavoastră, vă veți da seama când ceva nu este în regulă cu ea și este mai probabil ca ea să vă spună singură despre problemele cu care se confruntă. Asta înseamnă că în școala primară și în adolescență părinții trebuie să își facă timp pentru fiicele lor și să nu fie mereu ocupați, astfel încât să stea de vorbă cu ele de mai multe ori pe săptămână, ca să fie la curent cu ce se întâmplă în lumea și în viața ei.

Acest lucru, precum și prezența altor femei adulte în preajma ei - mătuși, prietene de familie, bunici - și, bineînțeles, prezența tatălui sau bunicului, o face, de asemenea, mai rezistentă la răutățile grupului de colegi. Ea va ști că e un om valoros, că este interesantă și iubită. Așa că vorbele veninoase ale unei colege de la școală nu mai au atât de multă greutate.

Terapeuții de familie au o regulă generală cu privire la presiunea grupului de colegi. Deși toți copiii sunt afectați de cei din anturaj, unii sunt mai intens preocupați și influențați de aceștia. Tinerii percep aprobarea din partea grupului ca pe o chestiune de viață și de moarte. Asta este valabil mai cu seamă pentru copiii care nu sunt apropiați de părintele lor de același sex – deci, în cazul fetelor, e vorba mama lor. Fetele care o relație proastă cu mama lor caută sprijin emoțional la grupul de prieteni. Dar, de multe ori, aceștia nu răspund nevoilor ei, ba chiar mai mult, pot profita de ea. Iar acesta este primul pas pe drumul spre dezamăgiri și mai mari. Dacă fiica dumneavoastră pare obsedată de grupul ei de amici și se dă peste cap ca să fie exact așa cum îi dictează ei, atunci aveți grijă să aibă și alți prieteni în afară de acel grup sau destui adulți, inclusiv dumneavoastră, cu care să-și petreacă timpul și care să-i întărească încredere în sine.

Ca să vă dați seama dacă fiica dumneavoastră este victima bullyingului relațional, urmăriți dacă i se schimbă starea de spirit sau obiceiurile. Dacă de obicei este veselă, însă de curând a devenit tăcută, s-a retras în sine sau se preface că e veselă, acesta poate fi indiciu că ceva nu este în regulă. Găsiți momentul potrivit pentru a vorbi cu ea, de pildă când nu este nimeni altcineva în preajmă, iar ea este relaxată, și o să auziți o confesiune lungă, dacă de asta are nevoie. Dar nu amânați acest moment.

Fie și simplul fapt că luăm cunoștință de existenței „bullyingului relațional" este un început. Cele mai des întâlnite forme sub care se manifestă acest tip de bullying (puteți verifica această listă cu fiica dumneavoastră) sunt următoarele patru:

1. excluderea victimei de la petreceri și alte activități sociale.
2. batjocură, tachinare sau afirmații jignitoare urmate de „glumeam".

3. răspândirea zvonurilor și bârfelor despre victimă în persoană, la telefon sau online.
4. amenințarea victimei că, dacă ia atitudine, va rămâne fără prieteni.[5]

Desigur, fiica dumneavoastră ar putea completa lista cu alte lucruri pe care le-a văzut sau le-a trăit pe pielea ei. Copiii din familiile iubitoare sunt adesea derutați de răutatea colegilor începând chiar de la grădiniță sau cred că ceva nu este în regulă cu ei. Unii părinți chiar își învață copiii care au o fire mai blândă să vorbească răspicat, să pună piciorul în prag și repetă cu ei ce trebuie să le spună colegilor care-i hărțuiesc, ca să înțeleagă că așa ceva nu se face.

Dacă copiii știu clar că aceste comportamente sunt greșite și dăunătoare, atunci vor avea tăria să se îndepărteze de cei care se poartă astfel și să-și aleagă prieteni mai buni. Și vor fi în stare să le spună limpede băieților sau fetelor care îi hărțuiesc: „Îmi faci rău când te comporți prietenos, și în clipa următoare mă tratezi cu răceală. Există vreun motiv pentru care faci asta?" Și când cineva spune că „doar glumește", pot întreba: „Când vine partea amuzantă?"

hărțuiești, nu e bine/nu-i deloc cinstit/e chiar foarte rău." Dacă intimidările continuă, trebuie să ceară ajutorul. Spuneți-i clar fiicei dumneavoastră că are dreptul să fie respectată și să trăiască în siguranță și arătați-i cum se face acest lucru. Dacă e nevoie, țineți legătura cu profesorii și nu lăsați copilul să meargă în continuare la o școală care nu pare să facă nimic pentru a opri agresiunile. (Școala ar trebui să aibă deja un program împotriva agresiunilor între elevi, pe care să îl prezinte cât mai clar, astfel încât toată lumea să știe ce trebuie făcut pentru a beneficia de sprijin.)

Femeile și fetele sunt hărțuite de mii de ani. Să ții, ca fată, piept agresorilor reprezintă o schimbare istorică.

Iată un alt motiv îndeajuns de bun ca să luați atitudine.

BULLYINGUL ONLINE

Era mediilor virtuale – Facebook, sms, e-mail și Twitter – a făcut posibilă apariția unei forme noi de agresiune. Trimiterea mesajelor cu conținut îngrozitor, împrăștierea zvonurilor despre anumite persoane sau postarea comentariilor nemiloase a devenit un fenomen cunoscut peste tot.

Dar și mai rău este faptul că adolescentele care folosesc telefonul mobil sau computerul, atunci când sunt în camera lor vor să verifice mereu ce se mai întâmplă când ajung acasă sau seara, târziu, când sunt deja în pat. În „vremurile bune", înainte de computer și iPhone, casa părinților era, cel puțin până a doua zi, un refugiu. Efectul tehnologiei din ziua de azi îl reprezintă cantitatea mult mai mare de stres și lipsa de somn.

Ar fi bine să nu permiteți ca aparatura electronică să rămână în dormitor și să instituiți regula ca toți membrii familiei să-și lase peste noapte telefoanele mobile în bucătărie. Și, încă o dată, mesajele amenințătoare sau neplăcute nu trebuie ținute secret. Dacă nu se răspunde la provocări, acestea ar putea înceta, însă dacă mesajele persistă sau degenerează, problema trebuie adusă la cunoștința școlii sau furnizorului de servicii de telefonie mobilă. De asemenea, nu trebuie să vă expuneți acestor intimidări – schimbați setările de siguranță, ștergeți-i din lista de contacte pe cei care vă trimit mesaje agresive, schimbați-vă numărul sau faceți-vă o nouă adresă de e-mail.

Filmul *Descendenții*, cu George Clooney în rolul principal, este o poveste extraordinară în care un „tată distant" trebuie să se ocupe de fiicele lui adolescente după ce mama acestora își pierde viața într-un accident, în timpul unei plimbări cu barca. La începutul filmului, aflăm că fiica mai mică îi trimitea mesaje răutăcioase unei fete de la școală, bătându-și joc de greutatea ei. Mama fetei, o hawaiiană plină de temperament, insistă ca adolescenta împreună cu tatăl acesteia să-i ceară scuze fiicei ei. Intimidarea fusese făcută din inconștiență – tinerei i s-a părut o glumă bună, de care a râs cu prietenii ei.

Până la urmă, își dă seama de răul făcut și se rușinează oarecum, dar ceea ce o ajută este atitudinea vizibil jenată a tatălui, care e hotărât să rezolve problema.

Uneori părinții victimelor sau reprezentanții școlii pot discuta într-un mod rezonabil și prietenos cu agresorii sau cu familia acestora, ceea ce ajută la maturizarea ambelor părți.

DE UNDE VINE TOATĂ ACEASTĂ RĂUTATE?

Maggie Hamilton, o autoare australiană care scrie despre viața fetelor, are o explicație foarte bună despre cum a apărut toată răutatea aceasta în rândul adolescentelor din ziua de azi. Maggie e de părere că fetele care sunt supuse unui stres puternic deoarece trebuie să se conformeze cerințelor acestei lumi nesigure, în care totul reprezintă o competiție, încep să funcționeze într-un soi de program de supraviețuire, temându-se constant și fiind exagerat de vigilente.[6] Acasă nu au parte de dragoste, cresc prea repede și se simt pe marginea prăpastiei. În concluzie, nu au timp să fie bune și miloase.

Kate Hadwen, expertă în comportamentul agresiv în rândul adolescenților, și echipa ei de la Universitatea Edith Cowan din Perth au făcut un sondaj pe un eșantion de mai multe mii de copii din școlile din statul respectiv, descoperind că unul din cinci agresori nu reacționează la apelurile normale la empatie.[7] Altfel spus, aceștia nu vor putea fi integrați în programele obișnuite. Cu acești copii trebuie lucrat pe termen lung, existând riscul ca ei să facă mult rău în jur și să aibă tot felul de necazuri. Acest adevăr oarecum descurajant trebuie să-i facă pe adulți să se implice mai mult, pentru că, până când problema nu va fi monitorizată pe termen lung, copiii nu vor fi în siguranță pe cont propriu.

În vreme ce cultura „fetelor rele" se află constant în centrul atenției, este important să ne dăm seama că cele mai multe din mediile școlare nu sunt deloc influențate de ea. În momentul în care voumul *Queen Bees and Wannabees* a ajuns best-seller, sute de fete i-au scris lui Rosalind Wiseman pentru a-i spune că au recunoscut exact lumea descrisă de ea. Mai târziu s-a întâmplat însă ceva interesant... Sute de alte fete și femei i-au scris pentru a-i spune că mediul în care au trăit ele nu arăta deloc ca acela din carte. A început să fie clar că Wiseman scria despre un anumit sector de populație din America, ori Marea Britanie, sau Australia și alte țări dezvoltate, care nu este reprezentativ pentru majoritate. Cel puțin deocamdată.

Fetele care trăiesc într-un mediu mai sănătos au încă parte de grupuri de prieteni, dar și de o oarecare concurență – există fetele cool, care sunt mai populare, fetele cărora le place să învețe mai mult, sunt copiii mai liniștiți și mai boemi și așa mai departe –, însă nu există răutatea de care s-a discutat. În plus, granițele sunt mai flexibile: poți evolua și, mai ales, poți fi tu însăți. Este un mediu mai bun, mai vesel, mai relaxat.

Deseori, fetele răutăcioase provin din extremele societății: pe de-o parte pătura bogată, dar și cea mai competitivă, unde familiile au posibilități financiare mai mari, dar nu se pot ocupa de copii și sunt mai puțin implicate. Aceste fete au deseori

iPhone și cărți de credit ori propriile mașini, dar nu au parte de dragoste părintească. Pe de altă parte, răutatea se naște și în rândul fetelor care provin dintr-un mediu extrem de sărac și defavorizat, unde părinții sunt prea ocupați sau chiar absenți, agresivitatea fiind singura metodă de supraviețuire. Însă asta nu e o regulă. Există și copii săraci care sunt și foarte binevoitori, ori copii bogați care sunt amabili și gata să sară în ajutor. Avem mereu libertatea de a alege cine vrem să fim.

PE SCURT

- Bullyingul afectează unul din cinci copii – este un fenomen mult prea des întâlnit și provoacă multă suferință.
- Pentru stoparea lui e nevoie ca toate cele trei părți implicate – victima, agresorul și martorii – să își schimbe atitudinea.

- Rolul martorilor este deseori crucial, iar fiica dumneavoastră poate învăța să acționeze în așa fel încât să împiedice hărțuirea altor copii.
- Agresivitatea online a devenit o problemă deoarece poate acționa de la distanță. Rezolvarea acestei probleme presupune reducerea distanței prin redirecționarea suferinței și neliniștii către agresor.
- Adulții trebuie să afle despre cazurile de hărțuire și să ia măsuri atunci când acestea apar, dar fără să agraveze situația. O intervenție calmă, prietenoasă, dar hotărâtă este cea mai potrivită.
- Lipsa dragostei le face pe unele fete din anumite categorii sociale să fie rele, dar, în același timp, printre acestea există și multe fete care au o atitudine sănătoasă și sunt săritoare.

10
SILUETĂ, GREUTATE ȘI ALIMENTAȚIE
DE LYDIA JADE TURNER ȘI SARAH MCMAHON

Fiica dumneavoastră își face griji în privința siluetei? Dar dumneavoastră? Nu sunteți singura, fiindcă aspectul fizic a devenit o obsesie și nicicând n-am fost mai dezorientați sau mai puțin sănătoși. Aproximativ 15 la sută dintre fete și femei suferă de o tulburare de nutriție la un moment dat în viață – sunt nenumărate exemple.

Nu cu mult timp în urmă am ascultat două tinere prezentând o perspectivă științifică asupra sănătății, alimentației și greutății. Lydia Jade Turner și Sarah McMahon cunosc foarte bine tulburările de alimentație și se dedică vindecării obsesiei pentru curele de slăbire, luptând mai ales împotriva pastilelor de slăbit care înrăutățesc lucrurile. Lidia și Sarah au fost de acord să ne împărtășească părerile lor avizate.

UN CUȚIT CU DOUĂ TĂIȘURI

Multe țări se confruntă cu problema greutății corporale, care are două extreme: pe de o parte, s-a constatat că aproximativ o pătrime dintre copiii de vârstă școlară sunt „supraponderali" sau „obezi", iar pe de alta, rapoartele Institutului Național pentru Tulburări de Nutriție dezvăluie informații înfricoșătoare, conform cărora incidența cazurilor de anorexie s-a dublat în ultimii cinci ani. În timp ce unii părinți sunt nevoiți să-și țină copiii la regim, alții se confruntă cu teribila situație în care își văd copiii refuzând orice fel de hrană. Ceea ce ne înspăimântă însă cu adevărat este faptul că nu există deocamdată nici o soluție. În ciuda retoricii împotriva obezității, copiii sunt de la o generație la alta tot mai grași și, în ciuda avertismentelor legate de tulburările de nutriție, din ce în ce mai multe fete suferă de anorexie. Deci undeva greșim.

Specialiști în domeniul sănătății din diferite țări consideră în momentul de față că această problemă e cauzată de punerea accentului pe ceea ce nu trebuie: nu ar trebui să ne concentrăm la greutatea corporală, pentru că ea nu e la fel de importantă ca sănătatea. Cercetările demonstrează că ne-ar fi mult mai bine dacă ne-am îndrepta atenția către sănătate, am învăța să ne bucurăm de ceea ce mâncăm și am face, în același timp, exerciții fizice.

CARACTERUL NOCIV AL CURELOR DE SLĂBIRE

Ați fi probabil șocați să aflați că, după 50 de ani de studii, s-a ajuns la uimitoarea concluzie că, în cele mai multe cazuri, curele de slăbire nu dau rezultate. Aproximativ 95 la sută dintre cei care țin o dietă pun la loc greutatea pierdută în decurs de doi până la cinci ani. Nici o dietă, oricât de bună ar fi, nu poate împiedica acest lucru. De câte ori nu ați auzit făcându-se reclamă la un nou regim revoluționar, care vă va ajuta să slăbiți dacă achiziționați cutare produse? Dacă noi, adulții, suntem derutați de toate aceste lucruri, atunci copiii noștri ce să priceapă?

Indiferent de strategiile de marketing folosite de companiile care vând produse pentru slăbit, nici una nu a adus dovezi științifice că greutatea obținută poate fi menținută pe termen lung de către cei care slăbesc în urma unei diete, decât în câteva cazuri. Poate ați băgat de seamă că multe dintre aceste companii nu mai folosesc cuvântul „dietă“, vorbind în schimb despre un anumit „stil de viață“. Dar, până la urmă, tot produse de slăbit vând. Această industrie de miliarde de dolari investește în continuare în reclame pe care fiica dumneavoastră le vede peste tot. Această publicitate care datează de peste câteva decenii i-a făcut pe oameni să creadă o minciună, și anume că persoanele supraponderale sunt așa pentru că le lipsește voința de a-și menține constantă greutatea corporală.

Ne-am deprins să-i punem la colț pe supraponderali, să ne temem să nu ajungem și noi ca ei sau, dacă suntem deja grași, să facem tot posibilul să slăbim.

Incredibil este că, după toate campaniile guvernamentale și de marketing, în nici o țară din lume nu s-a înregistrat scăderea numărului persoanelor obeze.

Hrana sănătoasă și activitatea fizică regulată duc la buna funcționare a organismului, dar nu și la pierderea însemnată în greutate. E mult mai important să avem grijă să fim sănătoși.

CUM SUNTEM CONSTRUIȚI

Curele de slăbire nu dau rezultate dintr-un motiv simplu: oamenii s-au adaptat continuu încă din Epoca de Piatră, când mediul în care trăiau era ostil, iar hrana se găsea cu greutate, așadar corpul nostru este programat să-și mențină mereu o greutate sănătoasă. Atunci când ținem o cură de slăbire, corpul crede că suferă de foame și pune în mișcare diverse mecanisme pentru a recupera greutatea pierdută. *New England Journal of Medicine* a publicat un articol care demonstra că nivelul de grelină, hormonul care stimulează pofta de mâncare, crește cu până la 20 la sută în cazul celor care țin regim. În același timp, nivelul hormonilor care inhibă pofta de mâncare, cum ar fi leptinele și peptidele, scade deosebit de mult. Atunci când ținem cură de slăbire, metabolismul nostru este încetinit pentru a-i permite corpului să-și păstreze greutatea!

Să fie oare nesfârșitele diete o soluție? În urma cercetărilor s-a descoperit un lucru foarte interesant, și anume că pe măsură ce încercăm să slăbim, de fapt ne îngrășăm și mai mult. Un studiu fără precedent întreprins de dr. Dianne Neumark-Sztainer, cercetătoare la Facultatea de Sănătate Publică a Universității din Minnesota, a arătat că adolescentele care țin regim ajung să ia în greutate, după aproximativ cinci ani, mult mai mult decât cele care nu țin neapărat să slăbească. Un alt studiu făcut pe un eșantion de 15.000 de persoane cu vârste cuprinse între 9 și 14 ani[7] a demonstrat că acei copii și adolescenți care au fost puși la regim erau mai predispuși la îngrășare decât aceia care mâncau normal. Și cel mai grav este că orice tulburare de alimentație este precedată de obicei de o cură de slăbire, și un bun exemplu este faptul că una din cinci persoane obeze din Australia are astfel de tulburări, în ciuda faptului că greutatea lor rămâne în continuare mare.

RUȘINEA PENTRU KILOGRAMELE ÎN PLUS ÎNRĂUTĂȚEȘTE LUCRURILE

O metodă folosită deseori pentru a ne motiva să avem grijă de sănătatea noastră este aceea de a ne spune că ar trebui să ne fie rușine de greutatea pe care o avem. Acest lucru este cât se poate de greșit. Există emisiuni de televiziune, cum ar fi *The Biggest Loser*, în care concurenții supraponderali sunt umiliți, ceea ce cultivă mai departe stereotipul conform căruia persoanele grase ajung așa datorită unui regim de viață nesănătos. Dar studiile de specialitate arată că a te rușina de propria greutate constituie un factor de risc atât pentru cei care suferă de obezitate, cât și pentru cei cu tulburări alimentare, posibilitatea ca aceștia să se apuce de vreun sport reducându-se.[8] Având în vedere că activitățile fizice se desfășoară de obicei în locuri publice, e perfect normal ca oamenii – în special adolescentele – care se rușinează de felul cum arată să nu se simtă în largul lor purtând tricou și pantaloni scurți sau costume de baie, ori atrăgând în orice fel atenția asupra corpului lor.

Hărțuirea sub pretextul sănătății devine rapid o formă de divertisment la nivel național. Isteria provocată de obezitate ne distruge atât pe noi, cât și pe fiicele noastre. Unul dintre studiile făcute a arătat că există o probabilitate mai mare de 63 la sută ca acei copii cu probleme ponderale să fie hărțuiți.[9] Deși îi înțelegem pe părinții care vor să-și protejeze copiii de acest tip de agresiune, nu dieta este răspunsul, deoarece fetele vor crede că ele sunt de vină.

Școala sau alte programe de sănătate care tratează problema obezității în mod greșit pot face mult rău. Profesoara Jennifer O'Dea de la Universitatea din Sydney a ajuns la concluzia că „educația în domeniul prevenirii obezității poate avea efecte nebănuite și nedorite asupra sănătății, cum ar fi înfometarea voită, inducerea stării de vomă, abuzul de laxative, diuretice și produse de slăbit, fumatul, despre care se crede că suprimă apetitul și ține de foame".[10] Eating Disorders (un serviciu de asistență pentru cei care suferă de tulburări de alimentație) ne informează că 8 la sută dintre adolescente fumează pentru a-și putea controla greutatea.[11]

CEALALTĂ EXTREMĂ

De obicei, atunci când auzim de „tulburări de alimentație" ne gândim la persoane extrem de slabe. De fapt, cei care suferă de aceste tulburări nu sunt neapărat scheletici, pentru că bulimicii sau cei ce mănâncă în timpul nopții au, de cele mai multe ori, o „greutate sănătoasă" sau chiar o greutate peste limită. Anorexia – refuzul de a mânca ce duce la pierderea severă în greutate – nu se poate vindeca dacă toată lumea rămâne la fel de obsedată de greutate, adevărul fiind că multe fete își admiră și idolatrizează prietenele anorexice pentru voința lor de fier și pentru autocontrol. Studiile recente sugerează că anorexia este o tulburare a creierului care, în urma înfometării, se agravează.[12] Este nevoie de ajutor medical intens pentru a putea depăși tiparele de gândire și comportament care apar ca rezultat al acestei tulburări, fără de care există un risc serios de îmbolnăvire gravă sau deces.

Mâncatul compulsiv nocturn este o problemă mult mai des întâlnită. Îngurgitarea compulsivă a unor cantități considerabile de mâncare este răspunsul normal al corpului la curele de slăbire, care se explică prin faptul că organismul încearcă să-și păstreze rezervele de grăsime. Obiceiul declanșează secreția hormonilor care stimulează apetitul, astfel încât devenim obsedați de mâncare. Mâncatul compulsiv este modul în care corpul încearcă să ne ajute să supraviețuim. Din motive neînțelese pe deplin, psihicul bolnavilor de anorexie funcționează diferit de la caz la caz: mulți dintre aceștia spun că, de fapt, se simt mai bine atunci când se înfometează, ceea ce face cu atât mai periculoasă această tulburare.

CE E DE FĂCUT ÎN SCHIMB

Oamenii se află într-o neîntreruptă comunicare cu propriul corp: când ne e foame, acesta ne spune că ar trebui să mâncăm; când am mâncat suficient, apare senzația de sațietate. Constipația este un alt semnal al corpului, care ne alarmează cu privire la cantitatea insuficientă de fibre alimentare din hrana pe care o consumăm. Organismul nostru are un sistem biologic ce controlează multe dintre aspectele legate de supraviețuire – inclusiv tensiunea și temperatura – și se luptă să păstreze greutatea constantă a corpului.

Curele de slăbire sunt o capcană îngrozitoare. Mulți dintre noi intră într-un cerc vicios în care, după ce slăbesc în timp record, devin apoi și mai preocupați de mâncare și au tot felul de pofte care îi fac să recidiveze, îngrășându-se, consecința fiind o nouă cură de slăbire. Numeroase studii au demonstrat că această fluctuație de greutate e mai nocivă decât menținerea greutății constante, chiar dacă e vorba de o greutate mai mare, așa că tentativele repetate de a slăbi sunt, de fapt, nocive.[13]

Mulți specialiști din domeniul medical se dezic acum de ideea că sănătatea se leagă direct de greutate, îmbrățișând în schimb o strategie de menținere a acesteia indiferent de numărul de kilograme, care se numește Health at Every Size (HAES). HAES susține că mișcarea regulată este un indicator mult mai precis al bunei funcționări a organismului decât este greutatea (exceptând extremele). Indexul Masei Corporale nu ne spune exact cât de sănătoși suntem. Există și alți indici de sănătate, ca tensiunea arterială și ritmul cardiac. Cele două principii de bază sunt dietele adaptate în funcție de nevoile fiecărui organism și activitatea fizică aducătoare de satisfacții, iar nu obsesia scăderii în greutate. Am putea încheia fiecare zi cu o senzație de bine în urma unei rutine de viață sănătoase, în loc să ne chinuim gândindu-ne că mai avem de scăpat de câteva kilograme în plus.

CUM O PUTEȚI AJUTA PE FIICA DUMNEAVOASTRĂ

1. Fiți un model pentru ea. Dacă sunteți obsedați de siluetă, așa va fi și ea. Evitați discuțiile despre diverse regimuri de slăbit, nu vă uitați la emisiunile TV pe această temă și nu țineți în casă reviste de modă. Nici măcar să nu vă treacă prin cap să o puneți la regim.
2. Nu țineți băuturi răcoritoare în frigider. În loc să potolească setea, ele provoacă foamea, și chiar și sucurile dietetice conțin produse chimice nesănătoase. Să aveți mereu la îndemână o cană cu apă rece.
3. Mâncați cu toții la masă, fără ca televizorul să meargă în fundal. Atunci când vă uitați la televizor în timpul cinei, nu puteți să savurați mâncarea cum se cuvine sau

să îi simțiți gustul, și nici nu vă dați seama când v-ați săturat. Senzația de sațietate se atinge la câteva minute după ce ați mâncat destul, așadar obiceiul de a mânca încet, la masă, împreună cu familia, îi ajută pe copii să-și dea seama precis când au mâncat suficient. Vorbiți la masă despre lucruri pozitive și creați o atmosferă destinsă, aflați ce s-a mai întâmplat frumos în viața copiilor, pentru că masa nu e o ședință a consiliului de administrație!

4. Nu începeți cu noțiuni ca „mâncare rea, mâncare bună"; folosiți sintagmele „mâncarea de zi cu zi" – adică hrana sănătoasă pe care o mâncăm tot timpul – și „mâncarea ocazională" – adică ceea ce mâncăm doar din când în când. Dacă mâncăm „porcării" și apoi ne simțim vinovați din cauza asta, nu facem decât să înrăutățim lucrurile. Oamenii se îndoapă, iar apoi se simt rău. Cercetările arată că dacă mâncăm încet, savurând mâncarea, mâncăm cu măsură.[14] Dacă vă e rușine, o s-o înghițiți cu lăcomie.
5. Fiți o familie activă. Dacă tatăl și fiica ies la plimbare cu cățelul sau bat mingea, ori dacă întreaga familie iese să ia aer în parc, dragostea de mișcare va veni în mod firesc, fără să fie percepută ca un „sport obligatoriu".

Tot ce ați citit mai sus e valabil și în cazul băieților!

O INDUSTRIE SCĂPATĂ DE SUB CONTROL

Ați fi uluiți să aflați că un procent de 95 la sută din studiile asupra obezității sunt finanțate de industria produselor de slăbit.[15] Nu e de mirare că percepția noastră despre sănătate și siluetă este așa de confuză. Nu există o legislație clară, care să reglementeze modul de funcționare al acestei industrii.

La fel, și industria alimentară are nevoie de reguli mai stricte. De ce se dau jucării la cumpărarea oricărui Happy Meal și din ce motiv cerealele cu conținut bogat în zahăr sunt destinate în primul rând copiilor? Dacă ne dorim o populație mai sănătoasă, trebuie să ne schimbăm atitudinea față de mediul înconjurător, ca în cazul industriei tutunului, care a pierdut teren pe măsură ce fumatul a fost interzis în restaurante, publicitatea la țigări, scoasă în afara legii, iar ambalajul țigărilor nu mai e atât de atrăgător. Dacă individului i se induc sentimentele de rușine și vină, niciodată nu vom avea o populație cu adevărat sănătoasă.

Nu cu mult timp în urmă a fost înființat în Australia Comitetul Național pentru Consiliere cu privire la Aspectul Fizic, care a adoptat în mod intenționat un cod de conduită pentru a determina industria modei și produselor de înfrumusețare să adopte strategii de marketing în folosul sănătății. Din păcate, codul a eșuat. Președintele comitetului, Mia Freedman, a postat pe blogul său: „NIMIC NU S-A SCHIMBAT". Revistei Dolly Magazine i s-au acordat premiile guvernamentale pe 2012 pentru imagine (obiectivul principal al activității comitetului), în ciuda faptului că aceasta a presupus organizarea unui nou concurs de frumusețe pentru fetele de 13 ani. Mesajul care transmitea că fetele nu au nimic special decât dacă sunt atrăgătoare fizic i-a pus într-o poziție jenantă. Există țări care au început deja să facă schimbări legislative. În Spania, de exemplu, sunt interzise până la 10 seara reclamele care promovează „cultul trupului" și care fac publicitate operațiilor estetice și produselor pentru slăbit. În Franța, din 2008 sunt ilegale – chiar și în reviste și campanii publicitare – toate reclamele care cultivă imaginea unui corp „extrem de slab". Din 2012, guvernul din Israel a votat o lege pentru interzicerea folosirii fotomodelelor subponderale în reviste și la prezentările de modă.

În timp ce unii continuă să dea vina pe părinți pentru faptul că adolescentele au mai departe o imagine de sine negativă, scrisoarea deschisă semnată de 45 de experți în domeniul sănătății, cu titlul „Impactul media asupra comportamentului și imaginii de sine", ne spune că rezumatul dovezilor științifice a dezvăluit „informații alarmante" despre modul în care mass-media a contribuit la apariția nemulțumirii față de propriul corp și la cea a tulburărilor de alimentație.[16] Un alt studiu a trecut în revistă un număr de alte 77 de sondaje la care au participat 15.000 de persoane, arătând că imaginile de la televizor au un efect mult mai puternic asupra generației tinere decât în anii '90.[17] Cu alte cuvinte, în ciuda tuturor încercărilor de promovare a imaginii unui fizic sănătos, în cele din urmă tot reclamele au ultimul cuvânt de spus. Totuși, și părinții au o parte de răspundere, iar alimentația nesănătoasă poate fi prevenită prin impulsionarea copiilor în direcția practicării unui sport care să le placă, printr-o educație pentru sănătate, organizarea meselor în familie, inclusiv a micului dejun, în fiecare zi, și prin încurajarea sentimentului de mulțumire în ceea ce privește aspectul fizic. Guvernele din toată lumea trebuie să adopte o atitudine mai hotărâtă împotriva industriei frumuseții, dacă vrem cu adevărat să creăm un mediu mai sănătos pentru fetele noastre.

CE SUNT TULBURĂRILE DE ALIMENTAȚIE?

Tulburările de alimentație sunt modele de comportament alimentar care, împinse la extrem, devin nesănătoase sau dăunătoare. Mulți dintre noi au auzit de anorexie – o tulburare care se manifestă prin înfometare, care duce la pierderi enorme în greutate și poate provoca moartea. Din fericire, cazurile de deces în urma acestei boli sunt încă destul de rare, dar asta nu înseamnă că anorexia nu este periculoasă și că anorexicii nu au nevoie urgentă de ajutor. Bulimia – provocarea vărsăturilor imediat după ingerarea mâncării, pentru a limita sau reduce creșterea în greutate – este întâlnită mult mai des. Practic, tulburările de alimentație nu pot fi stabilite cu claritate. Sunt multe persoane care au o greutate normală sau care sunt chiar supraponderale și care mănâncă dezordonat. Totuși, un pericol există și în aceste cazuri, și de aceea e nevoie de asistență de specialitate și consiliere când încă nu e prea târziu – cu cât se rezolvă problema mai devreme, cu atât există mai multe șanse de vindecare.

SĂ OBSERVĂM DIN VREME SEMNALELE DE ALARMĂ

Un părinte trebuie să înceapă din timp să-și facă griji în legătură cu o posibilă tulburare de alimentație, dacă aceștia observă schimbări în dezvoltarea fiicei lor, inclusiv:

- Fluctuații de greutate (indiferent dacă aceasta slăbește sau se îngrașă);
- Modificarea stării de spirit, în sensul în care adolescenta are stări mai pronunțate de anxietate, furie, depresie sau devine mai izolată;
- Preocuparea crescândă față de siluetă și greutate: se cântărește foarte des sau își „examinează corpul";
- Schimbări ale atitudinii față de mâncare, cum ar fi renunțarea la anumite tipuri de alimente sau la unele mese de peste zi; impunerea regulilor în privința mâncatului, care

devine un fel de ritual; mâncatul nespecific vârstei, folosind de exemplu cănițe speciale sau tacâmuri pentru copii;

- Manifestarea unui stres continuu și accentuat în preajma orelor de masă sau în timpul cinei.

Este important să înțelegem că suntem în căutarea unui anumit tip de modificări vizibile – orice alt comportament din cele de mai sus, care se manifestă izolat, poate avea o cauză diferită, cum ar fi, de exemplu, o boală. Evaluarea și diagnosticarea unei tulburări de alimentație încep de obicei cu verificarea parametrilor fizici care să demonstreze că nu este vorba despre altă problemă. Doar atunci când se observă că modificările apar concomitent, ele pot fi considerate simptome ale unei tulburări de alimentație.

GÂNDIREA DEFECTUOASĂ

Împreună cu schimbările de comportament alimentar și de dispoziție, la o persoană care începe să sufere de o tulburare de alimentație pot apărea și idei neobișnuite cu privire la mâncat:

- Dorința de a-și menține o greutate scăzută, cu efecte negative asupra sănătății;
- Frica puternică de îngrășare;
- Percepția distorsionată a felului în care arată;
- Preocuparea pentru mesele care vor urma și ulterior sentimentul de vină sau rușine pentru mâncarea consumată;
- False mituri legate de mâncare sau de modul de a slăbi (cum ar fi acela că mâncatul după ora 6 seara îngrașă sau că patru pahare de apă băute înainte de fiecare masă accelerează metabolismul).

COMPORTAMENTUL FAȚĂ DE MÂNCARE

În cele din urmă, comportamentul fața de mâncare este cel ce indică cel mai clar o tulburare alimentară.

Ați putea remarca:

- Restricțiile alimentare autoimpuse, de exemplu, eliminarea unor mese, cum ar fi micul dejun, sau a unor grupuri de alimente din dietă, invocând alergii la gluten, lactoză sau alte noi alergii.
- Îndopatul, care în esență înseamnă îngurgitarea unei mari cantități de alimente într-o scurtă perioadă de timp, cu sentimentul pierderii controlului;
- Mâncatul compulsiv – pierderea măsurii în timpul mesei – sau mâncatul și după ce s-a instalat senzația de sațietate. (Acest lucru se poate întâmpla în timpul meselor obișnuite și poate părea firesc unui observator din exterior, deși se știe că îndoparea are de obicei loc în particular și de regulă presupune mari cantități de mâncare.)
- Purgația sau eliminarea mâncării prin comportamente nesănătoase, cum ar fi voma provocată, abuzul de laxative sau exercițiile fizice în exces.

Diferitele tipuri de comportament vor determina diagnosticarea tipului de tulburare de alimentație. Este normal ca aceste comportamente să se modifice pe parcursul bolii și astfel e posibil să se schimbe și diagnosticul. În timpul unui tratament reușit, o persoană care suferă de o tulburare de alimentație poate trece la un comportament total opus, iar terapeutul o va ajuta să depășească obstacolele apărute.

CE E DE FĂCUT

Dacă sunteți îngrijorați că fiica dumneavoastră ar putea suferi de o tulburare de alimentație, este esențial să acționați imediat: intervenția la timp oferă siguranța că recuperarea va fi completă. Nu ar trebui să așteptați până când fiicei dumneavoastră „i se face rău" pentru a căuta ajutor. Luați legătura cu medicul dumneavoastră de familie sau cu o organizație de asistență în tulburările de alimentație pentru identificarea celui mai potrivit tratament. În cazul tulburărilor de alimentație, tratamentul este de obicei specializat și cel mai bine este să plecați de la niște date clare – medicul dumneavoastră sau organizația de specialitate vă vor sfătui ce tratament este recomandabil pentru fiica dumneavoastră.

Unul dintre lucrurile care asigură succesul tratamentului este „alianța terapeutică" – formarea unei echipe eficiente alcătuite din terapeut, părinții adolescentei și adolescentă. Pentru persoanele care nu răspund la primele ședințe de tratament, este extrem de importantă încercarea altor metode de terapie. În cele din urmă, recuperarea poate avea loc dacă se găsește combinația perfecta între terapeut, metoda de tratament și momentul oportun în care se începe terapia.

Ar fi bine să citiți tot ce găsiți despre tulburările de alimentație, pentru că astfel veți deveni cel mai de nădejde sprijin în vindecarea fiicei dumneavoastră.

E normal să fiți îngrijorați, să vă simțiți vinovați și chiar să dați vina pe persoana cu tulburări alimentare, dar aceste sentimente pot reprezenta un obstacol în calea recuperării. De exemplu, unii părinți dau vina pe cel suferind, deoarece această tulburare are un efect negativ asupra căsniciei lor sau a familiei în general. Resentimentul părinților îi poate împiedica pe aceștia să facă ceea ce trebuie pentru fiica bolnavă – adică să o ajute să înceapă un tratament sau să o susțină pur și simplu, să se poarte frumos și să asculte ceea ce o frământă.

CELE CINCI MITURI DESPRE TULBURĂRILE DE ALIMENTAȚIE

Mitul 1: Oamenii aleg să aibă o tulburare de alimentație.
Realitate: Tulburările de alimentație NU sunt o chestiune de opțiune, ci reprezintă grave afecțiuni psihice, care evoluează în timp și au cauze psihologice complexe.

Mitul 2: Cel care suferă de o tulburare de alimentație trebuie neapărat să fie foarte slab.
Realitate: Majoritatea celor care au astfel de tulburări au, de fapt, o greutate normală sau chiar peste medie.

Mitul 3: Doar femeile suferă de tulburări de alimentație.
Realitate: Astfel de cazuri apar din ce în ce mai des și printre băieții de până la 14 ani (un sfert din adolescenții diagnosticați cu tulburări alimentare e format din băieți). De asemenea, e mai probabil ca aceștia din urmă să nu facă obiectul statisticilor, dat fiind că nimeni nu se așteaptă ca ei să aibă probleme de nutriție.

Mitul 4: Anorexia este cea mai gravă tulburare alimentară.
Realitate: Apelarea la metode de scădere în greutate prin înfometare sau prin provocarea vărsăturilor și prin abuzul de laxative face pe oricine vulnerabil la boli. Mai mult, experiența oricărei tulburări de alimentație este dureroasă și îl izolează pe bolnav de societate, acesta aflându-se în pericol de a-și face rău sau de a-și lua viața.

Mitul 5: Cei care au tulburări de alimentație au fot abuzați sexual.
Realitate: Abuzul sexual este un factor de risc pentru apariția multor dezechilibre psihice, inclusiv a tulburărilor alimentare. Totuși, nu toți cei care suferă de tulburările respective au fost abuzați sexual.

În cele din urmă, dacă fiica dumneavoastră are tulburări de alimentație, trebuie să știți că nu dumneavoastră sunteți de vină, ci, dimpotrivă, sunteți cei care chiar o pot ajuta să se vindece. Un exemplu este acela al analgezicului care vindecă durerea de cap, însă migrena nu e cauzată de lipsa analgezicelor.

Dacă fiica dumneavoastră suferă de tulburări de alimentație, este esențial să acționați imediat. Începerea tratamentului din timp este vitală, boala putând fi astfel evitată; dacă tratamentul e început la vreme, rezultatele nu vor întârzia să apară. Informați-vă cât mai bine cu privire la tulburările de alimentație, ceea ce vă poate fi de folos în procesul de vindecare al adolescentei. Nu vă pierdeți niciodată speranța că fiica dumneavoastră își va putea reveni complet. Acest lucru e posibil în cazul oricui.

AUTOVĂTĂMAREA

Oricine este implicat în viețile adolescentelor de astăzi se va întâlni cu problema autovătămării. A devenit foarte comună și este un indicator al stresului și anxietății cu care se luptă copiii. Este important să vă dați seama, să înțelegeți – și să reacționați în consecință – că, pentru fiica sau fiul dumneavoastră (oricât de ciudat ar părea), aceasta este o încercare de a-și gestiona viața și că îi servește unui scop. Pentru ei, reduce stresul. Dar, în același timp, este un indiciu că au cu siguranță nevoie de ajutor. Trebuie să fiți calmă, prietenoasă și răbdătoare când vorbiți cu o adolescentă care face rău.

Această secțiune a fost adaptată de pe site-ul Lifeline Australia, al cărui conținut este alcătuit de un grup de specialiști în sănătate mintală. Puteți citi site-ul la https://www.lifeline.org.au/get-help/topics/self-harm. Este conceput ca punct de plecare în înțelegerea fenomenului și nu ar trebui să înlocuiască ajutorul unui specialist calificat pentru nevoile specifice ale copilului. Discutați cu medicul de familie. Vă va ajuta să găsiți cea mai bună îngrijire profesională pentru fiica dumneavoastră.

CE ESTE AUTOVĂTĂMAREA?

Autovătămarea este de obicei definită ca nevoia de a-ți face rău fizic fără a dori să mori. Este un comportament care apare atunci când încerci să faci față sentimentelor dificile sau dureroase. Autovătămarea este relativ comună. Cercetările arată că aproximativ unu la sută dintre oameni s-au autovătămat în ultima lună și aproximativ opt la sută dintre ei au făcut acest lucru de-a lungul vieții. Majoritatea încep să se autovătămeze la adolescență sau la tinerețe. Poate continua mulți ani și poate deveni un obicei greu de oprit. Autovătămarea poate include:

- crestarea pielii cu obiecte ascuțite
- arderea pielii
- lovirea corpului cu pumnii sau alte obiecte
- lovirea pereților sau a altor suprafețe
- zgârierea sau strângerea pielii, ducând la sângerare sau vânătăi
- smulgerea părului.

FACTORI CARE SPORESC RISCUL DE AUTOVĂTĂMARE

- o criză sau un eveniment nefericit (de exemplu, moartea unei persoane dragi, ruperea unei relații, dificultăți acasă sau la școală, abuz sau violență de dată recentă)
- depresia, anxietatea sau altă problemă de sănătate mintală
- abuzul de alcool sau droguri
- traumele sau abuzurile din copilărie
- o boală fizică sau handicap.

MOTIVE PENTRU CARE OAMENII POT AJUNGE SĂ ÎȘI FACĂ RĂU

Celor care se autovătămează le este dificil să vorbească despre sentimentele lor, așa că își fac rău pentru a-și exprima emoțiile. Cel mai adesea se feresc să spună cuiva ce li se întâmplă (poartă mâneci lungi, care acoperă cicatricile) și nu recurg la autovătămare ca să atragă atenția sau să-i manipuleze pe ceilalți.

De obicei, autovătămarea nu este același lucru cu tentativa de sinucidere, datr poate duce uneori la o situație medicală gravă. Cu toate acestea, probabilitatea ca persoanele care se autovătămează să fi avut gânduri de sinucidere este mai mare, și acestea prezintă un risc crescut de a muri prin sinucidere. Dacă știți că viața cuiva ar putea fi în pericol, cereți ajutor imediat.

Este important să cereți ajutor pentru orice problemă de sănătate mintală, pentru a îndepărta primejdia autovătămării. Un adolescent va recurge la autovătămare pentru:

- a face față sau pune capăt durerii sau emoțiilor negative precum tristețea, furia, supărarea, vinovăția sau spaima
- a se elibera de tensiune sau de emoțiile acumulate
- a face față sentimentelor de singurătate sau izolare
- a se pedepsi pentru ceva de care se învinovățește, fie că a fost vina sa, fie că nu
- a se simți „viu" sau „real" sau pentru a combate senzația de amorțire
- a simți că deține controlul asupra propriei vieți
- a le comunica celor din jur că au nevoie de sprijin atunci când nu se simte în stare să se exprime cu ajutorul cuvintelor.

CUM SĂ AJUȚI PE CINEVA CARE ÎȘI FACE RĂU

Nu e lucru ușor să ajuți pe cineva care se autovătămează. S-ar putea să nu înțelegeți de ce o face, iar întreaga situație să vi se pară supărătoare sau stresantă. Când vorbiți cu persoana respectivă, încercați să aveți o atitudine calmă, deschisă și sinceră. Feriți-vă să judecați, să fiți șocat sau să luați comportamentul persoanei în cauză ca pe o ofensă personală. Încercați să vedeți situația din punctul său de vedere și înțelegeți de ce a ales să își facă rău.

Spuneți-i persoanei respective că sunteți alături de ea și gata să ascultați ce are de spus. Îndemnați-o să discute cu medicul de familie sau cu un specialist din domeniul sănătății mintale și oferiți-vă să mergeți împreună, dacă este speriată sau stânjenită. Nu uitați să aveți grijă de dumneavoastră. A ajuta pe cineva care își face rău poate fi obositor și supărător, așa că aveți grijă și de nevoile dumneavoastră fizice și emoționale.

PE SCURT

- Atât mâncatul în exces, cât și înfometarea sunt probleme din ce în ce mai des întâlnite în rândul fetelor.
- Cura de slăbire nu ajută, de fapt, la nimic, dimpotrivă, înrăutățește situația.
- „Complexele legate de kilogramele în plus" reprezintă o modă chinuitoare și pernicioasă în cultura noastră, deși unele școli, programe guvernamentale sau programe TV o încurajează.
- Mâncatul conștient și grija pentru sănătate reprezintă cele mai bune strategii.
- Tulburările de alimentație precum anorexia și bulimia (care sunt mai frecvente) sunt boli psihice, nu alegeri făcute în mod conștient. Ele presupun în primul rând un dezechilibru mintal și apoi atingerea extremelor în comportamentul alimentar. Ceea ce aveți de făcut este să observați din timp semnele bolii și să căutați ajutor de specialitate.

11
ALCOOLUL ȘI DROGURILE

Paul Dillon locuiește în centrul orașului. Cunoaște toate prețurile la amfetaminele care se vând pe stradă și ce marfă va mai apărea pe piață. Știe cum să acționeze în cazurile de supradoză sau comă alcoolică. Paul este, de ani de zile, cel mai bun consilier din Australia în domeniul consumului de droguri și colaborează cu diverse școli sau lucrează cu diferite grupuri de sprijin din întreaga țară pentru a se asigura că adolescenții au o percepție clară asupra acestei probleme și că se feresc de un sfârșit tragic în schimbul câtorva minute de distracție[1].

Paul e probabil cel căruia i se datorează faptul că din 2002 a scăzut simțitor consumul de droguri și alcool în rândul tinerilor. Are sfaturi și metode surprinzătoare, care îi ajută pe părinți să afle despre substanțele, legale și ilegale, care afectează creierul, să știe cum să își educe copiii în acest sens și să înțeleagă când e cazul să se îngrijoreze și când nu. Atunci când merge în școli, el organizează proiecții interesante. Majoritatea oamenilor sunt obișnuiți să vadă cel mai adesea imagini cu tineri care consumă alcool, uneori cu tineri care fumează, foarte rar cu consumatori de canabis și, pe ultimul loc, cu tineri care folosesc ecstasy și heroină. Însă, după părerea lui Paul, aceste statistici ar trebui să fie prezentate exact în ordine inversă. Situația, indiferent de țara la care ne referim, dar, în principal, în lumea occidentală, stă în felul următor:

- *Deși mulți adolescenți în vârstă de 17 ani au consumat măcar o dată alcool, mulți dintre ei nu beau în mod regulat, iar unii aproape deloc. 25 la sută din această ca-*

tegorie de vârstă se declară „nebăutori“, iar aproximativ 10 la sută nu au consumat niciodată alcool.
- *Peste 70 la sută dintre elevii de liceu de 17 ani nu au fumat niciodată canabis și, probabil, nici nu o vor face.*
- *97 la sută dintre elevii de liceu nu au folosit niciodată droguri halucinogene.*
- *96 la sută nu au folosit niciodată amfetamine, iar 4 la sută dintre cei care au folosit au făcut-o o dată sau de două ori în ultimul an.*
- *În cazul heroinei și morfinei, situația e aceeași cu cea prezentată mai sus.*
- *Procentul consumatorilor de cocaină e același: 98 la sută nu au folosit niciodată, iar doi la sută au folosit o dată sau de două ori.*
- *Cu ecstasy procentul e puțin diferit – doar 92 la sută nu au folosit acest drog niciodată (!), iar cei care l-au folosit au făcut-o în mod ocazional.*

Aruncând o privire la situația de peste ocean, Paul a sesizat că printre elevii care participă la prezentările sale nu puțini dintre cei care urmăresc proiecțiile în sălile de festivități și amfiteatre își scot, cu mândrie, pieptul înainte. Aceștia sunt cei care nu beau și nu consumă droguri și care, deodată, își dau seama că sunt majoritari. Pentru ei este un amănunt important pe care ar vrea să-l cunoască și ceilalți. Deodată, panica legată de degradarea generației tinere și ideea că adolescenții trebuie să consume droguri, dacă vor să fie cool, începe să dispară treptat.

De fapt, puștii de școală evită bucuroși drogurile și băuturile alcoolice (cu excepția unei creșteri ușoare înregistrate la consumul de ecstasy), iar consumul acestora e în scădere, încet dar sigur, încă de la începutul anilor 2000. Tinerii din ziua de azi nu mai sunt atât de interesați de substanțele halucinogene.

Iată veștile bune, cel puțin în privința drogurilor. Paul a dorit să pună în mod special accentul pe cât de neînsemnată este problema stupefiantelor, cu excepția unui grup foarte restrâns de tineri (pentru care ele reprezintă, desigur, o problemă gravă). El nu este însă la fel de relaxat în privința efectelor negative cauzate de consumul de alcool.

Alcoolul, care e produs și comercializat în mod legal și căruia i se face reclamă în mod foarte subtil pentru a le atrage pe tinere, provoacă leziuni ale creierului și reprezintă un pericol enorm pentru siguranța adolescenților, cauzând accidente și izbucniri de violență. L-am auzit pe Paul sugerând chiar că industria băuturilor spirtoase încurajează, probabil, paranoia față de consumul de droguri, astfel încât părinții sunt ușurați că fiicele lor nu consumă droguri, chiar dacă abuzează, de fapt, de alcool (idee cu care sunt oarecum de acord). În capitolele următoare voi vorbi și despre industria amintită.

De ani de zile circulă diferite păreri despre consumul băuturilor alcoolice, conform cărora acesta nu ar fi, de fapt, atât de nociv, iar „obiceiul mediteraneean“ de a lăsa copiii să mai soarbă câte o gură de vin în timpul meselor îi ajută pe aceștia să se obișnuiască cu băutura pe care astfel nu vor ajunge să o consume în exces, considerând-o o formă de „răzvrătire“. Ba chiar în 2012 o organizație școlară de fete a publicat o carte despre acest subiect.

E o teorie interesantă care, în practică, s-a dovedit total greșită. Se știe acum că alcoolul consumat în copilărie sau în primii ani de adolescență are efecte teribile asupra creierului, pe care îl fac, mai târziu, mai vulnerabil la alcool și alcoolism. Băuturile alcoolice nu au ce să caute în preajma copiilor.

În realitate, efectele alcoolului – consumat chiar și în cantități mici – asupra creierului, au reprezentat argumente puternice pentru ca limita legală de vârstă să fie 21 de ani în Statele Unite, ceea ce e foarte bine. Astfel, în America, tinerii încep să-și facă rost de acte de identitate false în vederea procurării băuturilor alcoolice în jurul vârstei de 19 ani, în timp ce în Australia fenomenul apare pe la 16 ani. Asta înseamnă trei sau patru ani în plus în care creierul este protejat.

Și, deși statisticile lui Paul sunt corecte, consumul de alcool rămâne încă îngrijorător, chiar și dacă este vorba de un procent mic de tineri. Aproximativ unul din 17 tineri bea săptămânal cantități alarmante de spirtoase. În cazul femeilor (a căror constituție este mai firavă și care au un metabolism diferit), starea de ebrietate se instalează ulterior consumului a patru pahare de alcool, în timp ce în cazul adolescentelor, al căror ficat nu este încă pe deplin dezvoltat (acesta atingând faza de maturitate abia în jurul vârstei de 21 de ani!), e nevoie de mult mai puțin. Șase la sută din fetele care merg încă la școală beau săptămânal o cantitate de alcool care este periculoasă chiar și pentru o femeie matură.

Cel mai recent motiv de îngrijorare, care nu a fost încă aprofundat de prea mulți părinți ori de adolescente, este acela că băuturile alcoolice măresc riscul apariției cancerului de sân cu până la o treime din totalul îmbolnăvirilor. (Deși cancerul de sân are o componentă genetică, el este declanșat aproape întotdeauna de diverse substanțe chimice din mediul înconjurător. Trecerea în circuitul sangvin a unor cantități importante de etanol este nocivă pentru țesuturile moi.)

Acesta este, așadar, tabloul general al stării de sănătate mintală pe care am descris-o mai devreme. Majoritatea adolescentelor nu sunt în pericol, însă există o minoritate care se confruntă cu probleme foarte grave.

Până acum ne-am ocupat de tineri care sunt încă la școală. Unul dintre avantajele minunate ale comunităților școlare este acela că protejează sănătatea mintală a elevilor, aducând astfel un enorm beneficiu. Pentru majoritatea puștilor, școlile reprezintă încă locuri prietenoase, unde există o rutină și o structură, unde sunt adulți cărora le pasă și amici la discreție cu idei și atitudini diverse.

Atunci când tinerii termină școala, toți indicii statistici referitori la echilibrul psihic – rata sinuciderilor, automutilarea, consumul de alcool și droguri, depresia și anxietatea – ajung la cote incredibile. Lumea e un loc în care te poți simți foarte singur.

CE AR TREBUI SĂ ȘTIE PĂRINȚII ȘI SĂ LE TRANSMITĂ FETELOR

Folosirea stupefiantelor de către adolescente nu este cauzată de lucrurile la care ne gândim de obicei. Nu are de-a face cu venitul – fetele bogate sunt la fel de expuse riscului ca și cele sărace –, nici cu educația primită și nici cu inteligența sau cunoștințele dobândite. Există un singur lucru care poate ține sub control consumul de droguri: supravegherea și urmărirea îndeaproape a copiilor de către părinți.

E puțin probabil ca părinții care știu întotdeauna unde sunt și ce fac copiii lor și care sunt prezenți în viața acestora să aibă fii sau fiice care consumă alcool sau droguri. Și chiar dacă din când în când lucrurile scapă de sub control, părinții respectivi iau atitudine, asigurându-se că incidentele neplăcute nu se vor repeta.

Acest tip de implicare nu înseamnă să dai buzna în intimitatea copiilor, ci să porți discuții afectuoase, să fii ferm atunci când vrei să afli în ce anturaj se învârt adolescenții și să negociezi în mod prietenos, dar tranșant când vrei să-i convingi să fie mereu atenți și să nu se expună riscurilor.

Toți specialiștii în probleme de adolescență cu care am discutat atunci când scriam această carte erau foarte virulenți (și asta e puțin spus) față de un anumit tip de părinți care doresc să fie prieteni cu copiii lor, în sensul în care mama cumpără băuturi alcoolice, și tatăl îi dă fiicei sume mari de bani când aceasta iese în oraș, ca să „petreacă" cu prietenii. (Pe vremuri, petrecerea era un eveniment găzduit de prieteni buni, la care se serveau mâncare bună și băuturi, se făcea conversație și se dansa. Azi nu mai înseamnă decât să o faci lată. Asta se întâmplă de obicei în diverse cluburi și baruri în care nici nu se aude ce spui de atâta vacarm. Muzica se dă tare în mod intenționat – altfel, dacă ar putea sta de vorbă, puștii nu ar mai bea atât de mult. Proprietarii cluburilor vor ca tinerii să se încingă și să-și piardă controlul, pentru ca astfel să crească vânzarea băuturilor alcoolice.)

Aproximativ 35 la sută din alcoolul consumat de adolescenții cu vârstă școlară (care devin astfel consumatori ilegali) este furnizat de părinți.[2] Dar cel puțin nu e vorba de droguri!

La „petrecerile" descrise mai sus (cele din cluburi) drogul preferat este ecstasy. Acesta îți dă energie și te face afectuos, eliberează în corp cantitatea de endorfină produsă în mod normal într-o săptămână (și de aceea ne simțim îngrozitor încă șapte zile după ce am luat drogul). Problema este că, de obicei, ecstasy este produs în condiții improvizate, de diverși inși care habar nu au ce se pune în pastila respectivă. Nimeni nu știe cu adevărat ce consumă. Exact asta trebuie să le explicați, cu calm, adolescenților. Drogul despre care vorbim nu e fabricat în Elveția.

Poate, din vina noastră, copiii au prea mare încredere în pastile. Li le prescriem cu prea mare ușurință băiețeilor care nu ar avea nevoie decât să zburde mai mult pe afară. Iar atunci când copilul are o durere de cap, îi dăm imediat Panadol. Paul ne atrage atenția că 90 la sută din durerile de cap la adolescenți sunt cauzate de deshidratare, problema rezolvându-se cu un simplu pahar cu apă.

CINE SUNT CEI CARE ÎNDEAMNĂ LA CONSUMUL DE ALCOOL[3]

Cu câțiva ani în urmă, industria producătoare de băuturi alcoolice își făcea griji din cauza nivelului scăzut de consum. Cei mai buni clienți muriseră înainte de vreme. Marile companii aveau nevoie de o nouă piață de desfacere pentru că în afaceri creșterea profitului este esențială. Specialiștii lor au stat de vorbă cu adolescente. (În SUA aceste companii pot plăti școlilor 500 de dolari pentru a intra în contact cu școlarii și a-i cunoaște mai bine și a afla cum să le facă rău.) S-a dovedit că fetelor nu le place gustul băuturilor spirtoase. Asta însemna pierderea unui segment important al pieței de desfacere, astfel că au fost inventate sucurile alcoolizate – băuturi acidulate și dulci care au gust de suc, dar conțin cantități semnificative de rom, coniac, votcă sau gin. Și, ce să vezi, fetele au început să consume aceste băuturi în cantități industriale. Guvernul australian, somat de organizațiile de sănătate, a avut o tentativă de a mări accizele la băuturile alcoolice. Industria alcoolului a creat însă mare vâlvă, ajungându-se astfel la un compromis (cei care fac lobby nu votează ca toți ceilalți, ci exercită alt tip de influență). Ca urmare, a scăzut consumul de breezer, dar nu suficient de mult. În schimb, fetele s-au obișnuit cu băuturile spirtoase. În ziua de azi, prețul băuturilor alcoolice servite în cluburi este prea ridicat, fetele cumpără lichior de la supermarket și îl beau în drum spre petrecere, pentru a începe distracția deja amețite.

Indiferent de locul unde vă aflați, ați putea testa integritatea politicienilor din țara dumneavoastră. Cereți-le să mărească simțitor taxele la băuturi alcoolice, mai ales la produsele pe care le preferă tinerii sau care apar special pe piață pentru a-i atrage. Tinerii consumatori de alcool sunt foarte sensibili la creșterile de preț, iar o majorare de 20 la sută îi poate pune în imposibilitatea de a-l mai cumpăra. Puneți-i să interzică toate reclamele la alcool care vizează populația tânără – producătorii pot supraviețui în mod onorabil dacă furnizează produse de bună calitate, fără să fie o vacă de muls pentru cei care fac profituri în acest domeniu și fără să ne pună pe noi ceilalți în situația de a plăti prețul pentru accidentele de circulație și internările în spital.

Solicitați-le să crească vârsta legală pentru consumul de alcool la 21 de ani, ceea ce ar aduce mai puține prejudicii creierului aflat în proces de dezvoltare al tinerilor și le-ar mai aduce câțiva ani de maturitate și experiență de viață în plus, pentru a putea înțelege altfel efectele negative ale alcoolului. Dacă solicitările dumneavoastră nu vor avea nici un ecou, indiferent dacă le adresați unui politician sau unui partid, atunci veți avea dovada clară că nu alegătorii sunt cei care au un cuvânt de spus.

CONSUMUL EXCESIV DE ALCOOL

În ciuda veștilor în general bune, există un grup mic, dar demn de luat în considerație, de tinere care beau cât noi toți ceilalți la un loc. Acestea consumă atât de mult, o dată sau de două ori pe săptămână, încât organismul lor este în continuă schimbare. Adolescenții nu au rinichii dezvoltați complet; ei nu pot absorbi sau metaboliza alcoolul din sânge suficient de repede. În felul acesta, creierul lor în curs de maturizare este grav afectat, aceștia fiind susceptibili, când ajung la vârsta adultă, de probleme legate de băutură cu peste 60 de procente mai mult decât în mod normal.

Consumul ridicat de alcool în rândul fetelor și femeilor tinere este un fenomen care a luat amploare la scară mondială, inclusiv în țări unde acest lucru nu constituia o problemă, cum ar fi Franța sau Italia. Băieților nu le vine să creadă ce noroc a dat peste ei: disponibilitatea fetelor de a face sex a atins cote nebănuite, pare că nici nu le mai pasă.

Motivul pentru care consumul de alcool a crescut la un nivel alarmant e cauzat de un complex de factori: locurile de distracție și socializare sunt puternic contaminate de alcool. Toate reclamele se străduiesc să facă din consumul de băuturi ceva cool, care te face să pari matur. Constrângerile sociale de a fi ca ceilalți și a bea pentru a te integra sunt enorme. Dar, pe lângă asta, pare că mai e vorba și de altceva, un fel de dorință disperată de irosire, un soi de sinucidere temporară, spulberarea realității cu un zel aproape autodistructiv. Toate presiunile exercitate asupra adolescentelor, pe care le-am enumerat în această carte, se adună și se manifestă mai departe prin consumul de alcool, în cazul unor fete, prin automutilare ori tulburări de alimentație, în cazul altora, și prin sex ocazional la altele. Uneori, aceste manifestări apar concomitent. Toate aceste fete au nevoie de ajutor.

CE E DE FĂCUT?

Dacă sunteți părinte, iubiți-vă fiica. Faceți tot ce vi se recomandă în acest volum, încă de când vine pe lume. Dacă totuși se apucă de băut, ajutați-o. Alcoolismul reprezintă, în cazul anumitor persoane, o boală metabolică care poate fi tratată.

Nu le oferiți băuturi alcoolice copiilor care nu au vârsta legală. La rândul dumneavoastră, nu beți mai mult de un pahar, dacă nu e necesar, sau beți, cu moderație, doar cu prilejul unor evenimente deosebite. Evitați alcoolul mai ales când sunteți într-o perioadă mai stresantă, pentru a nu-i crea

fiicei dumneavoastră impresia că aveți „nevoie“ de alcool sau, mai rău, că alcoolul vă ajută. În caz contrar, îi veți da cel mai rău exemplu cu putință.

Nu o lăsați să bată pur și simplu cluburile din oraș până când nu e suficient de mare ca să-și poarte singură de grijă. Asta poate însemna, în funcție de țara în care locuiți, 21 de ani. Stabiliți reguli stricte referitoare la ora de venit acasă și faceți dinainte o înțelegere cu ea că, indiferent de LOCUL unde se află și ORA la care vă sună, o puteți lua cu mașina.

Interesul fiicei dumneavoastră este să poată ieși în oraș, să se distreze și să fie în siguranță. Explicați-i că sunteți de partea ei, doar că aveți mai multă experiență de viață. Câtă vreme este încă minoră, sunteți responsabili de viața sa. Dar și mai târziu, când locuiește încă sub același acoperiș cu dumneavoastră, aveți posibilitatea de a interveni, într-un mod prietenos și plin de grijă, pentru a vă asigura că nu pățește nimic rău. La fel ar face și un coleg de apartament. Venitul din oraș la ore rezonabile, și nu în stare de ebrietate este o cerință echitabile pentru orice familie ai cărei membri țin unul la altul.

REGULILE LUI ESTHER

Esther, o tânără care mă ajută cu organizarea seminarelor și care urmează să împlinească 25 de ani, este o reprezentantă plină de idealuri a generației mileniului III. Am întrebat-o ce atitudine au prietenele ei față de ieșitul în oraș. „Simplu“, mi-a răspuns, „noi ascultăm de Vocea Rațiunii“. Esther și prietenele ei și-au dat seama că au nevoie de cineva din grup, un fel de „cap limpede“, care să nu consume alcool și care să decidă când a venit vremea să plece acasă, dacă împrejurimile sunt destul de sigure, sau care să ia orice altă hotărâre referitoare la anturaj sau la locul petrecerii, care să asigure integritatea întregului grup. În fiecare seară când ies împreună, câte cinci sau șase, votează cine să fie Vocea Rațiunii. Persoana aleasă nu consumă decât un pahar de băutură. Iar regula este că toată lumea trebuie să facă ceea ce zice Vocea, fără nici o împotrivire.

Am întrebat dacă asta nu este o sarcină împovărătoare, bănuind cumva că ei îi vine mai des rândul decât celorlalți. „O, nu“, m-a asigurat, „e mai degrabă o onoare. Pe unele dintre fetele din grup nu le alegem niciodată. În rest, ne mai rotim, însă trei sau patru dintre noi iau treaba asta în serios și vor ca toată lumea să ajungă acasă în siguranță, pentru că ținem una la alta. Suntem mândre de regulamentul nostru.“

12
OGLINDĂ OGLINJOARĂ, CINE-I CEA MAI FRUMOASĂ DE PE ECRAN?

CE-I DE FĂCUT ÎN PRIVINȚA REȚELELOR DE SOCIALIZARE

Fiecare dintre noi are o idee despre cine este. În copilărie, acest lucru vine în mare parte de la oamenii din jurul nostru. Părinții ne spun că suntem drăguți, sau amuzanți, sau deștepți, un profesor sau antrenor de la școală ne încurajează să nu renunțăm, să facem încă un efort. Prietenii noștri – sau alți copii mai puțin prietenoși – ne critică sau ne încurajează.

Treptat, conștiința de sine a copiilor devine mai puternică, dar e încă fragilă, iar asta nu se schimbă uneori nici la maturitate – dacă, de exemplu, ajungem într-un oraș nefamiliar sau pur și simplu umblăm încolo și încoace în jur și nimeni nu ne recunoaște, începem să ne simțim din ce în ce mai puțin ca noi înșine. Un zâmbet cald sau un prieten care ne întâmpină la mall ne pot ridica moralul. Cercetările[1] arată că această conexiune nu este doar un moft sau ceva menit să ne facă să ne simțim mai bine, ci este cheia sănătății mintale și chiar ne face să ajută să trăim mai mult.

Pe măsură ce îmbătrânim, ne construim „tribul" – plasa de siguranță alcătuită din oamenii care ne cunosc și ne prețuiesc. Adolescenții fac acest lucru cu intenție, pe măsură ce își modelează identitatea, dar odată cu creșterea internetului, tribul lor a devenit cu adevărat foarte ciudat. Problema nu a început însă cu rețelele sociale – copiii erau deja într-o situație ciudată înainte de asta. De mii de ani, fetele au crescut în preajma mătușilor, unchilor și bunicilor, și chiar și în urmă cu 50 de ani, petreceau de patru sau cinci ori mai mult timp cu adulții mai în vârstă decât acum. Școala este o grupare foarte nenaturală de copii de aceeași vârstă, cu doar un adult la 30 de copii și foarte puține conversații personale și fără să se facă remarcați în vrun fel. Așadar, adolescența era deja o experiență izolatoare și nesigură, pentru că am îndepărtat adulții și i-am lăsat pe copii ei între ei. Instagram și Snapchat au apărut când copiii erau deja singuri, plini de îndoieli și le-au oferit conexiune – prieteni! Laude! Feedback instantaneu! Desigur, a fost o promisiune falsă.

Dintr-odată, o mulțime de străini au comentat, i-au aprobat sau i-au dezaprobat, sau i-au manipulat și i-au făcut să se îndoiască de ei înșiși, sau au încercat să-i corupă și să-i seducă. Iar ei au căutat aprobarea unor oameni cărora nu le păsa de ei sau, mai rău, s-au distrat împroșcându-i cu răutăți. Chiar și prietenii din viața reală au început să pară îndepărtați și indistincți tocmai pentru faptul că nu erau în aceeași cameră cu ei, și, de la un punct încolo, au devenit cruzi și insensibili. Sau, dacă au încercat să-i susțină, nu erau fizic alături de ei ca să-i îmbrățișeze, să le șteargă o lacrimă sau să îi facă să râdă.

Cercetătorul de social media Toni Hassan folosește analogia cu o oglindă.[2] Vreme de mii de ani nu au existat oglinzi! În afară de oglinda unei ape liniștite, abia dacă ne-am văzut propria reflecție în ceva. Oricine ar fi putut presupune că este arătos. Apoi au apărut oglinzile și s-a născut conștiința de sine. Cine nu se uită în oglindă în zilele noastre, nu doar ca să verifice dacă n-are firimituri în sprâncene, ci și ca să vadă „cine sunt eu astăzi"?

Acum ecranul este oglinda noastră. Și țipă în tăcere la tine „ești un nimeni!". Este un loc oribil. Nu exagerez. Intră pe internet și spune ceva despre tine care te diferențiază de ceilalți sau te pune într-o postură vulnerabilă – de exemplu că ești LGBTI –, și în câteva minute cineva îți va spune să te sinucizi.

Fetele folosesc rețelele sociale cu aproximativ 50 la sută mai mult decât o fac băieții.[3] Își fac selfie-uri elaborate, le studiază, mai fac câteva zeci, își schimbă machiajul, își scot în evidență decolteul și clic din nou. Apoi postează fotografia și așteaptă reflecția. Noi, adulții, suntem puțin mai buni deatât – postăm fotografii din vacanță, de familie, cu ce mâncăm la prânz sau articole de știri care ne plac și apoi așteptăm răspunsul. Poate fi inofensiv dacă aveți o stimă de sine robustă și, în plus, te pune în legătură cu ceilalți. Dar pentru un tânăr nesigur care își caută identitatea (ceea ce înseamnă că nu are încă una bine dezvoltată), acest lucru poate fi zdrobitor.

LEGĂTURILE SUNT CLARE

Timp de câțiva ani, nimeni nu a fost sigur dacă rețelele de socializare sunt în regulă sau sunt o problemă. Dar această îndoială a fost îndepărtată de niște constatări foarte clare. Cercetarea de imens succes a profesoarei universitare Jill Twenge, lansată în 2017[4,5] a atras atenția că o creștere bruscă și alarmantă a sinuciderilor în rândul adolescenților (anterior în scădere) s-a potrivit exact cu anii în care tinerii au început să aibă smartphone-uri. Această generație de copii a înlocuit conexiunea reală cu conexiunea online.

Studiile lui Jill Twenge au fost verificate cu atenție și au folosit seturi mari de date.

Erau și foarte echilibrați. Cercetătoarea a găsit multe aspecte pozitive la faptul că adolescenții se întâlneau online în loc să se întâlnească la mall sau să dea ture cu mașinile. Fetele din generația „iGen", așa cum o numește Twenge, fac sex mai târziu (în medie un an mai târziu), beau mai puțin și rămân însărcinate în procent mai mic! Dar sunt mai singure. Nu ies la patinaj sau la surfing, nu își vizitează prietenii, nu fac sport, nu vorbesc cu mama, sau cu bunica, sau cu tata, sau cu sora lor mai mică. Relația cu rețeaua lor de prieteni este foarte intensă, dar este mai puțin personală. Este alcătuită din like-uri și fragmente de texte și tweet-uri. Iar asta nu îți alimentează starea de spirit. Nu îți face endorfinele să cânte, mușchii umerilor să se relaxeze sau inima să se liniștească așa cum o fac relațiile personale. Cu prietenii de pe rețelele de socializare nu ai conversații cu adevărat apropiate sau profunde.

Twenge a constatat că există o legătură directă între timpul petrecut online și sentimentul de nefericire. Și o întreagă generație a fost mai puțin fericită. Numărul sinuciderilor în rândul fetelor de 12–14 ani (studiile sale au în vedere SUA) s-a triplat între 2007 și 2015. Triplat! Ceva mai semnificativ nici că se poate obține de la o statistică.[6]

UNDE SE GREȘEȘTE?

Cum anume ar putea rețelele sociale să provoace sinucidere? Twenge crede că principalul suspect este bullyingul online, frecvent în rândul adolescentelor, ceea ce le face să se simtă din ce în ce mai excluse (aproape 50 la sută dintre ele spun că uneori se simt excluse). Dar există și alți factori. De exemplu, știm că lumina albastră emisă de ecrane declanșează o stare de alertă în creier și îi ține pe copii treji și neliniștiți. Iar lipsa somnului crește depresia. (Unii producători de telefoane instalează acum filtre de lumină albastră pentru a reduce efectul.) Specialiștii în somn recomandă insistent ca nici copiii, nici adulții să nu stea pe telefon cu cel puțin o oră înainte de culcare.

CE E DE FĂCUT

Două lucruri. Nu le cumpărați telefoane, tablete etc. de la o vârstă fragedă. Puneți niște limite de timp când le pot folosi. Copiii de școală primară sau gimnazială probabil că nici măcar nu au nevoie de smartphone-uri. Un telefon ieftin (doar pentru apeluri) este suficient pentru siguranță și aranjamente. De ce să le dați echipamente scumpe care îi fac să se simtă nefericiți și stresați? Dacă nu mă credeți pe cuvânt, iată transcrierea unei discuții pe Facebook pe care am găzduit-o chiar despre acest subiect.

Avem 70.000 de părinți de fete din multe țări din întreaga lume pe pagina de Facebook *Raising Girls*. Și ceea ce mi-au spus a fost de mare ajutor. De fapt, a fost de-a dreptul revoluționar.

Josie (Cork, Irlanda): Noi, toată familia, am încercat să facem o chestie: ne punem dispozitivele la încărcat la ora ceaiului, înainte de a ne așeza să mâncăm. Și le lăsăm acolo până a doua zi dimineață. Nimeni nu își folosește iPad-ul, sau telefonul, sau laptopul după masa de seară. Nici copiii, nici adulții.

Eu: Glumești? Poți să faci una ca asta? LOL!

Josie: Da, funcționează. A fost un mic șoc. Ne-am gândit că dacă așteptăm așa ceva de la copii, ar trebui să facem și noi la fel. A schimbat lucrurile în casă, vorbim mai mult, copiii își găsesc jocuri pe care să le joace împreună, nu în camerele lor.

Maree (Brisbane, Australia): Și câțiva dintre prietenii noștri au aplicat soluția asta, și am început și noi acum aproximativ o lună.

Eu: Maree, cum a afectat-o pe fiica ta?

Maree: Exact despre asta-i vorba. Fiica noastră a fost motivul pentru care am făcut-o. Noaptea stătea pe telefon, pe rețelele de socializare, iar dimineața era obosită, răvășită, stresată și cu cearcăne.

Eu: Câți ani are?

Maree: Are 13 ani. Și acum, ei bine, este altă fată. Doarme bine. Se trezește fericită și dornică să ajungă la școală, în vreme ce înainte de asta se temea să meargă la școală. Ne înțelegem mult mai bine cu ea. Și vorbim mai mult.

Josie: La fel și în cazul nostru, asta este marea diferență pe care am observat-o. Amândouă fiicele noastre – au 13, respectiv 16 ani – sunt mai fericite acum. Schimbarea a fost aproape instantanee. Am introdus regula „fără dispozitive după cină", ceea ce a fost greu și pentru noi, ca părinți, fiindcă stăteam pe telefon noi înșine, mai ales soțul meu. Dar fetele, în special cea mare, au început să se relaxeze, n-au mai fost așa de agitate ca înainte. Cred că dramele de la școală și teama că își pierde prietenii o țineau trează noaptea. Simțea că trebuie să „țină pasul" cu ceilalți, ca să nu piardă ceva. În realitate, a văzut că nu ratează nimic din ce nu merită ratat și oricum s-a simțit mai bine nemaibătându-și capul cu cu toate astea până a doua zi, când ceea ce părea interesant noapte deja nu mai era de actualitate și nu mai prezenta interes. Cred că, fiind o persoană mai calmă, și-a ajutat, la rândul ei, și prietenii. Mulți dintre prietenii noștri de familie au introdus și ei aceeași regulă.

Discuția a continuat așa o vreme, apoi s-a întâmplat ceva ce nu s-a mai întâmplat până acum pe pagina mea de Facebook. Și-a făcut apariția un adolescent adevărat.

Laurel: Bună, am 15 ani, sper că nu te superi dacă comentez și eu aici. Știu că asta este o pagină a părinților. Am vrut doar să spun că mama și tata au introdus această regulă. Și le sunt foarte recunoscătoare că au făcut-o. N-aș fi putut niciodată să renunț singură la rețelele de socializare în timpul nopții, deși știam că mă stresează. Pur și simplu, e prea greu să renunți. Având regula și telefoanele și iPad-urile tuturor pe încărcătorul din bucătărie, te obișnuiești. După câteva nopți, ți se pare normal. Mă bucur că mama și tata au introdus această regulă. Aș putea să dau vina pe ei - haha!

Deci așa stau lucrurile și poate că merită să vă gândiți să procedați la fel și la dumneavoastră acasă. Adolescenții, cu creierul lor încă în formare, au nevoie ca noi să ne facem treaba și să le protejăm sănătatea mintală, pe care lor le este greu să și-o protejeze singuri. Și sunt îndeajuns de sinceri cu ei înșiși ca să recunoască asta!

PE SCURT

- Cu toții avem nevoie de un „trib" care să ne sprijine și să ne asigure starea de bine, în special copiii și tinerii.
- Astăzi, copiii își pot căuta tribul printre străini, pe rețelele de socializare, în loc să stea față în față cu oameni cărora le pasă de ei.
- Cercetătorii au descoperit că rata sinuciderilor a început brusc să crească atunci când utilizarea rețelelor sociale a crescut.
- Mulți părinți nu le oferă copiilor smartphone-uri de la vârste mici și limitează utilizarea dispozitivelor în dormitoare și după cină și sunt de părere că, drept urmare, copiii lor sunt mai fericiți.

PARTEA A TREIA

FETELE ȘI PĂRINȚII LOR

13
FETELE ȘI MAMELE LOR

Există un fapt legat de creșterea fetelor față de care nimeni nu are nimic de obiectat, și anume figura centrală a mamelor. Motivul e simplu: mama este un model, persoana de același sex care are cel mai mare efect, de timpuriu, asupra a 95 la sută dintre fete. Un tată care stă acasă și se ocupă de tot poate avea același efect; o mătușă sau o bunică pot lua locul unei mame care nu poate fi acolo, dar pentru cele mai multe fete, mama este persoana care le învață ce înseamnă să fie femei. Acesta este un lucru minunat!

În anumite momente o fată își poate adora sau urî mama, o poate admira sau critica – de obicei, în cei douăzeci de ani de maturizare, fetele vor face toate cele de mai sus. Dar oricum ar sta lucrurile, nici o fată nu va spune că mama ei nu a avut o contribuție uriașă în viața sa. Mult timp după ce nu veți mai fi, fiica dumneavoastră își va aminti zâmbetul și atingerea voastră, ce ați învățat-o și cum ați făcut-o să se simtă. Ea va dărui toate acestea mai departe în dragostea pentru copiii ei, și acea dragoste va dăinui peste generații.

CUM FUNCȚIONEAZĂ MODELELE

Dacă stați să vă gândiți, ceea ce au copiii de învățat cât timp cresc este incredibil de complex. Nu e vorba de lucruri precum mersul pe bicicletă sau baletul – tot ceea ce facem trebuie deprins. Cum să fii răbdător, cum să dai ordine, cum să ai o dispută cu soțul într-o manieră amiabilă, astfel încât chiar să

înțeleagă ceea ce îi spui, cum să faci glume pentru a destinde atmosfera atunci când ești extenuată, cum să iubești – acestea nu sunt lucruri care se pot afla din cărți. Învățăm să fim oameni de la alți oameni. Fără modele de urmat, am fi neștiutori, și viața ar fi foarte grea. Oamenii fără modele dau adesea de necaz și uneori ajung la pușcărie (cei care lucrează cu „mamele cu riscuri" rareori văd pe cineva care să disciplineze copiii cu calm, de cele mai multe ori îi ciupesc, îi închid în debara sau îi plesnesc peste față. Efectiv cred că nu mai există altă cale).

Creierul copiilor este programat să privească și să copieze. Anumite conexiuni nervoase numite „neuroni oglindă" fac legătura cu ochii și mușchii noștri ca să putem observa ce fac alții și să ne apropiem comportamentul lor fără să ne dăm seama. Veți vedea că aveți aceleași ticuri ca mama sau tatăl dumneavoastră. Aceștia sunt neuronii dumneavoastră oglindă în acțiune. De aceea, fiecare copil ajunge să semene cu oamenii lângă care crește. Muzicienii creează muzicieni, grădinarii sau iubitorii de animale creează o generație asemănătoare. Dacă copiii dumneavoastră vă iubesc, vor vrea să fie ca voi.

Așa că aveți grijă – știți unde duce asta, nu-i așa? Fiica dumneavoastră va ajunge ca dumneavoastră. La care se adaugă trăsăturile altor modele sau noi ingrediente care au rolul de a îmbunătăți modelul de bază! Vă va purta în sufletul ei. Dacă veți fi o mamă responsabilă, atunci va avea un start bun – va lua de la dumneavoastră toate lucrurile bune pe care i le puteți oferi.

CE ÎNSEAMNĂ SĂ FIȚI MAMĂ VITREGĂ

În ziua de azi, o treime dintre mame sunt mame vitrege. Să fiți mamă vitregă pentru o fată este foarte frumos și o dovadă de generozitate, pentru că dragostea și atașamentul trebuie să se dezvolte de la zero. Mamele vitrege îmi spun că nu trebuie să forțați o fiică care nu v-a ales și care are sentimente puternice de loialitate față de mama naturală, pe care simte în același timp că o pierde. Nu încercați să o înlocuiți, ci să aveți o relație paralelă cu aceea pe care o are cu fiica ei. Încrederea și prietenia au nevoie de timp – copiii vitregi trebuie să se apropie de dumneavoastră din punct de vedere emoțional. Fiți calme, amabile, și dragostea va înflori.

De-a lungul timpului, milioane de copii și-au găsit alte mame decât cele care i-au născut. Nimeni nu trebuie să aibă parte de mai puțin. O fată are nevoie de multă dragoste, și cu cât are mai multe modele în viață, cu atât îi va fi mai bine.

CUM SĂ VĂ COMPORTAȚI ADECVAT

Haideți deci să fim practici. Care sunt metodele care îi dau un start bun sau rău în viață? Uitați-vă un pic la viața voastră...

- *Vă înțelegeți cu bărbații, sau e un capitol dezastruos în viața dumneavoastră?*
- *Știți cum să vă faceți sau să vă păstrați prietenii?*
- *Știți să vă relaxați?*

- *Știți să vă țineți promisiunile?*
- *Știți cum să mergeți mai departe când drumul vieții e anevoios și lung?*

Poate învață aceste lucruri de la dumneavoastră.

Mai există și alte lucruri, de zi cu zi, pe care li le arătăm fetelor noastre fără să vrem. Stresul este unul dintre ele. În conferința mea intitulată „Secretele copiilor fericiți" le spun părinților un lucru destul de uimitor: copiii dumneavoastră nu pot fi mai relaxați decât voi. Asta se întâmplă pentru că, mai ales când sunt mici, nivelul de stres crește în funcție de nivelul de stres al mamei sau al tatălui sau al oricui este în preajmă. Sunt precum un dop care sare din cauza valurilor de stres produse de părinți. Chiar și nou-născuții percep acest lucru. Odată am făcut terapie cu o familie care a venit cu copilul în cărucior. Copilul voma ori de câte ori părinții ajungeau să vorbească despre câte un subiect incomod. În rest, ședința a fost liniștită – dar foarte problematică!

Stresul poate fi dificil de controlat, dar cu ajutor vă puteți învăța corpul să se calmeze chiar și în situații neplăcute. Sarcina este un moment bun să începeți să faceți yoga sau cursuri de meditație. Este mai ușor să învățați de la cineva care vă place (neuronii oglindă vă vor ajuta). O casetă sau un DVD este iarăși un lucru bun (o carte este de ajutor, dar trebuie să fiți cu adevărat hotărâte).

În fiecare zi puteți alege cât de stresantă vreți să vă fie viața și ce va vedea și va învăța fiica dumneavoastră de la voi. Felul cum conduceți e un exemplu clasic. Dacă țipați la alți șoferi, îi înjurați că merg prea încet, mergeți chiar în spatele lor, faceți comentarii rasiste sau bateți nerăbdătoare cu degetele în volan, fiica voastră va vedea aceste lucruri. Câteodată nici nu avem idee cât de periculos li se pare copiilor noștri că suntem în trafic. Fiica mea i-a spus soției că nu vrea să meargă cu mine cu mașina. Eu nu conduc cu viteză, dimpotrivă, conduc mult prea relaxat. Schimb vitezele în ultima clipă, fac întoarceri originale și mă bazez pe abilitățile mele fantastice să fac o parcare cu spatele. I s-a părut că sunt distrat la volan. A trebuit să-mi schimb stilul de a conduce pentru că am vrut să se simtă în siguranță cu mine în mașină.

Fetele își urmăresc mamele (și tații) cum se comportă cu alți oameni – dacă sunt drăguți cu ei, dacă se pun la dispoziția lor, dacă fac parte dintr-un grup, din comunitate, dacă se opresc să ajute pe cineva de pe stradă care pare că nu se descurcă...

Să ai copii înseamnă să îți stăpânești emoțiile. Adesea sunt de-a dreptul înspăimântați de emoții inexplicabile. Trebuie să ne calmăm, pentru că ei sunt mici și vulnerabili, un lucru pe care îl uităm cu ușurință. Putem avea și ne putem arăta sentimentele, dar nu trebuie să ne copleșească.

Fiecare persoană are factori de risc – la băieți e vorba de aroganța lor. La fete totuși trebuie să dăm un exemplu în ceea ce privește rolul de martir. Un martir e o persoană care nu-și pune propriile nevoi în ecuație. Fetele noastre trebuie să ne vadă interesați de propriile activități, sănătate, timp, suflet, într-un mod normal. Altfel, cum vor învăța să facă la fel?

CUM SĂ FIȚI UN EXEMPLU MAI BUN

Puteți să deveniți un exemplu mai bun foarte simplu: explicând de ce faceți anumite lucruri. Fetele ascultă ce aveți de spus încă dinainte să vorbească. Explicându-le faptele și alegerile voastre, ele vor înțelege mai bine de ce oamenii acționează așa cum acționează. Unii oameni se poartă urât nu pentru că nu gândesc de două ori, ci pur și simplu reacționează la ceea ce le iese în cale. Oamenii care se comportă frumos au niște principii de viață, și acestea îi ajută să facă alegerile potrivite. Așa că împărtășiți-le fiicelor voastre motivele; următorul exemplu poate fi de folos pentru a înțelege motivele altora: „Persoana aceea merge cu viteză, dar probabil are o urgență sau are o zi proastă. Sper că va fi bine".

E important să-i învățați pe copiii dumneavoastră că există un termen lung și un termen scurt. E greu să-ți faci temele când ai chef să înoți sau să te joci pe calculator, dar e mai bine să le termini, ca să te poți relaxa cu adevărat. Prin gimnaziu, ideea poate fi prezentată sub următoarea formă: dacă vei vrea o slujbă bună, plătită bine și unde să nu ți se dea ordine, vei avea nevoie de niște calificări. Așa că merită să depui un pic de efort pentru a termina liceul. Și tot așa.

Explicați-le copiilor ceea ce contează: că e bine să ai grijă de tine, dar și de ceilalți, că e foarte bine dacă oamenii își respectă promisiunile, că cele mai multe probleme se pot rezolva printr-un compromis, că părerea fiecăruia contează, că onestitatea își dovedește efectele în timp. Își pot da ochii peste cap, dar într-o zi sau două vă vor adopta filozofia de viață, fie că o vor face în fața dumneavoastră, fie în fața prietenilor, atunci când nu sunteți prin preajmă.

Așa că întrebați-vă care vă sunt principiile de bază după care vă trăiți viața. Aveți grijă ca fiica dumneavoastră să le cunoască.

CUM SĂ VĂ DESPRINDEȚI

Dacă lucrurile merg bine, mamele și fiicele ajung să fie prietene pe viață. Totuși, spre sfârșitul adolescenței, e necesară puțină distanță, dacă vreți să crească și să-și dezvolte propria personalitate. De asemenea, au nevoie și de alte modele în viață. Dacă ne dăm seama de acest fapt, ne putem distanța de ele fără să o luăm personal. E greu, dar copiii noștri au nevoie de spațiu. Micky Foss, o mamă din New South Wales, mi-a pus povestea ei:

Fiica de 17 ani a celei mai bune prietene a stat la noi într-o noapte.

A doua zi dimineața, când a plecat la școală, am condus-o la ușă, am ajutat-o cu câteva lucruri, am sărutat-o de rămas-bun și i-am urat o zi frumoasă. Cu o voce fericită și veselă mi-a spus: „O, ce drăguță ești! M-ai condus la ușă, m-ai ajutat, m-ai sărutat la plecare. Mama mea nu face așa. Doar îmi spune «Pa» din casă, și apoi plec. Mi-aș dori să mă sărute la plecare“.

Am intrat în casă și m-am gândit un pic la asta. Adevărul e că fata prietenei mele e fiica mea „surogat". Mi-aş dori să-mi conduc fata de șaisprezece ani la ușă, să o sărut de rămas-bun și să-i urez din toată inima o zi frumoasă. Dar ar urî treaba asta.

Am presupus că orice ar face mamele cu fiicele lor adolescente, fetele vor fix opusul – adică orice nu obțin sau au.

De ce? După cum văd eu lucrurile, asta face parte din procesul de despărțire. Fata mea ar crede că o dădăcesc, că n-o cred în stare să iasă singură pe ușă, și nu ar vrea să o sărut. Obişnuiam să fac toate astea și îi făcea plăcere. Dar nu și acum! Trebuie să crească și să își dezvolte propria personalitate fără ca mama ei (eu) să facă toate lucrurile pe care le făcea când era mică. Și, deși o cunosc pe fata prietenei mele de când era un copil, nu sunt mama ei, așa că nu are nevoie și nici dorința de a se desprinde de mine. Poate, fără traume emoționale, să se bucure de sprijinul și de dragostea mea.

I-am spus prietenei mele ce mi-a zis fiica ei. Prietena mea își conduce acum fata la ușă și o sărută la plecare. Pun pariu că într-o săptămână fiica ei o va respinge și-i va spune: „Lasă-mă în pace! Câți ani crezi că am?"

Vom vedea...

PARADISUL DE ACASĂ

Am învățat un lucru de la cei care știu să fie părinți extraordinari și merită să fie transmis mai departe. E bine să vă uitați la întreaga atmosferă din casa dumneavoastră – atmosfera emoțională pe care voi, ca părinți, o creați pentru ceilalți.

Lumea de afară este stresantă. Școlile sunt adesea prea mari și prea reci; o zi la școală se petrece în grabă, nervii sunt întinși la maximum. Deseori, orașele noastre sunt urâte și pline de străini cărora nu le prea pasă de nimic. Unii copii au de-a face cu ostilitate și violență. E prea puțin spațiu în viața noastră, ca să ne relaxăm în mijlocul naturii, bucurându-ne de vânt, cer sau apă. Din cauza acestor lucruri, casa voastră trebuie să fie liniștită și sigură – mai ales pentru fete, ale căror simțuri sunt bine racordate la ceea ce se petrece în jurul lor.

Așa că e bine ca atmosfera de acasă să fie calmă. Asta nu înseamnă că nu trebuie să se uite la TV o jumătate de oră când vine de la școală, ca să se relaxeze, sau să asculte niște muzică, dar luați-i „pulsul" – este liniștită, sau agitată? Vă întâmpinați copiii când vin acasă cu o masă bună, îi încurajați să se descarce, sau dați ordine și vă gândiți numai la dumneavoastră?

Rutina și organizarea îi calmează pe copii, care știu rostul lucrurilor și se simt mai liberi și mai creativi pentru că nu trebuie să fie hipervigilenți.

Iată câteva sugestii care v-ar putea fi de ajutor:

- *Mesele la ore fixe împreună cu toată familia, fără uitat la TV, chiar ajută (există studii în această privință).*[2]
- *Stabiliți ora de culcare și ora la care trebuie să vă pregătiți de culcare și activități care să îndemne la somn, precum băi sau dușuri, cititul poveștilor sau cititul de plăcere înainte de a adormi.*
- *Nici un gadget la ora de culcare; telefoanele ar trebui lăsate la încărcat în bucătărie, nu sub pat, ca să-i distragă jocurile până târziu în noapte.*
- *Ritualuri sezoniere încântătoare împreună cu întreaga familie și fericirea de a face parte dintr-un grup mare, unde sunt iubiți.*
- *Jocuri amuzante, precum Pictionary, sau concerte în familie ori concursuri de talente cu rudele, ca toate generațiile să se distreze.*
- *Sărbătorirea zilelor de naștere – nu organizați ceva costisitor, ci rezervați-vă timp și puneți totul la cale cu grijă, ca să iasă ceva de neuitat pentru cei mici.*
- *Timp petrecut de fiică doar cu mama sau cu tatăl, ca de exemplu un weekend o dată pe lună doar voi doi, când să dormiți, să gătiți, să faceți anumite lucruri și să nu mai vorbiți cu nimeni – nici cu partenerul vostru, nici cu frații sau surorile ei –, ca să vă simtă sută la sută alături de ea și să nu uite aceste momente.*

- *Vizitele și dormitul peste noapte cu mătușile preferate sau cu bunicii, pentru a vă avea din nou numai pentru ea și a nu uita acele momente petrecute împreună.*
- *Sărbătorile în familie, când toată lumea se poate relaxa – evitați stațiunile scumpe, unde niște tineri plictisiți organizează cluburi pentru copii, astfel încât părinții nu prea stau cu ei, exact cum se întâmplă și în restul anului. Sărbătorile sunt adesea momente de neuitat pentru copii, pentru că-și văd părinții relaxându-se și fericiți și bucuroși că sunt cu ei.*
- *O dată pe an adunați hainele pe care nu le mai poartă, cărțile pe care nu le mai citesc și jucăriile cu care nu se mai joacă – poate înainte de începerea unui nou an școlar, pentru a le face camera mai spațioasă, mai curată și mai „nouă" – și dați-le cuiva care are nevoie de ele.*

Acestea au fost câteva idei, și sper că unele vi s-au părut interesante.

Copiii dumneavoastră se îndreaptă spre lumea cea mare și cu cât îi creșteți mai bine, cu atât ajung mai departe. Dar, în ciuda distanței, copiii crescuți cu dragoste cresc mai apropiați de mame. Veți avea mereu un loc în inima lor, ca și cum ați fi lângă ei.

UN FILM MINUNAT DESPRE MAME

Poate că ați auzit de filmul *Spanglish*, cu Adam Sandler și Paz Vega în rolurile principale. Adesea confundat cu o comedie și trecut cu vederea, acest film minunat despre o mamă mexicană și fiica ei, care vin să locuiască cu o familie americană bogată, spune o frumoasă poveste despre cum își cresc mamele fiicele. Valorile celor două culturi sunt contrastante: într-una, banii, moda și shoppingul sunt moduri de a-ți arăta dragostea, și asta pune presiune asupra tuturor; în cealaltă, loialitatea, efortul și sinceritatea contează cel mai mult.

La început, mama americană îi cumpără fetei haine cu o mărime mai mică, pentru a o motiva să slăbească. Fericirea fetei când vede hainele se transformă în amărăciune, și din această scenă putem trage învățăminte.

E înduioșător să vedem cum fata mexicană și cea americană se luptă să crească. Contrastul între modul în care sunt crescute cele două fiice este edificator. Filmul se termină cu un citat de neuitat, spus de fata mexicană câțiva ani mai târziu, când se uită în urmă la copilăria ei. Scrie o cerere pentru o bursă în care este întrebată „cine este". „Dacă voi fi acceptată la acest colegiu, voi fi încântată, dar nu mă va defini. Îmi trag identitatea, cu forță și cu bucurie, dintr-un singur lucru: acela că sunt fiica mamei mele."

Imaginați-vă că fiica dumneavoastră ar putea spune asta când va fi femeie matură, independentă și puternică. Ce-ar fi să fie așa? N-ar merita această perspectivă grija și timpul dumneavoastră? N-ar fi minunat?

PE SCURT

- La bine și la greu, mamele sunt cele mai influente persoane din viața fetelor. Asta pentru că sunteți un model care le învață cum să fie femei.
- Faptul că știți acest lucru e suficient ca să vă reexaminați multe dintre lucrurile pe care le faceți.
- E foarte important cum vă comportați cu ceilalți – inclusiv cu tatăl ei. Cum conduceți mașina, cum vorbiți despre ceilalți – tot ceea ce faceți devine o parte din ea.
- Un aspect important este cel legat de nivelul de stres pe care îl creați acasă și în viața dumneavoastră. Puteți efectiv amplifica nivelul de stres în corpul fiicei, în funcție de modul în care vi-l programați pe al dumneavoastră.
- Să vă desprindeți e modul prin care o ajutați să se maturizeze. De la șaisprezece ani nu va mai vrea să o sufocați. Asta nu înseamnă totuși că nu mai sunteți șefa.
- Faceți lucrurile cum trebuie cu fiica dumneavoastră și încercați să o cunoașteți cu adevărat; va fi o încântare pe viață pentru amândouă.

14
FETELE ȘI TAȚII LOR

Tatăl și fetița se opresc în capul scărilor. Se uită la lungul șir de trepte și se încruntă un pic. Apoi, fără să se uite, ea se întinde după mâna lui și e acolo, o apucă. Acum coboară încrezătoare prima treaptă, a doua, și el face la fel lângă ea. Ea cântă în timp ce coboară, iar el se simte bine.

Pentru fetele lor, tații par niște ființe fermecate. Adesea pleacă în locuri ciudate și se întorc în aceeași zi. Vocile lor sunt hotărâte, și groase, și puternice. Miros ciudat, dar într-un sens bun. Mai mereu sunt distractivi, captivanți și sparg monotonia de zi cu zi. Ca toate să fie bune, le fac pe mame să zâmbească. Fetele de toate vârstele își doresc să-și iubească tații și să fie iubite de ei.

În ultimele decenii am început să ne dăm seama de importanța taților. (Nu mai departe de anii 1970, în Australia, dacă mama murea și nu mai erau alte rude, copiii erau automat duși la orfelinat, iar tatălui nu i se dădea nici o șansă să încerce măcar să îi crească. Cât de mare trebuie să fi fost acea dublă durere pricinuită miilor de tați și copiilor lor!)

Astăzi știm că tații au sentimente la fel de puternice ca mamele, le pasă la fel de mult și sunt la fel de importanți. (Iar o mamă și un tată care lucrează împreună ca o echipă sunt aur pur.) Numeroase cercetări au dovedit că fetele ale căror tați se implică în creșterea lor au mai multă încredere în ele, iau note mai bune la școală și e mai puțin posibil să rămână însărcinate la vârste fragede sau să aibă probleme cu alcoolul ori drogurile. Tații sunt de ajutor.

Pentru că această informație s-a răspândit în ultimii ani, tații ies la rampă. În ziua de azi, tinerii tați petrec de trei ori mai mult timp cu copiii lor – vorbesc, se joacă, îi învață diverse lucruri – decât tații din generațiile trecute.[1] Asta e o mare schimbare.

Iată în ce fel e important un tată pentru fiica lui...

E PUTERNIC ȘI TE FACE SĂ TE SIMȚI ÎN SIGURANȚĂ

De foarte devreme, un copil se lămurește dacă tatăl lui este una din două: ori o sursă de siguranță și protecție, ori o sursă de pericol și amenințare. Siguranța și încrederea sunt două sentimente importante pe care fiicele le simt în preajma unui tată bun și blând. Trebuie să ne amintim că noi, adulții, suntem precum niște uriași cu fruntea în cer pentru copiii noștri mici. Am ajuns să cred că un tată ar trebui să-și jure atât sieși, în gând, cât și în fața copiilor lui: „Nu te voi lovi și speria niciodată". Fiecare copil ar trebui să poată spune: „Întotdeauna mă simt în siguranță cu tatăl meu".

E la fel de simplu ca vorbitul cu voce scăzută. Auzul fetelor este mai ascuțit decât cel al băieților. Adesea, atunci când dumneavoastră aveți impresia că vorbiți pe un ton hotărât, ele cred că țipați. (Când copiii noștri erau mici, soția mea, Shaaron, îmi spunea că vocea mea este mult mai puternică decât îmi dădeam eu seama. Îi era jenă să meargă cu mine la supermarket! Și mai rău decât atâta, păream înfricoșător când credeam că eram, ei bine, răspicat. Nu-mi doream să fiu un astfel de tată!)

Forța noastră fizică trebuie să fie folosită în scopuri bune. Această forță i se pare interesantă unei fetițe. Tații care se așază pe podea și se joacă cu fetele lor, făcând pe călutul ca să-l călărească, sau pe monstrul cu care să se bată și pe care să-l înfrângă, cu mult zbucium și zgomot, le dau un sentiment de siguranță și le sporesc pofta de viață. E ca și cum ne-ar împrumuta forța și ar face-o parte din ele.

Acest timp petrecut cu o fată o face să-și dorească să aibă aventuri și să ne facă parte din viața ei. Imaginea unei fete care pescuiește, sau face surf, sau se plimbă cu tatăl ei într-o după-amiază de duminică vântoasă are ceva special care ne înduioșează și ne dă certitudinea că va reuși în viață.

EL PĂSTREAZĂ LEGĂTURA

Pe majoritatea proaspeților tați îi încearcă dintr-odată nevoia de a fi responsabili și protectori față de fetele lor abia născute. Întrebarea care se pune totuși este: „Va rămâne mereu atât de conectat la viața fiicei lui?“ În trecut, confuzi în ceea ce privește rolul lor sau jenați să vorbească despre aceste sentimente, prea ocupați sau, mai rău, deloc interesați, mulți tați ai secolului XX au picat testul. Asta le-a rănit profund pe fiicele lor. Obrăznicia în primii ani, impertinența și comportamentul rebel și, mai mult decât atâta, relațiile cu băieți nepotriviți, alcoolul, drogurile, viteza pe șosea au fost modul fetelor de a se răzbuna.

Faptul că o fată nu e iubită de tatăl ei o face să nu se mai iubească pe sine însăși. Mamele pot compensa acest lucru, dar nu întru totul. Asta a fost tragedia epocii industriale, când tații lucrau până târziu și veneau acasă epuizați. Așa cum fac și mamele când o căsnicie se destramă, iar copiii ajung adesea să se învinovățească de eșecul relației cu tatăl lor; fetele cred că „Dacă tata nu are timp de mine, înseamnă că sunt plictisitoare și nu merit să-și piardă vremea“.

Când vorbesc despre tați la conferințele pentru părinți, întotdeauna se întâmplă să văd femei în public care plâng. Unele plâng pentru lucrurile de care nu au avut parte, altele își amintesc de dragostea de care au avut parte. Relația dintre o fată și tatăl ei este intensă și le poate schimba viața.

CU DESĂVÂRȘIRE IGNORATĂ

Un prieten de-al meu iese în oraș cu fiica lui aproape în fiecare sâmbătă. Stau de vorbă, pentru că în timpul săptămânii e ocupat și vine acasă târziu. Într-o zi au văzut o fată pe care o știau de la școală împreună cu tatăl ei! I-au salutat, dar ceva le-a spus să nu-i invite cu ei, pentru că, într-un fel, aceste momente sunt speciale și vor să rămână așa. Prietenul meu a comentat: „Ce frumos, fac și ei la fel ca noi!" Fiica lui însă nu era la fel de sigură: „Părinții Gemmei tocmai au divorțat. Trebuie să-și petreacă weekendul cu tatăl ei", i-a explicat ea. Mai târziu, în timp ce se plimbau, au văzut o pe fată stând cu tatăl ei într-o cafenea. Dar nu-și vorbeau. El citea *The Australian*, ziarul închipuind un fel de zid înalt între ei. Fiica lui, cu cana de cafea în față, părea că ar prefera să fie la o mie de kilometri distanță. E foarte trist.

UN BĂRBAT PRACTIC

Pentru o fată, tatăl este ambasadorul ei personal de pe Planeta Bărbaților. O învață la ce să se aștepte de la sexul opus. O fată poate glumi, se poate certa și discuta lucruri serioase cu tatăl ei, iar aceste lucruri le poate face mai târziu în relațiile ei cu băieții. Va fi mai încrezătoare și mai rezistentă la manipulări. Dacă se bucură de respectul tatălui, nu se va mulțumi cu mai puțin de la bărbații din viața ei.

Psihologii au descoperit că mamele și tații joacă un rol complementar în viața fetelor.[2] Într-un cuvânt, mamele le inspiră fetelor siguranța, dar tatăl le redă încrederea în sine. Mama e pentru fete piatra de temelie sigură și solidă. Tatăl le ridică precum un elicopter. Dacă o fată vede că tatăl se interesează de ea, îi cere părerea (și nu o contrazice și nici nu încearcă să-i demonteze opinia apoi), ea va crede că e inteligentă. Dacă o ia într-o zi la B&Q să cumpere un pistol de lipit și opresc să bea o cafea sau să mănânce o înghețată în drum spre casă, fata va vedea că tatălui îi place să stea cu ea. Va observa că el nu se grăbește, că nu e doar o problemă pe care o bifează pe o listă. Ea este țelul.

Faptele spun totul. Unii tați (care se cred tați buni) abia vorbesc cu fiica lor, și nici nu prea stau pe acasă. Cel puțin așa simte fata. Alți tați au hotărât să fie o prezență reală. O verifică în fiecare zi și își fac timp să o asculte, sau fac anumite activități regulat, cum ar fi să plimbe câinele, ca să poată vorbi. O întreabă de viața ei. Îi ascultă poveștile despre prieteni, proiecte, ce îi place și ce nu îi place la școală. Uneori e ca un ritual: „Ce lucru rău ți s-a întâmplat azi?“, „Dar bun?“.

CUM SĂ NU VĂ CERTAȚI CU FIICA ADOLESCENTĂ

Sunt deștepte, vorbesc repede, sunt înfricoșătoare și locuiesc în casa dumneavoastră. Adolescentele și tații lor se pot enerva reciproc – călcându-se pe bătături –, asta dacă tații nu știu anumite secrete.

Iată ce anume trebuie să știți:

1. *Fiica dumneavoastră vă iubește – i-ați fost alături, ați fost bun și ați protejat-o și ați ajutat-o ani de-a rândul. Ar fi foarte tristă dacă ați muri și v-ar duce dorul teribil.*
2. *Dar, totodată, e posibil să o enervați. Asta pentru că o criticați și-i găsiți nod în papură, și o și faceți în momentele cele mai nepotrivite.*

La ședințele de terapie cu sute de familii am încercat să văd de ce fetele le fac probleme părinților și am descoperit un lucru – că tații își critică fiicele, se ceartă cu ele și nu pot accepta că au păreri diferite. Fiica dorește să își găsească propria personalitate și o deranjează că încercați să o controlați. Așa că, în momentul în care vă enervați, ea se enervează și mai mult și totul scapă de sub control. Cu fetele trebuie să vă purtați cu blândețe.

Dacă fiica dumneavoastră v-ar scrie o scrisoare pe această temă, iată ce v-ar spune:

Dragă tată,
Sunt adolescentă acum. E foarte greu. Sentimentele mele sunt ca vremea în Anglia. Viața e stresantă, cu școala și băieții, și nu-mi place cum arăt și nici cum e lumea, și îmi urăsc părul.

Vreau să mă relaxez – să mă uit la televizor, când vin de la școală, și să nu-mi pese, și să umblu cu capul în nori, și să dansez prin casă. Dacă mă critici, va fi ultima picătură. Așa că o să țip și eu la tine sau o să mă duc valvârtej în camera mea. Dar nu va fi din vina mea. Cortexul meu prefrontal s-a deteriorat și nu se mai repară până la douăzeci și doi de ani. Deci amigdala a preluat frâiele, și tot ceea ce știe să facă e să se certe sau să fugă! Enervează-mă și poți alege una din cele două opțiuni.

Tu ai impresia că, dacă pot să-ți fac față într-o discuție în contradictoriu, sunt deșteaptă. Dar am pierdut una dintre cele mai importante facultăți ale unui om – aceea de a vedea și punctul de vedere al altcuiva. Sau cel puțin nu cu ușurință. Abia mă descurc cu părerile mele. De fapt, o să încerc mai multe păreri, ca să văd care mi se potrivește. Azi sunt un înger-emo-punk-goth și vreau un piercing în obraz, mâine poate mă duc să fac voluntariat în Angola.

Te îngrijorează prietenii mei. Te îngrijorează viața mea sexuală. Și pe mine! Suntem pe aceeași lungime de undă!

Te gândești că n-o să fac față la școală. Ei bine, tu cum te-ai simți dacă ți s-ar spune că toată viața ta depinde de niște examene, că totul s-ar putea spulbera la 17 ani dacă ai o seară proastă sau dacă îți uiți stiloul? E suficient să îngheți de frică.

Te rog, nu mă critica. Deja mă critic singură atât de mult, încât tu s-ar putea să mă scoți din minți. Și aș fi așa de tristă dacă te-aș omorî. Vorbește-mi cu calm. Întreabă-mă despre viața mea. Ai grijă când. Uneori s-ar putea să vreau să vorbesc, alteori, nu. Și când o să vreau, ai grijă să-ți rezervi vreo două ore. Fii drăguț. Fă glume. Fii răbdător. Într-o zi o să-mi treacă toate astea și vom putea fi cei mai buni prieteni.

Fiica ta (iubitoare)

ASCULTAȚI-O

Când vorbiți cu fiica dumneavoastră, lăsați-o să vă spună cu ce ați supărat-o. Dacă o întrebați cu ce ați greșit, iar ea vă va spune, nu încercați să vă scuzați. E o chestie tipic masculină, și lucrul ăsta nu merge cu femeile și cu fetele. Mai degrabă vedeți dacă puteți descoperi ce SENTIMENT o încearcă. De fapt întrebați-o dacă e

tristă (fiindcă plecați din nou)
nervoasă (fiindcă nu v-ați tinut de cuvânt) sau
speriată (fiindcă sunteți vitezoman)

și revizuiți-vă comportamentul. Faceți o încercare și întrebați-o dacă ați înțeles corect. Și apoi, chiar dacă ați fost un tată impecabil, faceți un lucru radical și spuneți-i că v-ați putea schimba ca să-i faceți pe plac. Pentru că (după părerea ei) ea are atât de puțină putere, iar dumneavoastră atât de multă, încât, dacă vă schimbați comportamentul sau faceți ceva ce ea vă roagă, se va simți minunat pentru că țineți cont de sentimentele ei.

De mai multe ori în mijlocul unor certuri cu fiica mea adolescentă eram șocat de claritatea și onestitatea cu care vorbea și de cât de bine puncta unde greșisem. Eram prins, în același timp, între dorința de a câștiga cearta și sentimentul de mândrie față de ea.

Vorbiți din inimă și poate așa va face și ea. Cea mai mare greșeală pe care noi, bărbații, o facem în momentul în care ne certăm e să folosim persoana a II-a. „Tu ești așa de... Nu ajuți la treburile casei... Ești leneșă... Nici vorbă să ieși în oraș în rochia aia!", dar folosirea persoanei I e mult mai eficientă. Asta pentru că vă arată partea vulnerabilă. „Eu mi-am făcut mii de griji când nu ai ajuns acasă la ora stabilită... Trebuie să știu că pot avea încredere în tine." Acesta nu e un atac, pentru că începe cu „Eu", nu cu „Tu". E o invitație să fie mai atentă, nu o provocare să se apere. Chiar și „Sunt supărat că în bucătărie este dezastru și tocmai ce făcusem curat" e mai bine decât „Ai distrus bucătăria!".

RESPECTUL CHIAR CONTEAZĂ

Câteodată copiii învață de la televizor și de la cum se vorbește la școală că pot fi nepoliticoși unii cu alții, dar și cu dumneavoastră, și asta e cumva normal și OK. (În Australia, unde locuiesc, un serial britanic intitulat *My family* ne-a cam pus pe gânduri – e vorba de oameni neplăcuți care se poartă urât unii cu alții. În viața reală, cineva s-ar sinucide într-o familie ca asta.) Nu e frumos să râzi de cineva și o face pe persoana respectivă să se simtă prost. E normal să discutați cu întreaga familie și să hotărâți ca toată lumea să vorbească respectuos, părinte cu copil, copil cu părinte, copil cu copil.

E important, de asemenea, să împărțiți munca – gătitul, spălatul vaselor, rufelor, grădinăritul, îngrijirea animalelor. Sunt responsabilități pentru toată lumea și e corect să fie împărțite. Asigurați-vă că fiica dumneavoastră a înțeles că serviciile pe care i le faceți – o duceți cu mașina la școală, o ajutați de câte ori e nevoie –, deși le prestați cu drag, nu i se cuvin și nu sunt de la sine înțelese. Și că puteți oricând să nu i le mai faceți, dacă asta e impresia ei!

Greșeli se vor face inevitabil, dar le veți opri și le veți discuta, veți spune că vă pare rău, și căminul dumneavoastră va deveni treptat un loc mai fericit. Impertinența rănește întotdeauna și, dacă devine o rutină și va fi acceptată, oamenii vor sângera tot timpul. Dacă vă asumați partea dumneavoastră de responsabilitate e ca și când ați spune că dragostea înseamnă ce faci, nu doar ceea ce spui. Fiica dumneavoastră va trebui să știe toate aceste lucruri.

GATA CU AERELE DE PRINȚESĂ

Există o mare greșeală pe care o fac unii tați, mai ales cei bogați, dar care nu au timp pentru copiii lor, și anume să-și trateze fetele ca pe niște prințese. Le cumpără cadouri scumpe și le dau bani fără să-i merite. Deși ele nu ajută la treburile casei, au întotdeauna haine curate la dispoziție și mâncare pe masă. Asta naște o consecință interesantă – o adolescentă cu comportamentul unei fete de doi ani. EST sau „egocentrism în stadiu terminal" este o soartă groaznică pentru o fată. Istericale, pretenții, țipete, spartul obiectelor sunt dovezi că sindromul e în desfășurare. Tratamentul presupune să impuneți cu blândețe reguli și, de asemenea, să se străduiască și ea. Asigurați-vă că partenera vă susține, faceți un plan și cereți ajutorul unui terapeut, dacă vreți să faceți ca lucrurile să meargă. Asta e important, altfel, dacă părinții nu o ajută să intre în rândul oamenilor civilizați, prințesa se va lovi de realitatea dură.

FORȚA DISCUȚIILOR DE LA OM LA OM

Iată un mare pont pentru orice tată. Deși e distractiv să fiți împreună cu toți copiii, ca să vă apropiați cu adevărat de fiecare, trebuie să petreceți timp în doi. Așa că, uneori, plecați într-un weekend cu un singur copil. Mergeți cu cortul, la o cabană, gătiți, faceți curat, vorbiți, dormiți și veți vedea că veți ajunge pe alte teritorii cu fiecare. Procedați așa cu fiecare copil, astfel încât să simtă bucuria și să țină minte aceste momente în care sunteți doar al lor.

FĂRĂ TENTĂ SEXUALĂ

Există o parte întunecată a relațiilor dintre fete și tați. Un număr foarte mic de tați și tați adoptivi își folosesc fiicele pentru a-și satisface poftele sexuale. Asta poate însemna orice de la atingeri până la viol.

Problema nu e atât că bărbații văd ce atrăgătoare sunt fetele lor (dar e grav să acționeze în consecință, sau să-și încurajeze imaginația să zboare, sau să o alimenteze accesând site-uri porno pentru copii), ci că unii bărbați sunt atât de egoiști la modul psihopat, încât nu știu să se abțină. Trec peste orice. Ăsta e un lucru rău, întotdeauna dureros și, desigur, o crimă.

O problemă și mai mare care afectează, probabil, majoritatea familiilor, este aceea că tații se retrag din viața fetelor adolescente, nu le mai îmbrățișează, nu mai petrec timp cu ele sau se supără pe ele fără nici un alt motiv decât acela că sunt frumoase și atrăgătoare. Fetele devin confuze și nu mai înțeleg nimic: „Tatei nu-i mai place de mine, nu mă mai îmbrățișează, e ciudat și rece". O fată s-ar putea să nu se mai simtă bine în pielea ei. Ar putea crede că are legătură cu faptul că e în creștere și devine femeie și va încerca să devină iar o fetiță drăgălașă și neajutorată în loc să fie o adolescentă încrezătoare.

Un tată căruia îi sunt clare toate aceste lucruri, care știe să se controleze, care e apropiat de soția lui și fericit că fiica lui crește poate să îi spună cât e de frumoasă și de inteligentă fără să se simtă incomod nici el, nici ea.

SFATURI PRACTICE

Începeți devreme

Când e doar un bebeluș și apoi un copil, îmbrățișați-o cu forță, jucați-vă de-a călutul pe podea, o ajută să vadă cât sunteți de încântător și amuzant. Fiți blânzi și priviți-i chipul și vedeți dacă e speriată.

Când e mică, citiți-i povești sau inventați povești, la culcare, lăsându-i astfel timp liber soției – e un moment numai bun să vă apropiați.

Găsiți-vă interese comune

Citiți-i povești sau inventați povești când e mică. Găsiți cărți și personaje care să vă placă amândurora. Grădinăriți împreună. Faceți treabă în magazie, mergeți amândoi la spectacole sau la film. Construiți-vă propriile tradiții. „Tata și cu mine mereu facem asta..." O plăcere comună, precum drumețiile prin pădure sau pescuitul, poate fi de ajutor. Găsiți-vă interesele comune, vor aduce multe momente și amintiri plăcute.

Ascultați cu atenție

Fetelor le place să vorbească, așa că tații trebuie să învețe să asculte. Întrebați-o la ce se gândește, la ce visează, ce dorințe are pentru viață. Luați-o în serios. Întrebați-o despre cel mai bun lucru care i s-a întâmplat în săptămâna respectivă. Și despre cel mai rău. Când vă împărtășește un secret, nu-l spuneți tuturor, poate doar mamei. Fiica dumneavoastră trebuie să știe că poate avea încredere în voi.

Scrieți bilețele și scrisori

Când călătoriți sau sunteți la birou, trimiteți-i bilețele sau e-mailuri. Ziua ei de naștere e un eveniment numai bun ca să-i scrieți într-o felicitare ce simțiți și cât de mândru sunteți de ea. Dați-i multe exemple din anul care tocmai a trecut.

Fiți un bărbat exemplar

Fiți curați, parfumați și îmbrăcați bine în preajma ei. Nu înjurați. Nu faceți glume deocheate. Fetele sunt sensibile și chiar și atunci când fac pe durele nu le place asta la tatăl lor. Felul în care vede fata dumneavoastră că vă comportați cu femeile contează foarte mult în modul în care va percepe bărbații din viața ei. Purtați-vă frumos cu ea, cu mama ei și cu alte prietene sau rude. Bunul-simț și blândețea vor fi de ajuns ca ea să ridice ștacheta pentru bărbații cu care se va intersecta în viitor.

DACĂ SUNTEȚI MAMĂ SINGURĂ

E posibil să fiți mamă singură. E posibil să vă simțiți rău că fiica dumneavoastră nu are un tată pe care să-l cunoască sau care să fie îndeajuns de prezent în viața ei. Am vorbit cu sute de mame singure și fete de mame singure și poate că ce mi-au spus vă va fi de folos:

1. Alegeți bărbați în care aveți încredere și care să fie în preajma ei, s-o învețe și să-și petreacă timpul cu ea. Bunicii și unchii vor fi precauți în a-și arăta interesul, mai ales în adolescență, dar dacă îi rugați, o vor ajuta să facă anumite lucruri, vor vorbi și vor râde cu ea, se vor implica în viața ei. (N-o lăsați de una singură cu bărbați adulți, ci stați pe-aproape și amândouă vă veți simți mai în siguranță și mai relaxate.) Bărbații trebuie adesea rugați, și dacă își pun gena practică la lucru fac treabă bună.
2. Dumneavoastră sunteți un model. Dacă sunteți supărată pe bărbați și dezamăgită de ei, fata s-ar putea să fie confuză, fie să simtă la fel, fie să treacă în extrema cealaltă și să fie înnebunită după bărbați. E important să cereți ajutorul dacă v-a rănit vreun bărbat, ca să puteți avea o relație demnă, dar caldă cu bărbații din viața dumneavoastră, ca să vadă că vă înțelegeți bine cu sexul opus. Dacă intrați într-o relație cu un bărbat, încercați să fiți precaută și să o luați ușor, cu multă prudență. Dar nu o faceți decât dacă vă simțiți cu adevărat pregătită. Dacă sunteți singură, dar puternică și fericită, e un alt bun exemplu pentru independența ei emoțională.

CE S-A ÎNTÂMPLAT CU KAYCEE?

Vă mai amintiți de Kaycee? V-am promis că vă voi spune ce s-a întâmplat cu ea, așa că încep. Când părinții lui Kaycee au auzit povestea în cabinetul terapeutului, amândoi au început să plângă. A fost deodată dureros de clar că nu fuseseră prea apropiați de fiica lor și nici n-au cunoscut-o cu adevărat, așa cum ar fi trebuit. Și mama, și tatăl au început, în săptămânile care au urmat, cu ajutorul psihologului, să lucreze la rezolvarea problemei. I-au trebuit ani problemei să ia amploare, și ar fi fost bine să o rezolve cu grijă și hotărâre.

Mama lui Kaycee avea o mică afacere, câteva magazine de modă, care îi răpeau timpul și energia încă de când erau copiii mici. Și-a dat seama că toată treaba asta îi ocupa prea mult timp, avea doi copii mici pe lângă Kaycee și își făcea griji pentru ei. Și-a reorganizat viața, având un singur scop: să fie acasă când copiii vin de la școală. Pornind de aici avea să-și construiască o relație mai strânsă cu ei. N-a făcut promisiuni și nici n-a strigat în gura mare, pur și simplu treburile au început să meargă. Viața de familie s-a schimbat astfel cu totul.

(În timp ce vă spun povestea, sunt sigur că vă întrebați de ce mama a fost cea care a trebuit să-și schimbe cariera? Tot ce vă pot spune este că așa a hotărât ea. Viața nu e mereu dreaptă.)

Tatăl lui Kaycee era și mai înnebunit de durere. Ar fi vrut să vadă capete căzând, să sune avocați. Dar i s-a explicat că a face uz de forță înseamnă a alege calea cea mai ușoară. Era nevoie de mai mult decât atât. Și-a dat seama, cu greu și încet, că fusese un tată jalnic, cel puțin la nivel personal. A început să găsească metode prin care să asculte, să participe, să se

implice mai mult în viața copiilor lui.

Obișnuia să călătorească mult din cauza serviciului și și-a dat seama că viitoarea slujbă din Cairns, în nordul Queenslandului, va începe exact când Kaycee va fi în vacanță și că ea ar putea veni cu el și ar putea petrece câteva zile la plajă. I-a zis asta lui Kaycee, crezând că ea va respinge ideea și că ultimul lucru pe care l-ar face ar fi să-și petreacă timpul cu bătrânul ei tată.

Așa că a fost surprins când ea a spus „da" și a părut chiar încântată. De fapt, părea că nu-i vine să creadă: „Chiar mergem? Oare nu se va răzgândi în ultimul moment?" Kaycee își asuma un risc, amândoi erau vulnerabili, gândindu-se că va fi un eșec și că nu se vor înțelege. Asta se întâmplă în viața reală, inima e pusă la bătaie.

Excursia a decurs bine. Chestiunile legate de serviciu au durat trei zile, așa încât Kaycee a stat la piscină, s-a plimbat pe faleză, a făcut cumpărături și a citit. De asemenea, a avut ocazia să-și vadă tatăl la lucru. A observat că nu era deloc ușor, că era stresat, că se ocupa de multe lucruri care necesitau multă energie. Și-a dat seama că asta făcea în fiecare zi ca să-și poată întreține familia. Dar în același timp a văzut cât de talentat și priceput era tatăl ei și că își folosea priceperea pentru a face lucruri bune. Era o parte a vieții lui pe care ea nu i-o știa.

După ce s-a terminat munca, trebuia să înceapă distracția – s-au dus la Port Douglas, la Marea Barieră de Corali. Cel puțin așa era planul. În prima noapte s-a întâmplat ceva, în legătură cu curățenia, Kaycee nu-și prea mai amintește, și au început să se certe, și totul a răbufnit la suprafață. (Poate ați trecut prin așa ceva, un lucru minor care duce la o catastrofă – toate durerile și resentimentele adunate luni și ani întregi au explodat.)

Kaycee chiar s-a descărcat: în clasa a IV-a, când fusese solista principală într-un concert la școală, el promisese că vine și n-a mai apărut; când a țipat la mama ei, speriindu-i pe toți. Dar cel mai mult i-a reproșat absența, lipsa de interes, preferința lui de a se ascunde în spatele ziarului mai degrabă decât să se joace cu copiii lui.

Dave, tatăl, și-a înăbușit impulsul de a se apăra, de a-i explica motivele, de a contracara cu exemple ale egoismului și sfidărilor ei. S-a ținut tare, a tras aer în piept și a continuat să asculte. De fapt, a cerut mai multe informații, mai multe detalii. Și Kaycee i le tot înșira!

În timp ce își spunea oful, ea vedea cum pe chipul tatălui se așternea regretul, alături de mândria pe care o simțea pentru curajul ei. Asta nu era un acces de furie, era vorba de suferință și vulnerabilitate în ceea ce spunea ea. Îi era rușine că o făcuse să sufere atâta. Privirea lui spunea mai mult decât cuvintele, și îndârjirea amândurora s-a mai înmuiat.

A doua zi au înotat printre țestoase și corali multicolori și a fost superb. Au vorbit cu alți turiști. Zilele au zburat. Tatăl și fiica, încă nesiguri și ezitanți, s-au trezit râzând sau pur și simplu petrecându-și timp prețios împreună, foarte fericiți.

Când au ajuns acasă, mama lui Kaycee abia aștepta să-i întrebe cum a fost. A așteptat momentul potrivit, liniștit și intim. Mai târziu în acea noapte, în pat, a vorbit cu Dave: „Știi, Dave, vreau să afli ceva. Nu cred că Kaycee s-ar supăra. Am întrebat-o cum a fost în excursie. A spus că au fost cele mai frumoase șase zile din viața ei“.

BONUS
CE FACEM DE AICI ÎNAINTE?

Sper din suflet că această carte a răspuns la toate întrebările și la toate nevoile pe care le aveți ca mamă, tată sau pur și simplu ca persoană care crește o fată. Și că va rămâne pe noptieră ca un ghid prietenos și vă va ajuta adese în anii următori.

Unii cititori totuși pot avea sentimentul că au nevoie de mai mult. Atunci când o carte nu vă mai ajută, următorul pas este să căutați ajutor individual, să mergeți la consiliere sau terapie, ceea ce nu este întotdeauna ușor. De aceea, după ce am scris cartea, m-am apucat să lucrez împreună cu o echipă de oameni, inclusiv unii dintre cei mai buni educatori și specialiști în dezvoltarea fetelor din întreaga lume, pentru a crea un „leac mai puternic" – o carte care să vină în continuarea acesteia și care ar fi ca o sesiune intensivă de terapie sau un atelier mai mic. Această carte se numește *10 lucruri de care au nevoie fetele ca să crească libere și puternice*[1].

10 lucruri de care au nevoie fetele ca să crească libere și puternice este o carte de diagnostic, care vă ajută să vă priviți fiica cu atenție, indiferent de vârsta pe care o are, și să aflați ce nevoi are, care sunt punctele ei forte, ce pericole o pândesc, ce anume lipsește din viața ei și ce anume puteți îmbunătăți. Cartea este și un fel de caiet de lucru – completați chestionare, oferiți noi perspective și faceți conexiuni, așa cum se întâmplă în ședințele de terapie. Luați-vă șervețele! Cartea este, de asemenea, plină de sugestii pe care le puteți implementa la

1. Ediția în limba română, trad. Laura Frunză, Humanitas, 2020 (n. red.).

dumneavoastră în casă și în familie. *10 lucruri de care au nevoie fetele ca să crească libere și puternice* face, totodată, ceea ce face un terapeut – pune sub lupă copilăria dumneavoastră, pentru a vedea în ce fel v-a afectat ceea ce ați trăit, și apoi analizează dinamica familiei pe care ați creat-o – dacă dumneavoastră, ca părinți, sunteți prea ocupați, prea stresați sau aveți nevoie de mai multe reguli și limite, dacă trebuie să fiți mai fericiți și mai jucăuși, astfel încât fiica pe care o creșteți să poată avea o copilărie mai bună decât ați avut-o dumneavoastră.

Aruncați o privire la *10 lucruri de care au nevoie fetele ca să crească libere și puternice* într-o bibliotecă sau într-o librărie și vedeți dacă nu v-ar putea ajuta și mai mult. Este, de asemenea, o resursă excelentă pentru a discuta cu prietenii sau, dacă lucrați cu alți părinți, pentru a stabili o direcție sau un program de lucru.

Pentru a vă oferi un ultim cadou din paginile acestei cărți, am condensat ideea de bază a acestei cărți în paginile următoare.

CARE SUNT CELE ZECE LUCRURI DE CARE AU NEVOIE FETELE?

S-ar putea să întrebați – cine spune că sunt doar zece? Sau care zece? Sunt de acord, dar este o modalitate de a rezolva confuzia teribilă în care ne aflăm adesea în ceea ce privește parentingul. Decenii de cercetare în domeniul sănătății mintale au arătat că există câtiva stâlpi de susținere ai sănătății mintale pentru tineri (mulți dintre aceștia se aplică și băieților).

Gândiți-vă la fiica sau fiicele dumneavoastră și vedeți câte dintre aceste zece lucruri se regăsesc categoric în viața lor, câte se regăsesc parțial și câte deloc. Și poate că unele dintre ele pot fi accelerate, odată ce veți afla cât de mult contează.

IMPORTANT: foarte puține fete ar putea realiza sau dobândi vreodată toate cele zece lucruri. Dar în nici un caz nu trebuie să vă descurajați văzând lista. (De exemplu, o treime din totalul fetelor nu au un tată activ sau angajat în viața lor. Asta înseamnă doar că la un moment dat va trebui să găsiți pentru fiica dumneavoastră diverși bărbați de încredere și respectuoși - bunici, unchi, profesori, vecinul gay de la casa de alături - cu care să interacționeze și cărora le pasă de ea ca individ.) Perfecțiunea este imposibilă și oricum nu v-ar plăcea. Faceți însă tot ce se poate și va fi bine.

Pentru fiecare dintre următoarele, bifați răspunsul care vi se potrivește cel mai bine.

1. UN ÎNCEPUT PLIN DE IUBIRE ȘI SIGURANȚĂ

În primii ani, copiii învață să aibă încredere în lume și să se simtă în siguranță în ea. Există părți ale creierului lor care cresc cel mai bine atunci când noi, adulții, suntem iubitori, ne trăim viața într-un ritm domol și ne bucurăm în compania lor. Așa că trebuie să încetinim, să facem mai puțin și să fim liniștiți în preajma bebelușilor și a copiilor mici. Totuși, de multe ori, apariția unui copil este cel mai stresant moment din viața noastră! Grija față de tinerii părinți este ceva de care societatea noastră, economia și politicienii noștri par să se preocupe din ce în ce mai puțin. Dar, din fericire, dacă ați avut o perioadă stresantă în primii ani ai fiicei dumneavoastră, nu este prea târziu acum să readuceți calmul și o atmosferă plină de afecțiune în viața de familie. Începeți cu o evaluare sinceră:

Cât de stresanți au fost primii ei doi ani de viață?

- FOARTE
- NU FOARTE
- DELOC - AU FOST DESTUL DE BUNI!

2. OCAZIA DE A EXPLORA ȘI TIMP PENTRU A FI COPIL

Asta înseamnă să petreceți timp în natură, chiar dacă e vorba doar de curtea din spate cu câțiva copaci de cățărat, animale de companie, plimbări sau joaca cu noroi și cu frunze. Petreceți mai mult timp liber fără telefoane, tablete etc., fără program de activități organizat strict și fără presiune. Gălăgioși și liberi. Fiica dumneavoastră nu trebuie să se maturizeze prea devreme, să fie sexy, sau să se preocupe excesiv de aspectul fizic, sau să fie absorbită de rețelele sociale. Iar când va ajunge la vârsta adolescenței, să se simtă liberă să fie ea însăși și să nu încerce se conformeze unor idei înguste despre ceea ce ar trebui să fie sau să facă fetele de vârsta ei.

Cât de liberă, firească și fericită este copilăria fiicei dumneavoastră?

- NU FOARTE
- DESTUL DE
- FOARTE

3. ABILITĂȚI SOCIALE

E greu să te înțelegi cu ceilalți. Fiica dumneavoastră va trebui să învețe să se înțeleagă cu cei din jur, mai ales în anii de școală primară, stând îndelung de vorbă cu mama, sau tata, sau alți adulți de încredere, în timp ce își gestionează relația cu colegii și prietenii de la școală în fiecare zi. (Această carte explorează șapte abilități necesare într-o relație de prietenie. Preferatele mele sunt: „Poți fi prieten cu cineva și să nu fii întotdeauna de acord cu persoana respectivă sau să trebuiască să faci ceea ce face ea" și „unii oameni nu au învățat încă să fie de încredere, așa că nu le încredința lucrurile care pentru tine sunt prețioase". N-ar fi fost grozav să fi știut aceste două lucruri când erați copil?)

Fiica dumneavoastră a reușit să învețe cum să se înțeleagă cu prietenii și cu oamenii in general?
- NU PREA
- OARECUM
- DA, CHIAR SE PRICEPE PENTRU VÂRSTA EI

4. COLOANĂ VERTEBRALĂ PUTERNICĂ
Când le încurajăm pe fiicele noastre să facă lucruri mai grele care necesită perseverență și grijă față de ceilalți și să nu aleagă întotdeauna calea cea mai ușoară, le întărim coloana vertebrală. Ele învață să facă față greutăților, să nu aștepte o recompensă imediată și să facă ceea ce e corect, nu ceea ce le vine mai ușor. Ele învață astfel diferența între bine și rău, își dezvoltă simțul dreptății și capătă curajul să se ridice în apărarea celorlalți.

Fiica dumneavoastră are coloană vertebrală?
- NU, CEDEAZĂ UȘOR ȘI NU E FOARTE PUTERNICĂ
- OARECUM
- DA, ARE

5. O SCÂNTEIE ȘI UN MOTIV SĂ TRĂIASCĂ
„Scânteie" este un alt cuvânt pentru un interes sau o pasiune care o captivează pe fiica dumneavoastră și care îi îmbogățește viața - ceva ce îi stârnește entuziasmul și îi descătușează creativitatea. Poate fi orice, de la muzică la animale, de la karate la croșetat. Din păcate, mulți copii își pierd această scânteie, iar unii nu și-o descoperă niciodată. Datoria noastră este să îi ajutăm să și-o găsească și să îi încurajăm. Dacă fiica dumneavoastră și-a găsit scânteia, atunci aceasta va fi un pilon de susținere a sănătății ei mintale, deoarece îi oferă un motiv să trăiască, ce va surclasa nevoia ei de a fi „ca toți ceilalți". Iar această pasiune o va face să interacționeze cu persoane mai în vârstă și adesea îi va stabili direcția în viață.

Are fiica dumneavoastră un interes – ceva ce îi place să facă și care scoate tot ce e mai bun din ea?
- NU
- OARECUM
- CATEGORIC

6. DRAGOSTEA ȘI RESPECTUL UNUI TATĂ

Tații reprezintă sexul opus și, pentru majoritatea fetelor, acesta este genul cu care vor fi interesate să se alieze și cu care vor interacționa, de bine, de rău, toată viața. Așadar, interesul și dragostea unui tată (sau a altcuiva care preia acest rol) sunt foarte importante, dacă nu cruciale, pentru stima de sine a fetelor. O fată ar trebui să simtă că este specială și de neînlocuit pentru tatăl ei. Foarte puține femei care au crescut în secolul XX au fost sigure de asta în copilărie, și astăzi încă vindecăm rănile căpătate atunci.

Fiica dumneavoastră are un tată grijuliu, implicat, care petrece mult timp cu ea și nu renunță chiar dacă uneori face lucrurile pe dos?
- NU
- OARECUM
- CATEGORIC

7. MĂTUȘILE ȘI UN RIT DE TRECERE

În jurul vârstei de 12 ani, o fată decide adesea: „Nu vreau să mă transform în mama mea!" Ceea ce este trist pentru noi, dar este o parte importantă a transformării ei într-o ființă puternică și independentă. Cu toate acestea, ea va avea nevoie de adulți în jurul ei, și aici intervin mătușile sau surogatele de mătuși. Mătușile vorbesc fără înconjur – sunt mai cool decât mama, sau cel puțin, sunt diferite și o fac să se simtă în siguranță altfel decât părinții. O mătușă preferată o va invita uneori să rămână peste noapte, în adolescență o va invita să ia prânzul, îi va cere părerea, o va provoca să gândească și o va lămuri cum stau lucrurile de-adevăratelea cu băieții și bărbații!

În viața fiicei dumneavoastră există și o astfel de femeie? Cineva în care să aibă încredere și care o va provoca să stea pe picioarele ei, pe măsură ce crește?

- NU
- OARECUM
- CATEGORIC

8. O VIAȚĂ SEXUALĂ FERICITĂ

Am avut parte de o revoluție sexuală, și acum fetelor li se permite să aibă cunoștințe despre sex, să se bucure de el și să hotărască când și cu cine se întâmplă. Deci de ce s-a ajuns la dezastrul în care suntem acum? Pornografia îi „educă" greșit pe băieți, care au devenit iubiți îngrozitori și grăbiți, și care uită că și fetele sunt ființe umane. Iar cultura pop le învață pe fete că sunt de decor, că treaba lor e să le facă pe plac băieților, iar sexul este ca un sport la care trebuie să fii performant. Deci regresăm. Dar unele fete sunt grozave, sunt stăpâne pe viața lor, știu că este bine să se bucure de vârsta pe care o au – sunt fericite în pielea lor și pline de viață. O sexualitate fericită înseamnă să mergi în ritmul tău, potrivit vârstei tale și să hotărăști cum vrei să se desfășoare lucrurile.

Pentru vârsta ei, fiica dumneavoastră este

- LIPSITĂ DE ÎNCREDERE ÎN SINE, IAR CEILALȚI O FOLOSESC?
- DESTUL DE BINE?
- PUTERNICĂ ȘI FERICITĂ ÎN CORPUL EI?

9. FEMINISM

Femeile obișnuiau să creadă că e ceva în neregulă cu ele dacă le plăcea să gătească și să facă curățenie. Sau dacă se plictiseau în pat. Sau dacă erau umilite sau lovite. Sau dacă li se întâmpla ceva când erau singure pe stradă. Fiicele noastre trebuie să știe că este mai bine să fie furioase decât să le fie frică și că împreună suntem puternici. Trebuie să știe că sunt într-un război și că nu s-a terminat încă.

Fiica dumneavoastră:

- PERCEPE TOATE PROBLEMELE PE CARE LE ARE CA PE NIȘTE PROBLEME INDIVIDUALE?
- BĂNUIEȘTE CĂ ASTA LI SE ÎNTÂMPLĂ ȘI ALTORA CA EA?
- ÎȘI DĂ SEAMA CĂ PRETUTINDENI ÎN LUME SUNT FETE ȘI FEMEI CARE ÎNCĂ DUC O VIAȚĂ ÎNGROZITOARE, ȘI PROBLEMELE EI SUNT O PARTE DINTR-O LUPTA MAI MARE?

10. SPIRITUALITATE

Știți ce îi învață lumea de astăzi pe copiii noștri? „Ești de unul singur, fericirea se cumpără, viața e o competiție și câștigătorul ia totul." Toate acestea sunt minciuni care distrug viața. Sinuciderea este punctul final al acestui tip de însingurare, dar drumul până acolo e presărat cu multă nefericire.

Copiii mici și adulții cu capul pe umeri știu că fac parte din natură, ca sunt conectați la tot ceea ce trăiește și respiră, iar iubirea străbate viața ca un râu subteran care ne susține. Oricum, ce reprezintă spiritualitatea pentru dumneavoastră este cheia vieții înseși.

Fiica ta

- SE SIMTE FOARTE SINGURĂ PE LUME?
- SIMTE CĂ DE FAPT AR EXISTA CONEXIUNE CU CEEA CE O ÎNCONJOARĂ?
- ȘTIE CĂ ESTE PARTE A CREAȚIEI ȘI CĂ IUBIREA VA FI MEREU PARTE DIN VIAȚĂ?

Acestea au fost explicații total inadecvate pentru lucruri profunde, dar sperăm că v-au pus pe gânduri. În adâncul sufletului, știați aceste lucruri, dar acum sunt la îndemâna dumneavoastră, la vedere.

Priviți răspunsurile pe care le-ați dat. De câte ori ați bifat prima opțiune? Ați putea să alegeți unul dintre aceste răspunsuri și să faceți ceva în privința asta? Ar fi asta o cheie pentru schimbarea vieții fiicei dumneavoastră? Dacă doriți să explorați mai mult, în cartea noastră *10 lucruri de care au nevoie fetele* am elaborat aceste lucruri într-un mod util, frumos, demn de fiica pe care o iubiți.

NOTE

Dragă cititorule,
Cei mai mulți oameni nu citesc această parte a cărții. Totuși, am încercat să explic de ce am apelat la această bibliografie și să ofer și alte informații, ca să ajungeți la concluzia că merită să aruncați o privire.

MANUAL DE INSTRUCȚIUNI PENTRU FIICA DUMNEAVOASTRĂ

1. Gunnell, D., Kidger, J. and Elvidge, H. (2018), „Adolescent mental health in crisis“, *British Medical Journal*, disponibil la https://www.bmj.com/content/361/bmj.k2608.full; Robinson, E., Power, L. and Allan, D., „*What works with adolescents? Family connections and involvement in interventions for adolescent problem behaviours*“, AFRC Briefing 16 March 2010, Australian Institute of Family Studies, disponibil la https://aifs.gov.au/cfca/publications.

   Iată un citat-cheie:

   „Relațiile strânse cu părinții pot fi un factor de protecție împotriva dezamăgirilor. O parte a acestei relații este rolul de «plasă de siguranță» pe care părinții îl joacă în anii adolescenței (Daniel et al., 1999; în special mamele – vezi Markiewicz et al., 2006). Cinci elemente ale relației sănătoase părinte de încredere (sau substitut al acestuia) – adolescent au fost descrise în literatura de specialitate (Schofi eld & Beek, 2009):
   - disponibilitate – ajutarea tinerilor să aibă încredere;
   - sensibilitate – ajutarea tinerilor să-și gestioneze sentimentele și comportamentele;
   - acceptare – construirea stimei de sine a tânărului;
   - cooperare – ajutarea tinerilor să se simtă eficienți;
   - apartenența la familie – ajutarea tinerilor să simtă că fac parte dintr-un întreg.

FACEȚI CUNOȘTINȚĂ CU KAYCEE ȘI GENEVIEVE

1. O privire de ansamblu asupra sănății mintale în declin a tinerilor ne pune la dispoziție Eckersley, R. (2011) „Troubled Youth: An Island of Misery in a Sea of Happiness, or the Tip of an Iceberg of Suffering?“,

„Intervention in Psychiatry“, 5 (Suppl. 1): 6–11. De asemenea, Henshaw, S., The Triple Bind: „Saving our Teenage Girls from Today's Pressures, Ballantine 2009“, oferă statistici uimitoare despre creșterea incidenței sinuciderilor, violenței, problemelor mintale, automutilărilor, a dependenței de alcool și a tulburărilor de nutriție în rândul fetelor din întreaga lume. H. este profesor de psihologie la UC Barkley.

1. CUM SĂ CREEZI FATA DESĂVÂRȘITĂ

1. Cercetările despre diferențele între sexe sunt vaste și au fost deopotrivă minimalizate și supraevaluate. O introducere bună pentru părinți în ceea ce privește diferențele între creierului fetelor și cel al băieților ne oferă Nagel, M., *It's a Girl Thing*, Hawker Brownlow, 2008. O carte care nu supraevaluează diferențele între sexe este Fine, C., *Delusions of Gender*, Icon, 2010. Cartea ne amintește că, deși există diferențe între sexe, acestea sunt „conectate“ și le putem influența să nu constituie un dezavantaj și nici să nu pună limite nici unuia dintre sexe.

2. SĂ ÎNCEPEM CU ÎNCEPUTUL

1. Importanța legăturii mamă–copil este discutată în 2005 de Manne, A. în *Motherhood: How Should We Care for Our Children?*, Allen & Unwin. Este o lectură încurajatoare și benefică pentru oricine vrea să se gândească profund la ideea de a fi părinte într-o societate în care lucrurile nu stau chiar bine. Pentru mai multe detalii despre atenția comună vedeți Carpenter, M., Nagell, K. *et al.* (1998), „Social Cognition, Joint Attention, and Communicative Competence from 9 to 15 Months of Age“, *Monographs of the Society for Research in Child Development*, 63(4), i+iii+v–vi+1–174.
2. Seligman, M., *Helplessness: On Depression, Development and Death*, 1975. Seligman a continuat cercetările și a dezvoltat domeniul psihologiei pozitive. Dacă lăsați bebelușii să plângă până nu mai pot este o problemă pentru că pune în pericol sentimentul de încredere dintre părinte și copil. Sunt cărți foarte bune despre metodele prin care îi puteți ajuta pe copii să doarmă, precum Sears, W., and Sears, M., *The Baby Sleep Book, Little Brown*, 2005, și excelenta carte australiană Gethin, A., and Macgregor, B., *Helping Your Baby to Sleep*, Finch, 2012.
3. Un studiu minunat despre relația tată–copil se găsește în Fletcher, R., *The Dad Factor*, Finch, 2011. Richards este directorul Family Action Center de la Universitatea din Newcastle – căutați-l pe Google pentru a-i vedea articolele. A lucrat cu tați băștinași, cu tați din închisori și cu tați cu depresie postnatală.
4. Paley, Vivian Gussin, *A Child's World: The Importance of Fantasy Play, University of Chicago Press*, 2005. Această carte de succes ex-

plică cât de importante, bogate și sănătoase sunt visele unui copil și cum să i le încurajăm. O carte care servește drept manual pentru multe cursuri, pe care o puteți lua ieftin din anticariate. Degotardi, S. (ed.), *ECH13 Play and Inquiry in Early Childhood*, Macquarie University/Pearson, 2011. Generalități despre cercetările în domeniul jocului.

3. COPIII ÎNVAȚĂ SĂ EXPLOREZE

1. Degotardi, S. (ed.), *ECH13 Play and Inquiry in Early Childhood*, Macquarie University/Pearson, 2011. O privire de ansamblu asupra cercetărilor în domeniu Fivush, R., Brotman, M.A., Buckner, J.P. and Goodman, S.H. (2000), „Gender Differences in Parent–Child Emotion Narratives", *Sex Roles* 42(3–4): 233–253. doi: 10.1023/a:100070-91207068
2. Cercetările lui Mary Ainsworth în Uganda în 1950 au stabilit pentru prima oară că tiparele de comportament mamă–copil sunt aceleași în toate culturile. Împreună cu John Bowlby a dezvoltat teorii despre atașament, baza înțelegerii noastre despre cum cresc copiii. (Desigur, băștinașii au știut asta de 300.000 de ani.) Acest articol este unul dintre sutele pe care le-a scris. Ainsworth, M. (1989), „Attachments Beyond Infancy", *American Psychologist*, 44(4) April: 709–716.
3. Mesajul lui Kim Payne despre cum să ușurăm viața copiilor și să le restabilim ritmul pentru anumite activități și relaxare trebuie să fie de urgență cunoscut de toată lumea. Payne, K.J., și Ross, L.M., *Simplicity Parenting*, Ballantine 2010. De asemenea, un site bun este și www. simplicityparenting.com. Mesajul mișcării pentru protejarea, încetinirea și trăirea deplină a copilăriei este reluat de multe voci răsunătoare în House, R., (ed.), *Too Much Too Soon*, Hawthorn Press, 2011.
4. O descriere pe larg a felului în care să folosim metoda „stăm drept și cugetăm" cu calm cu copiii se găsește în Biddulph, S. and S., *The Complete Secret of Happy Children* și, de asemenea, în *More Secrets of Happy Children*, HarperCollins Australia/Thorsons UK, 2006.

4. ARMONIA ÎN RELAȚIILE CU CEILALȚI

1. Iată un alt lucru drăguț – un DVD minunat din Noua Zeelandă, intitulat *Untouchable Girls: Topp Twins the Movie*. O poveste emoționantă cu episoade atât comice cât și muzicale. Îl găsiți pe www.topptwins.com.
2. Gurian, M., *The Wonder of Girls*, Atria, 2002. Această carte împarte oamenii pe categorii. Este refexivă și profundă, iar cei doi Gurian sunt părinți grijulii care dau detalii despre cum se cresc fetele. Din păcate, uneori se aventurează în zona determinismului biologic. Dar dacă știți cum e să aveți prieteni pe care îi iubiți, dar cu care vă contraziceți uneori, atunci veți ști cum să luați din carte numai ce vă convine și să lăsați deoparte ce nu vă place.

3. Thompson, M., and Grace, C., *Best Friends, Worst Enemies: Understanding the Social Lives of Children*, Ballantine, 2001. Această carte se aseamănă cu aceea a lui Penelope Leach în maniera de a pune sub lupă universul copiilor. Esența cărții poate fi rezumată în acest citat: „Din experiența mea, ceea ce ajută părinții în acest domeniu sunt amintirile dureroase din copilăria lor". E de mare ajutor ca să nu reacționeze exagerat.
4. David, D. și Lyons, R.K. (2005), „Differential Attachment Responses of Male and Female Infants to Frightening Maternal Behaviour: Tend and Befriend vs. Fight or Flight?", *Infant Mental Health Journal*, 21(1): 1–18. Dacă vă plac aceste teorii, site-ul, www.parentingscience.com/strange-situation.html este o adevărată comoară despre știința de a fi părinte.

5. DESCOPERIREA SUFLETULUI

1. Ca să ascultați cuvintele emoționante ale lui Peter Benson despre „scântei", intrați pe YouTube și căutați „Benson" și „scânteie". Este o conferință TED. Cartea lui Peter, Benson, P., Sparks: *How Parents Can Ignite the Hidden Strengths of teenagers*, Jossey-Bass, 2008, include teste, chestionare și alte cercetări, pentru a vă ajuta pe dumneavoastră și pe copilul dumneavoastră să găsiți scânteia și să o urmați. http://www. search-institute.org/sparks.
2. OK, legați-vă centura de siguranță. Problemele legate de perturbările hormonale cauzate de lucrurile din viața zi cu zi, precum materialele plastice, odorizantele de cameră și bonurile din supermarketuri sunt atât de mari, încât am mai adăugat niște documentare.

   În primul rând, așa ceva chiar se întâmplă... Euling, S., et al. (1 February 2008), „Examination of US Puberty–Timing Data from 1940 to 1994 for Secular Trends: Panel Findings", Pediatrics, 121, Supplement 3: pp. S172–S191, precum și Golub, M. S., Collman, G. W., Foster, P. *et al.* (1 February 2008), „Public Health Implications of Altered Puberty Timing", *Pediatrics*, 121, Supplement 3: pp. S218–S230.

   În al doilea rând, e o problemă. Copiii cu pubertate precoce riscă: maturizarea accelerată a oaselor, astfel că vor fi mici de înălțime ca adulți; începerea timpurie a vieții sexuale; posibilitatea de a fi abuzați sexual și de a avea probleme de ordin psihosocial. Tulburările de ritm la vârsta pubertății sunt îngrijorătoare și favorizează apariția unor forme de cancer ale aparatului reproducător mai târziu în viață. De exemplu, menstruația precoce este un factor de risc pentru cancerul la sân. Pubertatea timpurie cauzează, de asemenea, tulburări de comportament. De exemplu, maturizarea precoce este asociată cu un risc mai mare de tulburări de conduită și comportament în perioada adolescenței. În cele din urmă, pubertatea precoce este considerată un efect advers în evaluarea riscului de toxicitate reproductivă al produselor chimice. Legislația recentă a SUA a ordonat ca testele chimice să fie îmbunătățite pentru a proteja sănătatea copiilor și, în al treilea rând, BPA și Pthalates au un efect puternic asupra bebelușilor și copiilor, mai ales când sunt expuși în timpul sarcinii.

3. „Impact of Early Life Bisphenol A Exposure on Behaviour and Executive Function in Children", Braun J.M. *et al.*, *Paediatrics Online*, 24 October 2011. Expunerea *in utero* la compusul organic bisfenol (BPA), utilizat pe scară largă la fabricarea materialelor plastice, inclusiv pahare și containere alimentare, a fost asociată cu *tulburări de comportament la vârsta de 3 ani*, mai ales la fete. Creșterea expunerii la BPA în timpul sarcinii a fost asociată cu *depresia crescută* în rândul fetelor. Joe M. Braun, PhD, de la Harvard School of Public Health din Boston, și colegii săi au constatat că odată cu fiecare creștere de zece ori a concentrației de BPA în urina femeilor însărcinate a crescut *starea de anxietate*. Creșterea a avut loc în rândul fetelor și foarte puțin în rândul băieților, au raportat cercetătorii pe *Pediatrics Online*. Braun și colegii săi constataseră anterior că expunerea în timpul sarcinii a fost asociată cu *hiperactivitate* și *comportament agresiv* la fetele de doi ani.
4. „Un studiu din 2008 publicat în *Journal of American Medicine* a cercetat nivelul de BPA din urină la 1.445 adulți americani. Rezultatul: cu cât concentrația de BPA era mai mare, cu atât creștea riscul de probleme cardiovasculare și diabet": Lang, I.A., Galloway, T.S. et al. (17 September 2008), „Association of Urinary Bisphenol A Concentration with Medical Disorders and Laboratory Abnormalities in Adults", *JAMA*, 300(11): 1303–10. Epub 2008, 16 September 2008.

   Ce e de făcut... Cercetările anterioare au sugerat că evitarea păstrării mâncării în pungi de plastic ar reduce impactul, sfat care a fost luat în seamă de Braun și colegii săi. De asemenea, supele la conserve sunt un motiv de îngrijorare: „Cercetările de la FDA arată că BPA-ul trece din metalul conservelor în mâncare, și un studiu din 2011 de la Harvard a găsit BPA la oamenii care consumau cu regularitate supe din conservă". Și nu e nevoie de prea mult...
5. Carwile, J., Luu, H., *et al.*, „Use of Polycarbonate Bottles and Urinary Bisphenol A Concentrations", *Environmental Health Perspectives*, online 12 mai 2009. Un studiu de la Harvard susține ceea ce mulți specialiști în sănătate au presupus de mult timp: sticlele de băutură din plastic dur, care conțin bisfenol A, transferă substanța chimică controversată în cantități considerabile în corpul oamenilor. Iată și alte studii în cazul în care aveți dubii: Caserta, D., Maranghi. L., Mantovani, A. (2008), „Impact of Endocrine Disruptor Chemicals in Gynaecology", *Human Reproduction Update*, 14(1): 59–72; Sathyanarayana, S. (February 2008), „Phthalates and Children's Health:

Current Problems", *Pediatric and Adolescent Health Care*, 38: 34–49; Vandenberg, L.N., Hauser, R., Marcus, M. et al. (2007), „Human Exposure to Bisphenol A (BPA)", *Reproductive Toxicology*, 24: 139–177; Austen, Ian (19 April 2008), „Canada Takes Steps to Ban Most Plastic Baby Bottles", New York Times; Colon, I., Caro, D., Bourdony, C.J., Rosario, O. (2000), „Identification of Phthalate Esters in the Serum of Young Puerto Rican Girls with Premature Breast Development", *Environ Health Perspect* 108: 895–900; Reddy, B.S., Rozati, R., Reddy, B.V., Raman, N.V. (May 2006), „Association of Phthalate Esters with Endometriosis in Indian Women", *BJOG*, 113(5): 515–20.

6. Poezia apare în Pallotta-Chiarolli, M., *When Our Children Come Out, Finch*, 2005. Mai multe poezii de-ale Pamelei le găsiți pe www.angelfire.com/pq/pam/poems.html
7. Wolfson, Amy R., Carskadon, Mary A. (2003), „Understanding Adolescents' Sleep Patterns and School Performance: A Critical Appraisal", *Sleep Medicine Review*, 7(6): 491–506. Carskadon, M.A. (ed.), *Adolescent Sleep Patterns: Biological, Social, and Psychological Influences*, Cambridge University Press, Cambridge, 2002. Wolfson, Amy R., Carskadon, Mary A. (1998), „Sleep Schedules and Daytime Functioning in Adolescents", *Child Development*, 69: 875–887; JSTOR, 19 October 2005. Owens, J., Belon, K. and Moss, P. (2010), „Impact of Delaying School Start Time on Adolescent Sleep, Mood, and Behavior", *Archives of Pediatrics and Adolescent Medicine* 164(7): 608–614.

6. PREGĂTIREA PENTRU MATURITATE

1. Un site excelent despre pubertate pentru fete este www.ritesforgirls.com. Fondatoarea, Kim McCabe, este o tânără mamă care muncește și care s-a gândit mult la aceste probleme, a format un grup special pe tema pubertății și-i ajută și pe alții să organizeye astfel de grupuri.
2. Acest fragment este extras din articolul „Out of the Dark", scris de jurnalistul Chris Johnston, și a apărut în ziarul *Good Weekend* pe 19 mai 2012. Un articol similar cu detalii similare a apărut în *Sunday Tasmanian*. De asemenea vezi Adams, C., „Missy Higgins' Secret Musical Crisis", *Herald* Sun, 4 April 2012.

7. GRABA CU CARE TRĂIM

1. McCabe, K., *From Daughter to Woman*, Robinson, 2018.
2. Lam, T., Lenton, S., *et al.* (2016) „Most recent risky drinking session with Australian teenagers", *Australian and New Zealand Journal of Public Health*, https://doi.org/10.1111/1753-6405.12598.
3. Skinner, S. R., Robinson, M., Smith, M. A. *et al.* (2015), „Childhood Behavior Problems and Age at First Sexual Intercourse: A Prospective Birth Cohort Study", *Pediatrics* 135/2. Zece la sută dintre fete au

făcut sex înainte de vârsta de 15 ani și 25 la sută înainte de vârsta de 16 ani. Acest lucru contravine tendinței mai ample la nivel mondial a adolescentelor care fac sex mai târziu și a ratei mai scăzute a sarcinilor la această vârstă. Articolul sugerează că există factori de risc unici care creează acest subgrup împotriva trendului general.

8. Prea sexy, prea devreme

1. Crawford, S., „Boys Accused of Raping Girl Too Young to Understand It Was Wrong", *The Daily Telegraph*, Sydney, 21 September 2017.
2. Jeff reys, B., „Mothers Want Action Over Sexual Assaults at School", *BBC News Online*, 13 September 2018; raportul oficial al Women and Equalities Select Committee into sexual harassment and sexual violence in schools, 2015: https://publications.parliament.uk/pa/cm201617/cmselect/cmwomeq/91/9105.htm#_idTextAnchor010.
3. Yeo, H. M. and Yeo W. W. (1993), „Repeat Deliberate Self-harm: a Link with Childhood Sexual Abuse?", *Archives of Emergency Medicine*, 10(3): 161–166.
4. Bates, L., „Are We Ignoring an Epidemic of Sexual Violence in schools?", *Guardian*, 12 December 2017.
5. Agius, P.A., Pitts, M.K., *et al.* (2010), Australian Research Centre in Sex, Health and Society, „Sexual Behavior and Related Knowledge Among a Representative Sample of Secondary School Students Between 1997 and 2008", *Australian and New Zealand Journal of Public Health*, 34(5): 476–481. Creșterea numărului elevilor, în special al celor de clasa a 12-a, care au relații sexuale cu mai mulți parteneri, este, de asemenea, semnificativă. Factorii precum vârsta fragedă pentru începerea vieții sexuale și a relațiilor și consumul excesiv de alcool au fost asociați cu numărul mare de parteneri sexuali în rândul adolescenților. Toate acestea pot fi simptomatice pentru schimbările de ordin cultural mai ample în viață sexuală a adolescenților și a identității acestora. În Australia, consumul de alcool excesiv în rândul elevilor între 11 și 18 ani a crescut considerabil, ca și numărul tinerilor care fac sex sub influența alcoolului sau a drogurilor...
6. Cele mai bune și emoționante descrieri ale felului în care legătura fetelor cu comunitatea și adulții s-a pierdut se găsesc în cărțile lui Mary Pipher. Vă recomand cu căldură: Pipher, M., *Reviving Ophelia: Saving the Selves of Adolescent Girls*, Ballantine, 2002; Pipher, M., *The Shelter of Each Other*, Riverhead, 2008.
7. Large, M., *Set Free Childhood*, Hawthorn Press, 2003. Un rezultat excelent al cercetărilor relației dintre copii și media. Se concentrează în special asupra creierului și dezvoltării defectuoase în urma vizionării prea multor filme și a folosirii pasive a timpului ce ar trebui altminteri să fie alocat jocului. Este o carte bună, care îi vizează pe părinți.

8. „Media Guidelines for Parents" (n.d.), American Academy of Pediatrics, 24 August 2006, pe: http://www.aap.org/pubed/ ZZZGVL4PQ7C. htm?,"_cat=17. Academia Americană de Pediatrie recomandă maximum două ore de uitat la televizor şi jucat jocuri video pentru copiii mai mari şi deloc pentru cei sub 2 ani, specificând, de asemenea, că părinţii ar trebui „să nu lase televizoare, console video şi computere în dormitoarele copiilor".
9. Tolman, D., *Dilemmas of Desire: Teenage Girls Talk About Sexuality*, Harvard University Press, 2005. Aceasta este o carte excelentă pentru părinţii care vor să aibă o atitudine deschisă, iar nu negativă în ceea ce priveşte relaţiile sexuale ale fiicelor lor.

9. RĂUTĂCIOASELE

1. Australia's National Centre Against Bullying este un ajutor foarte important pentru şcoli, părinţi şi copii; www.ncab.org.au.

   Câteva statistici:

   În şcolile din Australia un student din patru este hărţuit.

   Copiii hărţuiţi sunt de trei ori mai predispuşi la depresie, spune Centrul de Sănătate pentru Adolescenţi.

   Copiii care au fost hărţuiţi au fost de nouă ori mai predispuşi la gânduri sinucigaşe, spun alte studii.

   Fetele care au fost victime ale abuzurilor şi umilinţei din partea colegilor în primii ani de şcoală au rămas victime, chiar dacă au crescut, spun cercetătorii britanici.

   Copiii care au fost frecvent brutalizaţi de colegi au dezvoltat probleme mintale la începutul adolescenţei, spun cercetătorii din UK.

   Fetele sunt mai predispuse decât băieţii abuzurilor tradiţionale sau cibernetice, spune un studiu recent făcut de Murdoch Children's Research Institute.

   Copiii de trei ani pot deveni victime ale abuzurilor, spun cercetătorii canadieni.

   Tinerii care brutalizează au şanse de 1 la 4 să aibă cazier până la 30 de ani.

   Abuzul este al patrulea motiv pentru care tinerii caută ajutor la centrele de specialitate.
2. Vedeţi mai sus.
3. Un ghid bun pentru a schimba mentalitatea şi climatul în şcoli în ceea ce priveşte reducerea abuzurilor: Cross, D., Thompson, S., Waters, S., Pearce, N., Thomas, L. (2012), *Friendly Schools Plus Evidence for Practice*, STEPS Professional Development, ISBN 978 1 021321.
4. Wiseman, R., *Queen Bees and Wannabes: Helping Your Daughter Survive Cliques, Gossip, Boyfriends and the New Realities of Girl World*, Three Rivers Press, 2009. Rosalind are de asemenea un site excelent cu multe filmuleţe: www.rosalindwiseman.com.

5. Long, J., Long, N. and Whitson, S., *The Angry Smile: The New Psychological Study of Passive Aggressive Behavior at Home, at School, in Marriages and Close Relationships, in the Workplace and Online*, Pro Ed, 2017.
6. Această idee a venit în urma conferinței lui Maggie „What's happening to our girls?". Cartea lui Maggie este Hamilton, M., *What's Happening to Our Girls?*, Viking Penguin, 2009. O altă carte minunată despre fete, practică, plină de sugestii despre cum să fii creativ, ce să faci, cum să faci, de mare ajutor este Hamilton, M., *Secret Girls Business*, Penguin, 2012.
7. Brady, N., „Empathy Tactic Fails on Worst Bullies", *The Age*, 19 august 2012. Studiile echipei lui Kate Hadwen vor apărea la sfârșitul anului 2012.

10. SILUETĂ, GREUTATE ȘI ALIMENTAȚIE

1. The National Eating Disorders Collaboration website: http:// www.nedc.com.au/ eating-disorders-explained.
2. Vedeți mai sus.
3. Bacon, Linda, *Health At Every Size: The Surprising Truth About Your Weight*, BenBella Books, San Francisco, 2010.
4. Bacon, L. and Aphramor, L. (2011), „Weight Science: Evaluating the Evidence for a Paradigm Shift", *Nutrition Journal Online*, 10:69. doi:10.1186/1475–2891–10–9.
5. Priya, S., Prendergast, L., Delbridge, E., Purcell, K., Shulkes, A., Kriketos, A., Proietto, J. (2011), „Long-term Persistence of Hormonal Adaptations to Weight Loss", *New England Journal of Medicine*, 365: 1597–1604.
6. Neumark-Sztainer, D., Wall, M., Guo, J., Story, M., Haines, J., Eisenberg, M. (2006), „Obesity Disordered Eating, and Eating Disorders in a Longitudinal Study of Adolescents: How Do Dieters Fare 5 Years Later?", *J Am Diet Assoc.*, 106: 559–568.
7. Field, A., Austin, S., Taylor, C., Malspeis, S., Rosner, B., Rockett, H., Colditz, G. A., (2003) „Relation Between Dieting and Weight Change among Preadolescents and Adolescents", *Paediatrics*, 112(4): 900–6.
8. National Eating Disorders Collaboration (2011). 2 august 2012 pe: http://www.beactive.wa.gov.au/assets/files/Guidelines/Evaluating%20the%20Risk%20of%20Harm180311%20FINAL.pdf.
9. Lumeng, J., Forrest, P., Appugliese, D., Kaciroti, N., Corwyn, R., Bradley, R. (2010), „Weight Status as a Predictor of Being Bullied in Third through Sixth Grades", *Paediatrics*, 125(6), 1301–7.
10. O'Dea, J. (2005), „Prevention of child obesity: «First, do no harm»", *Health Education Research*, 20(2):259–265.
11. Turner, Lydia, (9 July 2010), „Look Good by Doing Very Little", Australian Broadcasting Corporation, *The Drum*, pe http://www.abc.net.au/unleashed/36460.html.

12. Treasure, J., Tchanturia, K., Schmidt, U. (2005), „Developing a Model of the Treatment for Eating Disorders: Using Neuroscience Research to Examine the How Rather than the What of Change", *Counselling and Psychotherapy Research*, 5(3): 1–12.
13. Ibid.
14. Bacon, Linda, *Health At Every Size: The Surprising Truth About Your Weight*, BenBella Books, 2010.
15. Ibid.
16. National Eating Disorders Association, „The Impact of Media Images on Body Image and Behaviours: A Summary of the Scientific Evidence" (comunicat de presă), 2 august 2012 pe: www. nationaleatingdisorders.org/ uploads.
17. Grabe, S., Ward, M., Hyde, J. (2008), „The Role of the Media in Body Image Concerns Among Women: a Meta-analysis of Experimental and Correlational Studies", *Psychological Bulletin*, 134(3): 460–476.

11. ALCOOLUL ȘI DROGURILE

1. Îi sunt recunoscător lui Paul Dillon pentru ajutorul lui din acest capitol și a statisticilor și exemplelor. Site-ul lui Paul este www. darta.net.au.
2. Dillon, P., *Teenagers, Alcohol and Drugs*, Allen & Unwin, 2009. O carte excelentă, care îți deschide mintea în legătură cu ceea ce sunt grijile reale și ce nu sunt. Plină de optimism, ușor de citit și cu multe povești. Trebuie să știm cu ce se confruntă copiii noștri, dacă vrem să-i ajutăm.
3. Producătorii de alcool, comercianții și acționarii care profită de pe urma problemelor pe care reclamele lor le provoacă în rândul tinerilor noștri, conform cercetătorilor și promotorilor campaniilor de sănătate. Acest articol vorbește despre impactul reclamelor asupra tinerilor care beau. Reclamele la băuturi alcoolice având drept public-țintă tinerii trebuie interzise. www.generationnext.com. au/2012/08/how-alcohol-ads-target-kids/ 14 August 2012.

   Părinții fac tot posibilul pentru a-i feri pe copii de reclamele la alcool, dar producătorii de alcool fac tot ce le stă în putință pentru a ajunge la ei. Aceasta e o constatare în urma unor noi cercetări care au descoperit că conținutul reclamelor la alcool plasate în reviste violează cu atât mai mult codul de conduită morală al industriei, dacă reclama apare într-o revistă cu cititori tineri.

   Studiul, care a fost făcut de Center on Alcohol Marketing and Youth (CAMY) la Johns Hopkins Bloomberg School of Public Health, a constatat că anunțurile din revistele cu cititori tineri (15 la sută sau mai mult) au arătat frecvent că alcoolul poate fi consumat într-un mod iresponsabil. Exemplele includ consumul alcoolului lângă sau pe malul unei ape, încurajând băutul în exces și dependența de alcool.

În plus, unul din cinci anunțuri conține conotații sexuale sau imagini explicite.

Așa cum cel puțin paisprezece studii au arătat că tinerii expuși reclamelor la alcool și a comercializării acestuia sunt predispuși să se apuce de băut, sau dacă beau deja, să bea și mai mult, acest articol ar trebui să fie un semnal de alarmă pentru părinți și pentru oricine este îngrijorat de sănătatea tinerilor.

Cercetătorii au studiat 1.261 de reclame la alcool, bere, băuturi spirtoase sau vin care au apărut de peste două mii cinci sute de ori în unsprezece reviste diferite care au sau nu cititori tineri. Au fost analizate anunțuri cu diferiți factori de risc: prejudiciu, exces, dependență, sex și încălcarea codului etic al industriei. Ultima categorie se referă la codul de bune practici de marketing administrate de către industria alcoolului.

Conform CAMY, alcoolul este motivul pentru care 4.700 de tineri sub 21 de ani mor anual, și este asociat cu trei cauze importante: accidentele de mașină, omor și suicid.

12. OGLINDĂ OGLINJOARĂ, CINE-I CEA MAI FRUMOASĂ DE PE ECRAN?

1. Mineo, L., „Good Genes Are Nice But Joy Is Better", Harvard Gazette, April 2017. https://news.harvard.edu/gazette/story/2017/04/over-nearly-80-years-harvard-study-has-beenshowing-how-to-live-a-healthy-and-happy-life/. Or for a very watchable report by the research head psychiatrist, Robert Waldinger (Harvard Study of Adult Development), https://vimeo.com/209196355.
2. Hassan, T., manuscris nepublicat, 2018.
3. Iată un studiu concludent pentru situația din Marea Britanie: Booker, C.L., Kelly, Y. J. and Sacker, A. (2018), „Gender differences in the associations between age trends of social media interaction and well-being among 10–15-year-olds in the UK", BMC Public Health series 2018:321, https://doi.org/10.1186/s12889-018-5220-4 © 20 March 2018.
4. https://www.theatlantic.com/magazine/archive/2017/09/has-the-smart-phone-destroyeda-generation/534198/
5. Twenge, J., *iGen: Why Today's Super-Connected Kids Are Growing Up Less Rebellious, More Tolerant, Less Happy – and Completely Unprepared for Adulthood (and What That Means for the Rest of Us)*, Simon and Schuster, 2018.
6. În urmă cu câteva decenii, rata sinuciderilor în rândul adolescenților era mai mare, dar campaniile pe tema sănătății mintale care au atras atenția asupra fenomenului le-au oferit sprijin copiilor și au dus la folosirea corectă a antidepresivelor în situații de urgență reducând progresiv procentul. Dar incidența sinuciderilor, în special în rândul tinerilor, a început să crească din nou din 2010, în ciuda acestui fapt.

13. FETELE ȘI MAMELE LOR

1. Parker, K. (13 January 2011), *A Portrait of Stepfamilies*, Pew Research Center report, http://pewsocialtrends.org/2011/01/13/a-portrait-of-stepfamilies/.
2. Gibbs N., „The Magic of the Family Meal", *Time Magazine*, 4 June 2006. Copiii care mănâncă cu un părinte/părinții în fiecare seară au, în mod surprinzător, parte de mai multe reușite în viață (deși este posibil ca masa în familie să fie deopotrivă cauza și dovada liniștii interioare, a ordinii și a prieteniei care domnește în acea familie). Mâncatul împreună produce oxitocina, hormon care îi face pe oameni să se placă unii pe alții. Studiul a descoperit, de asemenea, că mesele *regulate* în familie (cel puțin masa de seară) au un impact puternic. Încercați pentru o lună și veți vedea cu ochii dumneavoastră.

14. FETELE ȘI TAȚII LOR

1. E rândul meu. Biddulph, S., *The New Manhood*, Finch, 2010.
2. Greer, G., *The Whole Woman*, Anchor, 2000.

COLABORATORI
ȘI MULȚUMIRILE AUTORULUI

Paula Joye este ziaristă și critic de modă. A fost editorul revistelor *Cleo* și *Madison*, iar în prezent este editorul www. lifestyled.com.au și scrie rubrica Fashion and Style pentru Fairfax Media.

Kim McCabe este fondatoarea și directoarea programului Rites for Girls și mamă a trei copii. A studiat psihologia copilului la Universitatea Cambridge, a fost consilier pentru tineri și a predat educația sexuală în școli și grupuri de tineret. A fost hotărâtă să găsească o modalitate de a le învăța pe fete cum să-și trăiască anii adolescenței fericite. Locuiește în Forest Row, Sussex, Anglia, și pregătește instructori din întreaga lume pentru programul Girls Journeying Together.

Dr. Michael Carr-Gregg este cel mai cunoscut psiholog din Australia și un nume răsunător în domeniul sănătății mintale a adolescenților. Este fondatorul organizației naționale a tinerilor bolnavi de cancer, CanTeen, profesor la Universitatea din Melbourne, Departamentul de Pediatrie, și inițiatorul Centrului Național împotriva Agresiunilor (www. ncab.org.au). Michael este autorul volumelor *Surviving Adolescents* (2005), *The Princess Bitchface Syndrome* (2006), *Real Wired Child* (2007), *Surviving Step Families* (2011), *Surviving Year 12* (2012) și *When to Really Worry* (2010).

Melinda Tankard Reist este feministă australiană, comentatoare media și susținătoare a drepturilor femeilor și fetelor. Melinda este autoarea cărților *Giving Sorrow Words* (2000), *Defiant Birth: Women Who Resist Medical Eugenics* (2006), *Getting Real: Challenging the Sexualization of Girls* (2009) și coeditor cu Abigail Bray al volumului *Big Porn Inc: Exposing Harms of the Global Pornography Industry* (2011) publicate la Spinifex Press (www.melindatankardreist.com).

Lydia Jade Turner este psihoterapeut specializat în tulburări de nutriție și pierderi în greutate nesănătoase. În paralel, lucrează cu persoanele afectate de intervenții chirurgicale bariatrice, obezitate, abuz sexual, traumatizate și cu probleme de identitate de gen. Critic ferm al industriei dietelor, Lydia conferențiază cu regularitate în întreaga lume. Este directorul Advocacy, Education & Social Health at BodyMatters Clinic (www. bodymatters.com.au).

Sarah McMahon este psiholog specializat în tratarea problemelor de nutriție. Este managerul Clinical & Consultancy Services de la Body Matters Clinic din Sydney, Australia. Sarah are o experiență de peste zece ani în consilierea persoanelor cu probleme de nutriție, organizează grupuri de sprijin pe această temă și informează comunitatea despre aceste probleme în corporații, spitale de stat, organizații nonguvernamentale și clinici private (www. bodymatters.com.au).

Paul Dillon este de departe cel mai înfocat militant împotriva drogurilor și alcoolului. Bestsellerul său *Teenagers, Alcohol and Drugs* a apărut în 2009. Paul a scris manualul de instrucțiuni pentru NSW Police Services cu referire la alcool și violență și a pus bazele United Nations UNODC Global Youth Training Workshop, cu privire la folosirea amfetaminei în rândul tinerilor. Pentru informații despre lucrarea lui vizitați http://darta.net.au/.

Maggie Hamilton este scriitoare, cercetătoare și editoare neozeelandeză care a susținut campanii ample peste tot în lume despre deteriorarea sănătății mintale a fetelor. Dintre cărțile ei amintim *What's Happening to Our Girls?* (2009) și *What's Happening to Our Boys?* (2011). Cea mai recentă carte a sa, *Secret Girls Business* (2012), se adresează fetelor și este un ghid frumos conceput despre creativitate și identitate ca antidot pentru conformism și competitivitate: www. maggiehamilton.org.

Collective Shout este o rețea de femei profesioniste care militează împotriva exploatării sexuale a fetelor. Prietenia dintre ele și creativitatea lor au făcut această carte mult mai bună. Puteți să vă abonați sau să vă implicați accesând collectiveshout.org.

Micky Foss este psihoterapeut și mamă din Lismore, Australia. Este specializată în psihoterapie Gestalt, terapie de familie și de cuplu.

Dr. Bruce Robinson este autorul volumelor *Daughters and their Dads* și *Fathering From the Fast Lane* (2001). Este specialist în medicină toracică, profesor universitar și autorul a peste o sută cincizeci de lucrări. Bruce a fondat The Fathering Project la University of Western Australia și conferențiază despre paternitate peste tot în lume. DVD-ul emoționant *What Kids Really Need Fron Their Dads* m-a influențat ca tată și este o sursă de inspirație pentru toată lumea: www.thefatheringproject.org.

Doresc să le mulțumesc lui Kathy Dyke, Carolyn Thorne și Simon Gerrat de la HarperCollins UK și tuturor editorilor, tehnoredactorilor și traducătorilor din întreaga lume pentru munca lor la această nouă ediție.

De asemenea, le mulțumesc lui Julie Gale de la Kids Free 2B Kids; Johanna; Linda Dalton; Arne Rubenstein; Caroline Richards; Kate Hadwen; Esther Kennedy, Lauris Pandolfini, Jane Bezzina și Ramesh Manocha pentru toate acele minunate seminarii. Arianei Biddulph, pentru că m-a ajutat cu cercetările – o excelentă gândire științifică – și m-a învățat să râd în anumite momente! Lui Kirsty McGeoch, pentru că mi-a povestit despre Peter Benson și „scânteie".

Totodată, lui Kim John Payne, lui Doro Marden și lui Shaaron pentru că mi-au arătat cum.

Și lui Kaycee, Marielle, Genevieve și familiilor lor. Bravo!

DESPRE ILUSTRATOR

Kimio Kubo este un tânăr artist japonez care locuiește împreună cu familia într-o comunitate dintr-o pădure tropicală de lângă Belligen New South Wales. Desenele lui cu scene de familie au fost apreciate pentru sensibilitatea, intensitatea și emoția cu care au fost surprinse imaginile vieții de acasă. Date de contact: Kimio Kubo, PO Box 45 Th ora, NSW 2454, Australia.

Site-ul lui Steve Biddulph este: www.stevebiddulph.com.